普通高等教育"十三五"环境工程类专业基础课规划教材

"互联网+"创新教育教材

环境科学与工程专业实验教程

主 编 葛碧洲

副主编 石 辉 刘立忠 张 军

U0290748

西安交通大学出版社
XI'AN JIAOTONG UNIVERSITY PRESS

国家一级出版社
全国百佳图书出版单位

内容提要

环境科学与工程专业是一门实践性很强的学科。学生需要掌握从验证实验到设计实验的实验操作、观察分析、数据处理等多项综合实验技能。本书将环境科学与工程专业教学计划中的环境分析化学、环境化学、环境微生物学、环境监测、水污染控制、大气污染控制、固体废物及物理性污染控制等课程所涉及的相关实验,按照专业基础实验、水污染控制实验、大气污染控制实验、固废和物理性污染控制实验四个部分整合编排;将实验基础及相关标准以二维码形式呈现,实现教材资源立体化;将基础与前沿、经典与现代有机结合;以实验教学特有的实践性和创造性激发学生的创新能力。

本书可作为高等院校环境工程、环境科学、给排水科学与工程、环境监测专业的实验教材,也可作为从事环境保护工作的研究人员和技术人员的技术参考用书。

图书在版编目(CIP)数据

环境科学与工程专业实验教程 / 葛碧洲主编. — 西安:西安交通大学出版社,2021.4
ISBN 978-7-5693-1623-0

Ⅰ.①环… Ⅱ.①葛… Ⅲ.①环境科学-实验-教材
②环境工程-实验-教材 Ⅳ.①X-33

中国版本图书馆 CIP 数据核字(2020)第 192924 号

书　　名	环境科学与工程专业实验教程	
主　　编	葛碧洲	
责任编辑	祝翠华	
责任校对	王　娜	

出版发行	西安交通大学出版社
	(西安市兴庆南路 1 号　邮政编码 710048)
网　　址	http://www. xjtupress. com
电　　话	(029)82668357　82667874(发行中心)
	(029)82668315(总编办)
传　　真	(029)82668280
印　　刷	西安明瑞印务有限公司

开　　本	787 mm×1092 mm　1/16　印张 18.5　字数 456 千字
版次印次	2021 年 4 月第 1 版　　2021 年 4 月第 1 次印刷
书　　号	ISBN 978-7-5693-1623-0
定　　价	49.80 元

编写委员会

学术指导：彭党聪　李安桂　任勇翔

编委会主任：刘立忠

编委会副主任：张建锋　韩　芸　金鹏康　刘　雄　崔海航

编委会秘书：朱陆莉

编　　委（按姓氏笔画排序）：

王旭东　王俊萍　王登甲　石　辉　杜红霞

杨　毅　吴蔓莉　胡　坤　祝　颖　聂麦茜

高　湘　郭瑞光　葛碧洲

总　序

随着我国经济的持续高速发展，人们的生活水平和生活质量不断提高，对环境的期望和要求也不断提高，这为我国高等环境教育事业的发展带来了前所未有的机遇和挑战。根据教育部环境科学与工程类教学指导委员会的统计，截至 2017 年，全国高校已设立了 600 多个环境科学与工程类专业点，为我国环境事业的发展培养了一大批建设和管理人才。

大学本科专业教学分为基础知识教学与专业知识教学。基础知识教学不仅为专业教学提供基础，而且能拓展学生的知识范围，为跨专业学习和未来就业奠定了良好的基础。环境科学与工程类专业的基础知识覆盖数学、物理学、化学（无机化学、分析化学、有机化学、物理化学）、生态学、环境学、环境化学、环境微生物学（或生物学）、工程力学、流体力学、电工电子学等多门学科，为环境科学与工程的核心概念、基本原理、基本技术和方法奠定了基础，是专业学习的重要内容。教育部最新颁布的《普通高等学校环境科学与工程类专业教学质量国家标准》也特别强调了专业基础知识教学在提高专业教学质量中的核心和重要地位。而基础课教材作为基础知识教学内容的载体，在本科专业教学活动中起着十分重要的作用。

"互联网＋"是利用信息通信技术以及互联网平台，使互联网与传统产业（或知识）进行融合，从而创造新的发展业态（或生态）。将"互联网＋"应用于教材和教学活动是高等学校本科教学的发展趋势。

针对我国经济发展面临的环境问题和环境科学与工程类专业发展的特点，进一步夯实学生的专业基础，根据学科发展和现代互联网教学发展的需要，由西安建筑科技大学环境与市政工程学院牵头，组织环境科学、环境工程、水质科学与技术等环境科学与工程类专业的教师编写了"普通高等教育'十三五'环境类专业基础课规划教材'互联网＋'创新教育系列教材"。该系列教材将互联网与传统纸质教材进行深度融合，将"互联网＋"纸媒教材的模式应用于环境科学与工程类专业基础知识教学领域，打造开放性、立体化教材，创造新的基础知识教学发展生态，使学生的学习不受时间、空间限制，从而大幅提高学习效率，为互联网背景下我国环境科学与工程类专业基础知识教学提供新的探索和尝试。

编委会

2018 年 2 月 5 日

前言

Foreword

随着经济的高速发展和人们生活品质的不断提高,环境质量水平的保证与改善成为全社会的共识。针对污染治理、管理及可持续发展的环境问题,大批新技术、新材料、新理念为环境科学领域的教学实践创新带来了新的契机。

本书根据教育部对环境科学与工程类专业的基本教学要求编写而成,依照环境类专业学生的教育教学培养计划以及"卓越工程师教育"的指导意见,强调对学生实验动手技能和综合分析能力的训练。本书在保证基本理论的系统性和完整性的同时,吸收国内外环境科学与工程的新科技、新发展、新理念,沉淀了西安建筑科技大学专业教学四十多年的实践和经验总结。西安建筑科技大学实验实践教学体系分别于2013年和2019年环境工程教育专业认证中得到专家的肯定和好评,尤其是一些自主研发设计具有独立知识产权的实验装置及其相关的创新实验项目引入了新兴科学技术,具有很高的实验设计水平和可靠的操作性。

本书实验的设计以期充分发挥实验实践教学的特点,培养学生的实验研究能力、创新实践能力和理论提升能力。本书分为专业基础实验、水污染控制实验、大气污染控制实验、固废和物理性污染控制实验以及实验基础等五个部分,设置了75项实验,涉及环境分析化学、环境化学、环境微生物学、环境监测、水污染控制、大气污染控制、固体废物以及物理性污染控制等8门专业课程。本书旨在通过广泛的实验教学项目营造主动式学习的环境场景。通过经典方法、技术或仪器设备的规范训练,以及依托新技术探索的设计性或综合性的实验实践,本书推动并彰显以学习者为中心的教育教学理念。

本书第一部分是专业基础实验,内容涉及容量分析中的酸碱平衡、络合平衡、氧化还原平衡、沉淀平衡到仪器分析中光谱分析、色谱分析、电化学分析等多个方面,编排了31项专业基础实验训练,以培养学生实验操作的规范性和方法的应用,系统把握实验分析的技能和手段。第二部分到第四部分的44项实验涵盖了水污染控制工程、大气污染控制工程、固废和物理性污染控制工程等专业领域,通过具体的处理技术和方法实践,提高学生的专业实验能力和技术应用水平。第五部分介绍了实验室常用的11种实验设备和18种现代分析仪器的使用方法,实验数据分析、处理和表述方法,实验室安全风险评价和管理方法。附录部分提供了相关环境标准、常用试剂理化性质、样品采集与分析方法等实验规范和标准数值等资料。第五部分和附录以二维码呈现。

本书由西安建筑科技大学环境类国家级实验教学示范中心葛碧洲担任主编,石辉、刘立忠、张军担任副主编。编写团队结合多年的实验教学经验,对实验项目的内容准确性、文字表述的客观性、公式和图表规范性等进行了细致整理和精心编排,力求为环境类专业实验教学提供更加直观高效的工具和方法。在书稿撰写过程中,葛碧洲负责第五部分二维码中第8章,以及实验6~14、实验18~30、实验46~51、实验53及附录中环境质量标准和污染物排放标准的编写;石辉编写实验66~67;刘立忠编写实验62~63;杨永哲编写实验40~42;蒋欣编写实验1~5、实验15~16;舒麒麟编写实验54~57、实验71~74;陈兴都编写实验32~39;王宝编写实验64~65、68;张伟编写实验44~45;杨成建编写实验43、61;杨全编写实验59~60;张崇淼编写实验31;章佳昕编写实验52;闫东杰编写实验58;苏含笑编写实验69;王会霞编写了第五部分二维码中第9章;张军编写了第五部分二维码中第10章,以及实验17、70、75和附录其他部分。全书由葛碧洲、张军统稿。编写过程还参考和借鉴了部分同行专家的宝贵经验,在此一并表示衷心感谢。

陕西省水务集团有限公司崔天怀、陈长江,中铁第一勘察设计院集团有限公司王腾,中铁二十一局集团有限公司翟翌晨,也参与了本教材的编写,为教材提供了很多宝贵建议。

由于编者水平有限,书中难免会有不当和错漏之处,诚望读者和学者批评指正。

编 者

2020 年 2 月

目 录

Contents

第一部分　专业基础实验

第二部分　水污染控制实验

第三部分　大气污染控制实验

第一部分

专业基础实验

第1章　容量分析技术

实验 1　水中酸度和碱度的测定

一、实验意义和目的

地表水中，由于溶入二氧化碳（CO_2）或由于机械、选矿、电镀、农药、印染、化工等行业排放的含酸废水的进入，致使水体的 pH 值降低。由于酸的腐蚀性破坏了鱼类及其他水生生物和农作物的正常生存条件，造成鱼类及农作物等死亡。含酸废水可腐蚀管道，破坏建筑物。因此，酸度是衡量水体变化的一项重要指标。

碱度指标常用于评价水体的缓冲能力及金属在其中的溶解性和毒性，是对水和废水处理过程控制的判断性指标。若碱度是由过量的碱金属盐类所形成的，则碱度又是确定这种水是否适宜于灌溉的重要依据。

本实验的目的为：

（1）了解分析天平的构造，学会正确的称量方法；

（2）练习滴定分析的基本操作，初步掌握准确确定终点的方法；

（3）掌握基准物质邻苯二甲酸氢钾（$KHC_8H_4O_4$）和无水碳酸钠（Na_2CO_3）的性质及其应用；

（4）掌握水中酸度和碱度的测定方法。

二、实验原理

（1）酸度测定原理。在水中，由于溶质的解离或水解（无机酸类、硫酸亚铁和硫酸铝等）而产生氢离子，它们与碱标准溶液作用至一定 pH 值所消耗的量，定为酸度。酸度数值的大小，随所用指示剂指示终点 pH 值的不同而异。滴定终点的 pH 值有两种规定，即 8.3 和 3.7。用氢氧化钠溶液滴定到 pH＝8.3（以酚酞作指示剂）的酸度，称为"酚酞酸度"，又称总酸度，它包括强酸和弱酸。用氢氧化钠溶液滴定到 pH＝3.7（以甲基橙为指示剂）的酸度，称为"甲基橙酸度"，代表一些较强的酸。

（2）碱度测定原理。碱度是指水中所含能与强酸发生中和作用的全部物质，主要来自水样中存在的碳酸盐、重碳酸盐及氢氧化物等。碱度可用盐酸标准溶液进行滴定，用酚酞和甲基橙作为指示剂。根据滴定水样所消耗的盐酸标准溶液的用量，即可计算出水样的碱度。其反应如下。

酚酞指示包括下述两步反应：

$$OH^- + H^+ \Longrightarrow H_2O$$

$$CO_3^{2-} + H^+ \Longrightarrow HCO_3^- \qquad （终点变色时 pH \approx 8.3）$$

甲基橙指示为下步反应：

$$HCO_3^- + H^+ \Longrightarrow H_2CO_3 \qquad (\text{终点变色时 pH} \approx 3.89)$$

根据所消耗盐酸标准溶液的体积，可以计算各种碱度。若单独使用甲基橙为指示剂，测得的碱度是总碱度。

碱度单位常用碳酸钙的 mg/L 表示，1 mg/L 的碱度相当于 50 mg/L 碳酸钙。

三、酸度测定的干扰及消除

(1)对酸度产生影响的溶解气体(如 CO_2、H_2S、NH_3)，在取样，保存或滴定时，都可能增加或损失。因此，在打开试样容器后，要迅速滴定到终点，防止干扰气体溶入试样。为了防止 CO_2 等溶解气体损失，在采样后，要避免剧烈摇动，并要尽快分析，否则要在低温下保存。

(2)含有三价铁和二价铁、锰、铝等可氧化或易水解的离子时，在常温滴定时的反应速率很慢，且生成沉淀，导致终点时指示剂褪色。遇此情况，应在加热后进行滴定。

(3)水样中的游离氯会使甲基橙指示剂褪色，可在滴定前加入少量 0.1 mol/L 硫代硫酸钠溶液去除。

(4)对有色的或浑浊的水样，可用无二氧化碳水稀释后滴定，或选用电位滴定法(pH 指标终点值仍为 8.3 和 3.7)，其操作步骤按所用仪器说明进行。

四、实验仪器装置与材料

1. 试剂和材料

(1)无二氧化碳水：将 pH 值不低于 6.0 的蒸馏水，煮沸 15 min，加盖冷却至室温。如蒸馏水 pH 较低，可适当延长煮沸时间。最后水的 pH ≥ 6.0，电导率 < 2 μS/cm。

(2)氢氧化钠标准溶液(0.1 mol/L)：称取 60 g 氢氧化钠溶于 50 mL 水中，转入 150 mL 的聚乙烯瓶中，冷却后，用装有碱石灰管的橡皮塞塞紧，静置 24 h 以上。吸取上层清液约 7.5 mL 置于 1000 mL 容量瓶中，用无二氧化碳水稀释至标线，摇匀。

按下述方法进行标定：称取在 105～110 ℃ 干燥过的基准试剂苯二甲酸氢钾($KHC_8H_4O_4$)约 0.5 g(称准至 0.0001 g)，置于 250 mL 锥形瓶中，加无二氧化碳水 100 mL 使之溶解，加入 4 滴酚酞指示剂，用待标定的氢氧化钠标准溶液滴定至浅红色为终点。同时用无二氧化碳水作空白滴定，按下式进行计算：

$$氢氧化钠标准溶液浓度(mol/L) = \frac{m \times 1000}{(V_1 - V_0) \times 204.23} \qquad (1-1)$$

式中：m——称取苯二甲酸氢钾的质量，g；

$\quad V_0$——滴定空白时，所耗氢氧化钠标准溶液体积，mL；

$\quad V_1$——滴定苯二甲酸氢钾时，所耗氢氧化钠标准溶液的体积，mL；

$\quad$204.23——苯二甲酸氢钾($KHC_8H_4O_4$)摩尔质量，g/mol。

(3)硫代硫酸钠标准溶液($Na_2S_2O_3 \cdot H_2O$，0.1 mol/L)：称取 2.5 g $Na_2S_2O_3 \cdot 5H_2O$，溶于水中，用无二氧化碳水稀释至 100 mL。

(4)碳酸钠标准溶液($1/2Na_2CO_3$，0.1000 mol/L)：称取 1.3250 g(于 250 ℃ 烘干 4 h)无水碳酸钠(Na_2CO_3)，置于小烧杯中，加入 50 mL 蒸馏水，用玻璃棒搅拌，并在电炉上稍加热，使其完全溶解，转移至 250 mL 容量瓶中，用少量蒸馏水洗涤烧杯 2～3 次，洗涤液也转移到容量瓶中,再加水稀释至标线,盖好瓶塞,将容量瓶颠倒几次,使其混合均匀。贮于聚乙烯瓶中,保存时间不要超过一周。

$$c(\frac{1}{2}Na_2CO_3)(mol/L) = \frac{m_{Na_2CO_3} \times 10^3}{M(\frac{1}{2}Na_2CO_3) \times V(Na_2CO_3)} \tag{1-2}$$

$$= \frac{1.3250 \times 1000}{53.00 \times 250.0} = 0.1$$

式中:m——称取 Na_2CO_3 的质量,g;

　　M——1/2 Na_2CO_3 的摩尔质量(53.00 g/mol);

　　V——所配制的 Na_2CO_3 溶液的体积,mL。

(5)$c_{(HCl)} \approx 0.1$ mol/L 的 HCl 溶液:用小量筒量取分析纯浓盐酸($\rho = 1.19$,12 mol/L) 4.3 mL 于 500 mL 量筒中,先用少量去离子水淋洗小量筒两次,淋洗溶液也倒入 500 mL 量筒中,加去离子水至 500 mL 刻度线。

HCl 溶液准确浓度标定如下:

用移液管吸取 20.00 mL Na_2CO_3 标准溶液于 250 mL 锥形瓶中,加无二氧化碳水稀释至 100 mL,加入 3 滴甲基橙指示剂,用 HCl 标准溶液滴定至由橘黄色刚变为橙色,记录 HCl 标准溶液的用量(平行滴定三次)。按下式计算其准确浓度:

$$c_{(HCl)} = 20.00 \times 0.1000/V \tag{1-3}$$

式中,c——盐酸溶液的浓度,mol/L;

　　V——消耗的盐酸标准溶液体积,mL。

(6)0.1%酚酞指示剂:称取 0.5 g 酚酞,溶于 50 mL 95%乙醇中,用水稀释至 100 mL。

(7)0.1%甲基橙指示剂:称取 0.05 g 甲基橙,溶于 100 mL 水中。

2. 仪器和设备

(1)0.1 mg 电子天平。

(2)25 mL 碱式滴定管,250 mL 锥形瓶,100.0、50.0、20.0mL 移液管等。

五、实验内容和步骤

1. 酸度测定

(1)取适量水样置于 250 mL 锥形瓶中,用无二氧化碳水稀释至 100 mL,锥形瓶下放一白瓷板,向锥形瓶中加入 2 滴甲基橙指示剂,用上述氢氧化钠标准溶液滴定至溶液由橙红色变为橘黄色为终点,记录氢氧化钠标准溶液用量(做平行样 3 个)(V_1)。

(2)另取一份水样于 250 mL 锥形瓶中,用无二氧化碳水稀释至 100 mL,加入 4 滴酚酞指示剂,用氢氧化钠标准溶液滴定至溶液刚刚变为浅红色为终点,记录用量(做平行样 3 个) (V_2)。如水样中含硫酸铁、硫酸铝时,加酚酞后,加热煮沸 2 min,并趁热滴至红色。

2. 碱度测定

(1)用移液管量取 100.00 mL 水样于 250 mL 锥形瓶中。加入酚酞指示剂 3 滴,若呈现红色,以 HCl 标准溶液滴定至红色刚刚消失,记录 HCl 标准溶液消耗体积为 P mL;若加酚酞指示剂后溶液无色,则不需用盐酸标准溶液滴定,直接进行步骤(2)。

（2）在上述（1）锥形瓶中各加入甲基橙 3 滴，摇匀，继续用 HCl 标准溶液滴定至溶液显橙色，记录以甲基橙为指示剂时，消耗 HCl 标准溶液体积为 M mL。

六、实验数据处理

1. 酸度测定

按照表 1-1 至表 1-3 的格式记录及公式（1-4）和（1-5）处理实验数据。

表 1-1　NaOH 溶液的标定

记录项目		Ⅰ	Ⅱ	Ⅲ
$KHC_8H_4O_4$，约 0.5 g	m			
$V(NaOH)/mL$	滴定管始读数 $V_{始}$			
	滴定管终读数 $V_{终}$			
	V			
$V_0(NaOH)/mL$（空白滴定）				
$c(NaOH)/(mol/L)$				
标准偏差				

表 1-2　甲基橙酸度的测定结果

记录项目		Ⅰ	Ⅱ	Ⅲ
$V(NaOH)/mL$	滴定管始读数 $V_{始}$			
	滴定管终读数 $V_{终}$			
	V_1			
甲基橙酸度（$CaCO_3$，mg/L）				
标准偏差				

表 1-3　酚酞酸度的测定结果

记录项目		Ⅰ	Ⅱ	Ⅲ
$V(NaOH)/mL$	滴定管始读数 $V_{始}$			
	滴定管终读数 $V_{终}$			
	V_2			
酚酞酸度（$CaCO_3$，mg/L）				
标准偏差				

计算公式如下：

$$甲基橙酸度（CaCO_3，mg/L）= \frac{c \times V_1 \times 50.05 \times 1000}{V} \tag{1-4}$$

$$酚酞酸度（总酸度 CaCO_3，mg/L）= \frac{c \times V_2 \times 50.05 \times 1000}{V} \tag{1-5}$$

式中:c——标准氢氧化钠溶液浓度,mol/L;

V_1——用甲基橙作滴定指示剂时,消耗氢氧化钠标准溶液的体积,mL;

V_2——用酚酞作滴定指示剂时,消耗氢氧化钠标准溶液的体积,mL;

V——水样体积,mL;

50.05——碳酸钙$(1/2CaCO_3)$摩尔质量,g/mol。

2. 碱度测定

按照表1-4的格式记录及公式(1-6)至(1-9)处理实验数据。

表1-4　碱度的测定结果

记录项目		Ⅰ	Ⅱ	Ⅲ
酚酞指示剂	滴定管始读数 $V_{始}$			
	滴定管终读数 $V_{终}$			
	P/mL			
	平均值			
	标准偏差			
甲基橙指示剂	滴定管始读数 $V_{始}$			
	滴定管终读数 $V_{终}$			
	M/mL			
	平均值			
	标准偏差			

计算公式如下:

$$总碱度(CaO,mg/L) = \frac{\frac{1}{2}(P+M)c_{(HCl)}M_{(CaO)} \times 10^3}{V} \tag{1-6}$$

或

$$总碱度(CaCO_3,mg/L) = \frac{\frac{1}{2}(P+M)c_{(HCl)}M_{(CaCO_3)} \times 10^3}{V} \tag{1-7}$$

式中:$c_{(HCl)}$——标准溶液浓度,mol/L;

V——水样体积,mL。

如果要求出水样中氢氧化物、碳酸盐及重碳酸盐碱度各为多少,可根据P、M值进行计算。例如,当滴定结果$P>M$时,则水样中含有氢氧化物和碳酸盐碱度:

$$氢氧化物碱度(mg/L) = \frac{(P-M)c_{(HCl)}M_{(OH^-)} \times 10^3}{V} \tag{1-8}$$

$$碳酸盐碱度(mg/L) = \frac{\frac{1}{2}c_{(HCl)} \times 2M \times M_{(CO_3^{2-})} \times 10^3}{V} \tag{1-9}$$

式中,$M_{(OH^-)}$为OH^-的摩尔质量,如果计算氢氧化钠碱度,以氢氧化钠的量计,则用其摩尔质量计算。同理,$M_{(CO_3^{2-})}$为CO_3^{2-}的摩尔质量,若以某一化合物的量计碳酸盐碱度,则用其摩尔质量计算。其他符号同前。

八、注意事项

(1)水样取用体积,参考滴定时所消耗氢氧化钠标准溶液用量,在 $10\sim25$ mL 为宜。

(2)采集的样品用聚乙烯瓶或硅硼玻璃瓶贮存。要使水样充满不留空间,盖紧瓶盖。若为废水样品,接触空气易引起微生物活动,容易减少或增加二氧化碳及其他气体,应尽快测定。

九、思考题

(1)平行样的概念是什么? 做空白试验的目的是什么?

(2)什么是基准物质?

(3)有效数字如何取舍?

(4)为什么 HCl 和 NaOH 标准溶液采用间接法配制,而不用直接法配制?

(5)在滴定分析中,滴定管、移液管为什么要用标准溶液润洗内壁 $2\sim3$ 次?

(6)在每次测定完之后,为什么要将标准溶液再加至滴定管零点或近零点,然后进行第二次滴定?

实验 2　水中硬度的测定(络合滴定法)

一、实验意义和目的

钙广泛地存在于各种类型的天然水体中,主要来源于含钙岩石(如石灰岩)的风化溶解;镁也是天然水体中的一种常见成分,主要是含碳酸镁的白云岩以及其他岩石的风化溶解产物。钙、镁是构成水体硬度的主要成分。硬度过高的水不适宜工业使用,特别是锅炉作业,长期加热会使锅炉内壁结垢,这不仅影响热的传导,而且还隐藏着爆炸的危险,所以应对用水进行软化处理。此外,硬度过高的水也不利于洗涤及烹饪,饮用这些水还会引起肠胃不适;但水质过软也会引起或加剧某些疾病。因此,适量的钙、镁是人类生活中不可缺少的元素。

本实验的目的为:

(1)了解水硬度的测定意义和常用的硬度表示方法。

(2)掌握 EDTA 法测定水硬度的原理和方法。

(3)掌握铬黑 T 和钙指示剂的应用,了解金属指示剂的特点。

二、实验原理

一般含有钙、镁盐类的水叫作硬水,硬度有暂时硬度和永久硬度之分。暂时硬度是指当水中含有钙、镁的酸式碳酸盐时,遇热即形成碳酸盐沉淀而失去硬度。永久硬度是指当水中含有钙、镁的硫酸盐、氯化物、硝酸盐时,即使加热也不产生沉淀。暂时硬度和永久硬度的总和称为总硬度。

在 $pH=10$ 条件下,铬黑 T(EBT)作为指示剂会与溶液中少量的钙、镁离子生成酒红色络合物。用 EDTA(Y)标准溶液滴定试液中游离的钙、镁离子,则生成无色可溶性络合物。当到达终点时,钙、镁离子全部与 EDTA 络合,而使铬黑 T 游离出来,溶液由酒红色变成蓝色。反应式如下所述:

pH＝10　　　　　　　　$Mg^{2+} + EBT \longrightarrow Mg\text{-}EBT$

（酒红色）

EDTA 滴定　　　　　$Y^{4-} + Ca^{2+} \longrightarrow Ca\,Y^{2-}$

$Y^{4-} + Mg^{2+} \longrightarrow Mg\,Y^{2-}$

滴定终点　　　　　　$Y + Mg\text{-}EBT \longrightarrow MgY + EBT$

（酒红色）　　　（亮蓝色）

三、实验仪器、设备和材料

1. 试剂和材料

（1）pH＝10 的缓冲溶液。其制法如下：

①称取 1.25 g EDTA 二钠镁和 16.9 g 氯化铵溶于 143 mL 氨水中，用水稀释至 250 mL。配好的溶液应按步骤②中所述方法进行检查和调整。

②如无 EDTA 二钠镁，可先将 16.9 g 氯化铵溶于 143 mL 氨水中。另取 0.78 g 硫酸镁（$MgSO_4 \cdot 7H_2O$）和 1.17 g 二水合 EDTA 二钠镁溶于 50 mL 水，加入 2 mL 配好的 NH_3 - NH_4Cl 溶液和 0.2 g 铬黑 T 指示剂干粉。此时溶液应呈现酒红色，如呈现蓝色，应再加入极少量硫酸镁使其变为酒红色。逐滴加入 EDTA 二钠镁溶液，直至溶液由酒红色转变为蓝色为止（切勿过量）。将两溶液合并，加蒸馏水至 250 mL。如果合并后溶液又转为酒红色，在计算结果时应作空白校正。

（2）铬黑 T 指示剂（干粉）：称取 0.5 g 铬黑 T 和 100 g 氯化钠，研磨均匀，贮于棕色瓶内，密塞备用。

（3）10％氢氧化钠溶液：盛放在聚乙烯瓶中。

（4）0.010 mol/L 钙标准溶液：称取预先在 150 ℃ 干燥 2 h 并冷却的碳酸钙 1.0010 g，置 500 mL 锥形瓶中，用水浸湿，逐滴加入 4 mol/L 盐酸至碳酸钙全部溶解。加 200 mL 水，煮沸数分钟驱除二氧化碳，冷却至室温，加入数滴甲基红指示剂（0.1 g 甲基红溶于 100 mL60％乙醇中）。逐滴加入 3 mol/L 氨水直至变为橙黄色，移入容量瓶中定容至 1000 mL。此溶液 1.00 mL 含 0.4008 mg 钙。

（5）$c(EDTA) \approx 0.010$ mol/L 的 EDTA 标准溶液。其配制、标定和计算方法如下。

①制备：称取二水合 EDTA 二钠镁 3.7 g 溶于约 300 mL 的温水中（溶解速度较慢），冷却，用去离子水稀释至 1000 mL，存放在聚乙烯瓶中。

②标定：准确移取 20.00 mL 钙标准溶液置于 250 mL 锥形瓶中，稀释至 50 mL，加入 4 mL NH_3 - NH_4Cl 缓冲溶液（将溶液 pH 调至 10 左右）。加入少许（50～100 mg）铬黑 T 指示剂干粉，立即用 EDTA 标准溶液滴定，开始滴定时速度宜稍快，接近终点时宜稍慢，并充分摇动，直至溶液酒红色消失而刚刚出现亮蓝色即为终点。

③计算：EDTA 溶液浓度为 c_1，以 mol/L 表示，用下式计算：

$$c_1 = \frac{c_2 \times V_2}{V_1} \qquad\qquad (1-6)$$

式中：c_2——钙标准溶液浓度，mol/L；

V_2——钙标准溶液体积，mL；

V_1——消耗的 EDTA 溶液体积，mL。

2. 仪器和设备

(1)0.1 mg 电子天平。

(2)25 mL 酸式滴定管,250 mL 锥形瓶,100.0 mL、50.0 mL、20.0 mL、10.0 mL 移液管等。

四、实验内容和步骤

(1)用移液管移取 50.0 mL 水样置于 250 mL 锥形瓶中。

(2)加入 4 mL NH_3-NH_4Cl 缓冲溶液(将溶液 pH 调至 10 左右),加入少许(50～100 mg)铬黑 T 指示剂干粉。立即用 EDTA 标准溶液滴定,开始滴定时速度宜稍快,接近终点时宜稍慢,并充分摇动,直至溶液酒红色消失而刚刚出现亮蓝色即为终点。

本法测定的硬度是 Ca^{2+}、Mg^{2+} 总量,并折合成 $CaCO_3$ 计算。

(3)干扰与消除。

水样中所含铁离子小于 30 mg/L 时,可在临滴定前加入数毫升三乙醇胺掩蔽,三乙醇胺还能减少铝的干扰。

试样中含正磷酸盐超出 1 mg/L 时,在滴定条件下可使钙生成沉淀。如果滴定速度太慢,或钙含量超出 100 mg/L 会析出 $CaCO_3$ 沉淀。

五、实验数据处理

$$总硬度(CaCO_3,mg/L) = \frac{c_1 \times V_1 \times 100.09 \times 1000}{V} \tag{1-7}$$

式中:c_1——EDTA 标准溶液物质的量浓度,mol/L;

V_1——滴定时消耗的 EDTA 标准溶液体积,mL;

V——水样体积,mL。

六、注意事项

(1)注意缓冲溶液要密封好。若缓冲溶液密封不好,其中的氨容易挥发减少,这样在水样测定时,会使 pH 调节不适当,影响配位反应的正常进行,使结果偏低。

(2)滴定快到达终点时,一定要使 EDTA 与水样充分混合,所以充分振摇是十分必要的。

七、思考题

(1)自拟出钙硬度的测定、镁硬度的测定的实验步骤。

(2)水样中 Mg^{2+} 含量低时,以铬黑 T 作指示剂测定水中 Ca^{2+}、Mg^{2+} 总量,终点不明晰,因此常在水样中先加入少量 MgY^{2-} 配合物,再用 EDTA 滴定,终点显示灵敏。这样对测定结果有没有影响?说明理由。

(3)配位滴定中为什么要加入缓冲溶液?

实验 3　水中氯离子的测定

一、实验意义和目的

氯化物是指带负电的氯离子和其他元素带正电的阳离子结合而形成的盐类化合物,广义上,氯化物也可以说是氯与另一种元素或基团组成的化合物。在人类的生存活动中,氯化物具有重要的生理作用及工业用途。正因为如此,在自然水体、生活污水和工业废水中,均含有相当数量的氯离子。若饮用水中氯离子含量达到 250 mg/L,相应的阳离子为钠时,会感觉到咸味;水中氯化物含量高时,会损害管道和构筑物,并妨碍植物的生长。

本实验的目的为:

(1)学习银量法测定氯离子含量的原理和方法;

(2)掌握 $AgNO_3$ 标准溶液的配制和标定方法。

二、实验原理

在中性至弱碱性范围内(pH6.5～10.5),以铬酸钾为指示剂,用硝酸银滴定氯化物时,由于氯化银的溶解度小于铬酸银的溶解度,氯离子首先被完全沉淀出来后,然后铬酸盐以铬酸银的形式被沉淀,产生砖红色,指示滴定终点到达。该沉淀滴定的反应如下:

$$Ag^+ + Cl^- \Longrightarrow AgCl \downarrow (白色)$$

$$2Ag^+ + CrO_4^{2-} \Longrightarrow Ag_2CrO_4 \downarrow (砖红色)$$

三、实验仪器设备和材料

1. 试剂和材料

分析中仅使用分析纯试剂和去离子水。

(1)氯化钠标准溶液,$c(NaCl) = 0.0141$ mol/L,相当于 500 mg/L 氯化物含量:将氯化钠(NaCl)置于瓷坩埚内,在 105 ℃下烘干 2 h。在干燥器中冷却后称取 8.2400 g,溶于蒸馏水中,在容量瓶中稀释至 1000 mL。用移液管吸取 10.0 mL,在容量瓶中准确稀释至 100 mL。1.00 mL 此标准溶液含 0.50 mg 氯化物(以 Cl^- 计)。

(2)硝酸银标准溶液,$c(AgNO_3) = 0.0141$ mol/L:称取 2.3950 g 于 105 ℃烘半小时的硝酸银($AgNO_3$),溶于蒸馏水中,在容量瓶中稀释至 1000 mL,贮于棕色瓶中。

用氯化钠标准溶液标定其浓度:用移液管准确吸取 25.00 mL 氯化钠标准溶液于 250 mL或 100 mL 锥形瓶中,加蒸馏水 25 mL。另取一锥形瓶,量取蒸馏水 50 mL 作空白。各加入 1 mL铬酸钾溶液,在不断地摇动下用硝酸银标准溶液滴定至砖红色沉淀刚刚出现为终点。计算每毫升硝酸银溶液所相当的氯化物量,然后校正其浓度,再作最后标定。1.00 mL 此标准溶液相当于 0.50 mg 氯化物(以 Cl^- 计)。

(3)铬酸钾溶液,50 g/L:称取 5 g 铬酸钾(K_2CrO_4)溶于少量蒸馏水中,滴加硝酸银溶液(3.1.2)至有红色沉淀生成。摇匀,静置 12 h,然后过滤并用去离子水将滤液稀释至 100 mL。

(4)高锰酸钾溶液,$c(1/5\ KMnO_4) = 0.01$mol/L。

（5）过氧化氢（H_2O_2）溶液，30％。

（6）硫酸溶液，$c(1/2\ H_2SO_4)＝0.05mol/L$。

（7）氢氧化钠溶液，$c(NaOH)＝0.05mol/L$。

（8）乙醇（C_2H_5OH），95％。

（9）氢氧化铝悬浮液：溶解 125 g 硫酸铝钾[$KAl(SO_4)_2·12H_2O$]于 1 L 水中，加热至 60 ℃，然后边搅拌边缓缓加入 55 mL 浓氨水放置约 1 h 后，移至大瓶中，用倾泻法反复洗涤沉淀物，直到洗出液不含氯离子为止。用水稀至约为 300 mL。

（10）酚酞指示剂溶液：称取 0.5 g 酚酞溶于 50 mL 95％乙醇中。加入 50 mL 去离子水，再滴加 0.05 mol/L 氢氧化钠溶液使其呈微红色。

（11）广泛 pH 试纸。

2．仪器和设备

（1）锥形瓶，250 mL；

（2）滴定管，25 mL，棕色；

（3）移液管，10 mL，25 mL，50 mL；

（4）容量瓶，100 mL，1000 mL。

五、干扰及消除

如水样浑浊及带有颜色，则取 150 mL 或取适量水样稀释至 150 mL，置于 250 mL 锥形瓶中，加入 2 mL 氢氧化铝悬浮液，振荡过滤，弃去最初滤下的 20 mL，用干燥清洁的锥形瓶接取滤液备用。

如果有机物含量高或色度高，可用马弗炉灰化法预先处理水样。取适量废水样于瓷蒸发皿中，调节 pH 值至 8～9，置水浴上蒸干，然后放入马弗炉中，在 600 ℃下灼烧 1 h，取出冷却后，加入 10 mL 去离子水，移入 250 mL 锥形瓶中，并将蒸发皿用去离子水清洗三次，一并转入锥形瓶中，调节溶液 pH 值到 7 左右，稀释至 50 mL。

由于有机质存在而产生的较轻色度，可以加入 0.01 mol/L 高锰酸钾 2 mL，煮沸。再滴加乙醇以除去多余的高锰酸钾至水样褪色，过滤，滤液贮于锥形瓶中备用。

如果水样中含有硫化物、亚硫酸盐或硫代硫酸盐，则加入氢氧化钠溶液将水样调至中性或弱碱性，加入 1 mL 30％过氧化氢，摇匀。一分钟后加热至 70～80 ℃，以除去过量的过氧化氢。

六、样品的采集与保存

采集代表性水样，放在干净且化学性质稳定的玻璃瓶或聚乙烯瓶内。保存时不必加入特别的防腐剂。

七、实验步骤

（1）$AgNO_3$ 标准溶液的标定。

用移液管准确吸取 25.00 mL 氯化钠标准溶液于 250 mL 锥形瓶中，加蒸馏水 25 mL。然后加入 1 mL 5％的 K_2CrO_4 溶液，摇匀。用 $AgNO_3$ 标准溶液滴定至溶液出现砖红色，即达到终点。根据 NaCl 的质量和消耗的 $AgNO_3$ 溶液的体积，计算 $AgNO_3$ 标准溶液的浓度。

（2）水样测定。

①准确吸取 10.00 mL 水样或经过预处理的水样（若氯化物含量高，可取适量水样用蒸馏水稀释至 50 mL），置于锥形瓶中，加 40 mL 蒸馏水。另取一锥形瓶加入 50 mL 蒸馏水作空白试验。

②如水样 pH 值在 6.5～10.5 范围时，可直接滴定，超出此范围的水样应以酚酞作指示剂，用稀硫酸或氢氧化钠溶液调节至红色刚刚褪去。

③加入 1 mL 5％铬酸钾溶液，用 $AgNO_3$ 标准溶液滴定至砖红色沉淀刚刚出现即为滴定终点。

平行测定三次，同法作空白滴定。

【注意】铬酸钾在水样中的浓度影响终点的到达，在 50—100 mL 滴定液中加入 1 mL 5％铬酸钾溶液，使 CrO_4^{2-} 浓度为 2.6×10^{-3}—5.2×10^{-3} mol/L。在滴定终点时，$AgNO_3$ 溶液加入量略过终点，可用空白测定值消除。

八、结果计算

氯化物含量 $c(Cl^-, mg/L)$ 按下式计算：

$$c_{氯化物}(Cl^-, mg/L) = \frac{(V_2 - V_1) \times M \times 35.45 \times 1000}{V_水}$$

式中：V_1——空白试验消耗硝酸银标准溶液量，mL；

V_2——水样消耗硝酸银标准溶液量，mL；

M——硝酸银标准溶液浓度，mol/L；

$V_水$——水样体积，mL。

九、思考题

（1）$AgNO_3$ 标准溶液为什么要置于棕色试剂瓶中，并放在暗处保存？

（2）$AgNO_3$ 标准溶液滴定 Cl^- 时为什么必须剧烈摇动？

（3）滴定时，为什么要控制指示剂铬酸钾的加入量？指示剂浓度过高或过低对测定结果有什么影响？

实验 4　　高锰酸盐指数的测定

一、实验意义和目的

高锰酸盐指数（I_{Mn}）常被作为水体还原性有机物质（和无机物质）污染程度的综合指标。与化学需氧量（COD_{Cr}）一样，其判断的是水体中还原性物质的多少，并以氧的 mg/L 来表示。但因反应条件及氧化程度的不同，结果也不同。一般水样的测定可采用酸性高锰酸钾法，但水样中氯化物含量较高（超过 300 mg/L）时，则宜采用碱性高锰酸钾法，以排除 Cl^- 的干扰影响。而较复杂的工业废水及高浓度有机废水，应选用 COD_{Cr} 法以重铬酸钾为氧化剂测定。

本实验的目的为：

（1）掌握氧化还原反应的条件因素。

（2）掌握高锰酸盐指数法测定水中 I_{Mn} 的原理及方法。

（3）了解水中 I_{Mn} 与水体污染的关系。

二、实验原理

水样加入硫酸使其呈酸性后，加入一定量的高锰酸钾溶液，并在沸水浴中加热反应一定的时间，其反应式如下：

$$MnO_4^- + 8H^+ + 5e^- \longrightarrow Mn^{2+} + 4H_2O$$

剩余的高锰酸钾用草酸钠溶液还原，并过量加入，再用高锰酸钾溶液回滴过量的草酸钠，通过计算求出高锰酸盐指数值，化学反应方程式如下：

$$2MnO_4^- + 5C_2O_4^{2-} + 16H^+ \longrightarrow 2Mn^{2+} + 8H_2O + 10CO_2$$

三、实验仪器、设备和材料

1. 试剂和材料

（1）高锰酸钾溶液（$c(1/5\ KMnO_4) = 0.1\ mol/L$）：称取 3.2 g 高锰酸钾溶于 1.2 L 水中，加热煮沸，使体积减少到约 1 L，放置过夜，用 G-3 玻璃砂芯漏斗过滤后，滤液贮于棕色瓶中保存。

（2）高锰酸钾使用溶液（$c(1/5\ KMnO_4) = 0.01\ mol/L$）：吸取 100 mL 上述高锰酸钾溶液，用水稀释至 1000 mL，贮于棕色瓶中。使用当天应进行标定，并调节至 0.01 mol/L 准确浓度。

（3）1+3 硫酸。

（4）草酸钠标准溶液（$c(1/2\ Na_2C_2O_4) = 0.1000\ mol/L$）：称取 0.6705 g 在 105～110 ℃ 烘干 1 h 并冷却的草酸钠溶于水，移入 100 mL 容量瓶中，用水稀释至标线。

（5）草酸钠标准使用溶液（$c(1/2\ Na_2C_2O_4) = 0.0100\ mol/L$）：吸取 10.00 mL 上述草酸钠溶液，移入 100 mL 容量瓶中，用水稀释至标线。

2. 仪器和设备

（1）沸水浴装置。

（2）250 mL 锥形瓶。

（3）25 mL 酸式滴定管。

四、实验内容和步骤

（1）分取 100 mL 混匀水样（如高锰酸盐指数高于 5 mg/L，则酌情少取，并用水稀释至 100 mL）置于 250 mL 锥形瓶中。

（2）加入 5 mL（1+3）硫酸，混匀。

（3）加入 10.00 mL 0.01 mol/L 高锰酸钾溶液，摇匀，立即放入沸水浴中加热 30 min（从水浴重新沸腾起计时）。沸水浴液面要高于反应溶液的液面。

（4）取下锥形瓶，趁热加入 10.00 mL 0.0100 mol/L 草酸钠标准使用液，摇匀。立即用 0.01 mol/L 高锰酸钾溶液滴定至呈现微红色，记录高锰酸钾溶液消耗量（V_1）。

（5）高锰酸钾溶液浓度的标定：将上述已滴定完毕的溶液加热至约 70 ℃，准确加入 10.00 mL 草酸钠标准溶液（0.0100 mol/L），再用 0.01 mol/L 高锰酸钾溶液滴定至呈现微红色。记录高锰酸钾溶液的消耗量(V),按下式求得高锰酸钾溶液的校正系数(K)。

$$K = \frac{10.00}{V} \qquad (1-8)$$

式中:V——高锰酸钾溶液消耗量,mL。

　　若水样经稀释时,应同时另取 100 mL 水,采用水样操作步骤进行空白试验。

五、实验数据处理

　　(1)水样不经稀释时,采用的公式为

$$I_{Mn} = \frac{[(10+V_1)K-10] \times M \times 8 \times 1000}{100} \qquad (1-9)$$

式中:V_1——滴定水样时高锰酸钾溶液的消耗量,mL;

　　K——校正系数;

　　M——草酸钠标准溶液浓度,mol/L;

　　8——氧(1/4 O_2)摩尔质量。

　　(2)水样经稀释时,采用的公式为

$$I_{Mn} = \frac{\{[(10+V_1)K-10] - [(10+V_0)K-10] \times c\} \times M \times 8 \times 1000}{V_2} \qquad (1-10)$$

式中:V_0——空白试验中高锰酸钾溶液消耗量,mL;

　　V_2——分取水样量,mL;

　　c——稀释的水样中含水的比值,例如,10.0 mL 水样用 90 mL 水稀释至 100 mL,则 $c=0.90$。

六、注意事项

　　(1)在水浴中加热完毕后,溶液仍应保持淡红色,如变浅或全部褪去,说明高锰酸钾用量不够。此时,应将水样稀释倍数加大后再测定。

　　(2)在酸性条件下,草酸钠和高锰酸钾的反应温度应保持在 60～80 ℃,所以滴定操作必须趁热进行。若溶液温度过低,需适当加热。

七、思考题

　　(1)配制好的 $KMnO_4$ 溶液为什么要装在棕色瓶中放置暗处保存?

　　(2)用 $Na_2C_2O_4$ 标定 $KMnO_4$ 溶液浓度时,为什么必须在大量 H_2SO_4(可以用 HCl 或 HNO_3 溶液吗?)存在下进行? 酸度过高或过低有无影响? 为什么要加热至 75～85 ℃后才能滴定? 溶液温度过高或过低有什么影响?

实验 5　有机酸含量及摩尔质量的测定

一、实验意义和目的

　　(1)了解有机酸的概念。

　　(2)掌握有机酸含量及摩尔质量的测定方法。

二、实验原理

大部分的有机酸都是固体弱酸,如果多元有机酸能溶于水,且它的逐级解离常数均符合准确滴定的要求,$K_a \geqslant 10^{-8}$,则可以在水溶液中用碱标准溶液准确滴定有机酸中的氢,测得其含量。可称取一定量的试样,溶于水后用 NaOH 标准溶液滴定。滴定产物是弱碱,滴定突跃发生在弱碱性范围内,可选用酚酞作指示剂,滴定至微红色为终点。根据 NaOH 标准溶液浓度、滴定时消耗的体积及有机酸的元数,即可计算有机酸的含量及有机酸摩尔质量。

有机弱酸 H_nA 与 NaOH 反应方程式为

$$n\text{NaOH} + H_nA =\!=\!= Na_nA + nH_2O$$

几种有机酸在水中的解离常数为:草酸在 25 ℃时,$pK_{a_1} = 1.23$,$pK_{a_2} = 4.19$;柠檬酸在 18 ℃时,$pK_{a_1} = 3.13$,$pK_{a_2} = 4.76$,$pK_{a_3} = 6.40$;酒石酸在 25 ℃时,$pK_{a_1} = 3.04$,$pK_{a_2} = 4.37$。

三、实验仪器、设备和材料

1. 试剂和材料

(1)0.1 mol/L NaOH 溶液。

(2)0.2% 酚酞乙醇溶液。

(3)邻苯二甲酸氢钾($KHC_8H_4O_4$)基准试剂,105~110 ℃下烘 1 h。

(4)有机酸试样,如草酸、酒石酸、柠檬酸、阿司匹林、苯甲酸等。

2. 仪器和设备

(1)分析天平。

(2)托盘天平。

(3)25 mL 碱式滴定管。

(4)移液管。

(5)锥形瓶。

四、实验内容和步骤

1. 0.1 mol/L NaOH 标准溶液的标定

称取在 105~110 ℃干燥过的基准试剂级苯二甲酸氢钾($KHC_8H_4O_4$)约 0.5 g(称准至 0.0001 g),置于 250 mL 锥形瓶中,加新鲜或煮沸除去 CO_2 的去离子水 100 mL 使之溶解,再加入 4 滴酚酞指示剂,用待标定的 NaOH 标准溶液滴定至浅红色为终点。同时用无 CO_2 水作空白滴定,按下式进行计算:

$$c_{\text{NaOH}}(\text{mol/L}) = \frac{m \times 1000}{(V_1 - V_0) \times 204.23} \tag{1-11}$$

式中:m——称取苯二甲酸氢钾的质量,g;

V_0——滴定空白时,所耗氢氧化钠标准溶液的体积,mL;

V_1——滴定苯二甲酸氢钾时,所耗氢氧化钠标准溶液的体积,mL;

204.23——苯二甲酸氢钾($KHC_8H_4O_4$)摩尔质量,g/mol。

2. 有机酸含量（质量酸度）及摩尔质量的测定

根据计算的质量，准确称取有机酸试样 1 份置于 50 mL 烧杯中（称取试样的量，根据 n 值和有机酸摩尔质量范围，按不同试样消耗 0.1 mol/L NaOH 溶液 25 mL 左右预先计算），加水溶解。定量转入 100 mL 容量瓶中，用水稀释至刻度，摇匀。用 25.00 mL 移液管平行移取 3 份，分别放入 250 mL 锥形瓶中，加入 2 滴酚酞指示剂，用 NaOH 标准溶液滴定至由无色变为微红色，半分钟内不褪色即为终点。由消耗的 NaOH 标准溶液的体积，计算有机酸的摩尔质量和有机酸的含量，即为总酸度（以 g/L 表示）。

五、实验数据处理

有机弱酸的摩尔质量为：

$$M_{\mathrm{H}_n\mathrm{A}} = \frac{nm_{\mathrm{H}_n\mathrm{A}}}{c_{\mathrm{NaOH}}V_{\mathrm{NaOH}}} \tag{1-12}$$

式中：n——滴定反应的化学计量数比，n 值需为已知；

c_{NaOH}——NaOH 标准溶液的浓度，mol/L；

V_{NaOH}——滴定所消耗 NaOH 标准溶液的体积，mL；

$m_{\mathrm{H}_n\mathrm{A}}$——称取的有机酸的质量，g。

根据上述滴定和计算所得数据，推导出计算有机弱酸质量浓度的公式并求出结果。

六、思考题

(1) 推导化学计量点的 pH 计算式。

(2) 甲基橙能否作为 NaOH 溶液滴定有机酸的指示剂？为什么？

实验 6 溶解氧的测定（碘量法）

一、实验意义和目的

溶解在水中的分子态氧称为溶解氧。天然水的溶解氧含量取决于水体与大气中氧的平衡。溶解氧的饱和含量和空气中氧的分压、大气压力、水温有密切关系。清洁地表水的溶解氧一般接近饱和。由于藻类的生长，溶解氧可能过饱和。水体受有机、无机还原性物质污染，使溶解氧降低。当大气中的氧来不及补充时，水中溶解氧逐渐降低，以至趋近于零，此时厌氧菌繁殖，使水质恶化。废水中溶解氧的含量取决于废水排出前的工艺过程，一般含量较低，差异很大。

测定水中溶解氧常采用碘量法、修正法和膜电极法。清洁水可直接采用碘量法测定。水样有色或含有氧化性及还原性物质、藻类、悬浮物等均会干扰测定。氧化性物质可使碘化物游离出碘，产生正干扰；某些还原性物质可以把碘还原成碘化物，产生负干扰；有机物（如腐殖酸、丹宁酸、木质素等）可能被部分氧化，产生负干扰。所以大部分受污染的地表水和工业废水，必须采用修正的碘量法或膜电极法测定。

当水样中亚硝酸盐氮含量高于 0.05 mg/L，二价铁低于 1 mg/L 时，采用叠氮化钠修正法。此法适用于测定大部分污水及生化处理出水；水样中二价铁高于 1 mg/L，采用高锰酸钾修正法测定;水样有色或有悬浮物,采用明矾絮凝修正法测定;水样含有活性污泥悬浊物,采用硫酸铜-氨基磺酸絮凝修正法测定。

膜电极法根据分子氧透过薄膜的扩散速率来测定水中的溶解氧,方法简单、快速、干扰少,可用于现场测定。

本实验的目的为:

(1)了解溶解氧与水质的关系。

(2)学习水中溶解氧的现场采集与固定。

(3)掌握氧化还原平衡的应用及其反应条件的影响。

二、实验原理

水样中加入硫酸锰和碱性碘化钾,水中溶解氧(通常记作 DO)将低价锰氧化成高价锰,生成四价锰的氢氧化物棕色沉淀。加酸后,氢氧化物沉淀溶解并与碘离子反应而释出游离碘。以淀粉作指示剂,用硫代硫酸钠滴定释出的碘计算 DO 含量,以氧的 mg/L 表示。

三、实验仪器、设备和材料

1. 试剂和材料

(1)硫酸锰溶液:称取 480 g 硫酸锰(MnSO₄·4H₂O 或 364g MnSO₄·H₂O)溶于水,用水稀释至 1000 mL。将该溶液加至酸化过的碘化钾溶液中,遇淀粉不得呈现蓝色。

(2)碱性碘化钾溶液:称取 500 g 氢氧化钠溶解于 300～400 mL 水中,另称取 150 g 碘化钾(或 135g NaI)溶于 200 mL 水中,待氢氧化钠溶液冷却后,将两溶液合并,混匀,用水稀释至 1000 mL。如有沉淀,则放置过夜后,倒出上清液,贮于棕色瓶中。用橡皮塞塞紧,避光保存。此溶液酸化后,遇淀粉应不呈现蓝色。

(3)1+5 硫酸溶液:在搅拌情况下,将一份浓硫酸缓缓倒入 5 份蒸馏水中配制。

(4)1%(m/V)淀粉溶液:称取 1 g 可溶性淀粉,用少量水调成糊状,再用刚煮沸的水冲稀至 100 mL。冷却后,加入 0.1 g 水杨酸或 0.4 g 氯化锌防腐。

(5)0.02500 mol/L(1/6K₂Cr₂O₇)重铬酸钾标准溶液:称取在 105～110 ℃烘干 2 h 并冷却的重铬酸钾 1.2258 g,溶于水,移入 1000 mL 容量瓶中,用水稀释至标线,摇匀。

(6)硫代硫酸钠溶液:称取 6.2 g 硫代硫酸钠(Na₂S₂O₃·5H₂O)溶于煮沸放冷的水中,加入 0.2 g 碳酸钠,用水稀释至 1000 mL。贮于棕色瓶中,使用前用 0.02500 mol/L 重铬酸钾标准溶液标定,标定方法如下:

在 250 mL 碘量瓶中,加入 100 mL 水和 1 g 碘化钾,加入 0.02500 mol/L 重铬酸钾标准溶液 10.00 mL、(1+5)硫酸溶液 5 mL 之后密塞,摇匀。于暗处静置 5 min 后,用待标定的硫代硫酸钠溶液滴定至溶液呈淡黄色,加入 1 mL 淀粉溶液,继续滴定至蓝色刚好褪去为止,记录用量并代入下述公式计算。

$$c = \frac{10.00 \times 0.02500}{V} \tag{1-13}$$

式中:c——硫代硫酸钠溶液的浓度,mol/L;

V——滴定时消耗硫代硫酸钠溶液的体积,mL。

2. 仪器和设备

(1)250～300 mL 碘量瓶和溶解氧瓶。

(2)25 mL 酸式滴定管。

(3)移液管:100 mL、10 mL(胖肚)、5 mL(刻度)。

四、实验内容和步骤

1. 水样的采集与保存

用碘量法测定水中溶解氧,水样常采集到溶解氧瓶中。采集水样时,要注意不使水样曝气或有气泡残存在采样瓶中。可用水样冲洗溶解氧瓶后,沿瓶壁直接倾注水样或用虹吸法将细管插入溶解氧瓶底部,注入水样至溢流出瓶容积的 1/3～1/2 左右。

水样采集后,为防止溶解氧的变化,应立即向样品中加固定剂,并存于冷暗处,同时记录水温和大气压力。

2. 实验步骤

1)溶解氧的固定

取样后,用移液管插入溶解氧瓶的液面下,加入 1 mL 硫酸锰溶液、2 mL 碱性碘化钾溶液,盖好瓶塞,颠倒混合数次,静置。待棕色沉淀物沉降至瓶内一半时,再颠倒混合一次,待沉淀物沉降到瓶底。溶解氧的固定一般在取样现场操作完成。

2)析出碘

样品取回实验室后,轻轻打开瓶塞,立即用吸管插入液面下加入 2.0 mL 浓硫酸。小心盖好瓶塞,颠倒混合摇匀,直至沉淀物全部溶解为止,于暗处放置 5 min。

3)滴定

吸取 100.0 mL 上述溶液置于 250 mL 锥形瓶中,用硫代硫酸钠溶液滴定至溶液呈淡黄色,加入 1 mL 淀粉溶液,继续滴定至蓝色刚好褪去为止,记录硫代硫酸钠溶液用量。

五、实验数据处理

溶解氧的质量浓度计算采用下式:

$$\rho = \frac{c \cdot V \times 8 \times 1000}{100} \tag{1-14}$$

式中:ρ——溶解氧的质量浓度,mg/L;

c——硫代硫酸钠溶液浓度,mol/L;

V——滴定时消耗硫代硫酸钠溶液体积,mL;

8——氧($1/4O_2$)的摩尔质量,g/mol。

六、注意事项

(1)如果水样中含有氧化性物质(如游离氯大于 0.1 mg/L 时),应预先于水样中加入硫代硫酸钠予以去除。即用两个溶解氧瓶各取一瓶水样,在其中一瓶加入(1+5)硫酸 5 mL 和 1 g 碘化钾,摇匀,此时游离出碘。以淀粉作指示剂,用硫代硫酸钠溶液滴定至蓝色褪色,记下用量

（相当于去除游离氯的量）。在另一瓶水样中，加入同样量的硫代硫酸钠溶液，摇匀后，按操作步骤测定。

（2）如果水样呈强酸性或强碱性，可用氢氧化钠或硫酸溶液调至中性后再进行测定。

七、思考题

（1）请说明在溶解氧的计算公式中"8"的含义。

（2）为什么用硫代硫酸钠溶液滴定至溶液呈淡黄色，再加入淀粉溶液，继续滴定至蓝色刚好褪去为止？

（3）本实验用到了锥形瓶、碘量瓶和溶解氧瓶，试通过绘图进行比较说明。

（4）样品取回实验室后，打开瓶塞，为何要立即用吸管插入液面下加入 2.0 mL 浓硫酸？

实验 7　水中化学需氧量（COD）的测定

一、实验意义和目的

化学需氧量（COD）是指在一定条件下，用强氧化剂处理水样时所消耗氧化剂的量，以氧的 mg/L 来表示，反映了水体受还原性物质污染的程度。水中还原性物质包括有机物、亚硝酸盐、亚铁盐、硫化物等。水被有机物污染是很普遍的现象，因此化学需氧量更多地作为有机物相对含量的判断指标。因化学需氧量测定结果与取样的均匀程度、加入氧化剂的量、反应溶液的酸度、反应温度、反应时间以及催化作用等条件因素有关，因此必须严格按照操作步骤进行。

目前，作为水质监测分析中最常测定的项目，COD 是评价水体污染的重要指标之一。实验室测定 COD 仍然采用标准法，即重铬酸钾-硫酸回流法。该方法测定结果准确、重现性高，未经稀释水样的测定上限为 700 mg/L。但该方法仍存在分析时间长、批量测定难以及二次污染严重等方面的不足。近年来，为了满足绿色实验室减少试剂污染和降低回流能耗的发展需要，探索了减量以及改进的微波消解氧化光度法等测定手段。

本实验的目的为：

（1）学习如何用 COD 判断水体污染程度。

（2）掌握回流消解预处理技术。

（3）巩固对氧化还原反应条件的理解。

二、实验原理

在强酸性溶液中，准确加入过量的 $K_2Cr_2O_7$ 标准溶液，加热回流。将水样中还原性物质（主要是有机物）氧化，过量的 $K_2Cr_2O_7$ 以试亚铁灵作指示剂，用硫酸亚铁铵标准溶液回滴。根据所消耗的 $K_2Cr_2O_7$ 标准溶液量计算水样化学需氧量，以相当于氧的 mg/L 值表示。若有 Cl^- 离子干扰时，可加硫酸汞掩蔽。

用 0.250 mol/L 的重铬酸钾溶液可测定大于 50 mg/L 的 COD 值；用 0.0250 mol/L 的重铬酸钾溶液可测定小于 50mg/L 的 COD 值，以确保实验的准确度。

三、实验仪器、设备和材料

1.试剂和材料

(1)重铬酸钾标准液($c(1/6K_2Cr_2O_7)=0.250$ mol/L):称取预先在120 ℃烘干2 h的基准或优级纯重铬酸钾12.258 g溶于水中,移入1000 mL容量瓶,稀释至标线,摇匀。

(2)试亚铁灵指示液:称取1.5 g邻菲啰啉($C_{12}H_8N_2 \cdot H_2O$, 1,10 - Phenanthnoline monohydrode),0.7 g硫酸亚铁($FeSO_4 \cdot 7H_2O$)溶于水中,稀释至100 mL,贮于棕色瓶内。

(3)硫酸亚铁铵标准溶液[$c((NH_4)_2Fe(SO_4)_2 \cdot 6H_2O)\approx0.05$mol/L]:称取19.5g硫酸亚铁铵溶于水中,边搅拌边缓慢加入10 mL浓硫酸,冷却后移入1000 mL容量瓶中,加水稀释至标线,摇匀。临用前,用重铬酸钾标准溶液标定。

标定方法:准确吸取5.00 mL重铬酸钾标准溶液置于500 mL锥形瓶中,加水稀释至50 mL左右,缓慢加入15 mL浓硫酸,混匀。冷却后,加入3滴试亚铁灵指示液(约0.15 mL),用硫酸亚铁铵溶液滴定。当溶液的颜色由黄色经蓝绿色至红褐色即为终点,记录硫酸亚铁铵溶液的消耗量V(mL)。硫酸亚铁铵标准溶液浓度按下式计算:

$$c[(NH_4)_2Fe(SO_4)_2]=0.2500\times5.00/V \qquad (1-15)$$

式中:c——硫酸亚铁铵标准溶液浓度,mol/L;

　　　V——硫酸亚铁铵标准滴定溶液的用量,mL。

(4)硫酸-硫酸银溶液:于2500 mL浓硫酸中加入25 g硫酸银。放置1～2 d,不时摇动使其溶解(如无2500 mL容器,可在500 mL浓硫酸中加入5 g硫酸银)。

(5)硫酸汞:结晶或粉末。

2.仪器和设备

(1)回流装置:带250 mL锥形瓶的全玻璃回流装置(如图1-1所示),如果取样量在30 mL以上,则采用500 mL锥形瓶的全玻璃回流装置。

(2)加热装置:电热板或变阻电炉。

(3)25 mL或50 mL酸式滴定管。

(4)分析天平:感量为0.0001 g。

(5)烧杯(50 mL)、锥形瓶(150 mL)、容量瓶(500 mL)、滴定管(25 mL)、移液管(5 mL、10 mL)。

(6)一般实验室常用仪器或设备。

四、实验内容和步骤

1.采样

水样应采集于玻璃瓶中,并尽快分析。如不能立即分析时,应加入浓硫酸至 pH<2,置于4 ℃下保存,但保存时间不超过5天。采集水样的体积不得少于100 mL。将试样充分摇匀,取出20.00 mL作为试料。

2.回流消解

(1)取10.00 mL混合均匀的水样(或适量水样稀释至10.00 mL)置

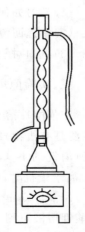

图1-1　COD回
流装置

于 250 mL 磨口回流锥形瓶中,准确加入 5.00 mL 重铬酸钾标准溶液及数粒小玻璃珠或沸石,连接磨口回流冷凝管,从冷凝管上口慢慢地加入 15 mL 硫酸-硫酸银溶液,轻轻摇动锥形瓶使溶液混合,加热回流 2 h(自开始沸腾时计时)。

注意:①对于化学需氧量高的废水样,可先取上述操作所需体积 1/10 的废水样和试剂,置于硬质玻璃试管中,摇匀,加热后观察是否变成绿色。如溶液呈现绿色,再适当减少废水取样量,直至溶液不变绿色为止,从而确定废水样分析时应取用的体积。稀释时,所取废水样量不得少于 5 mL,如果化学需氧量很高,则废水样应多次稀释。②废水中氯离子含量超过 30 mg/L 时,应先把 0.2 g 硫酸汞加入回流锥形瓶中,再加 10.00 mL 废水(或适量废水稀释至 10.00 mL),摇匀。然后重复上述操作。

(2)冷却后,自冷凝管上端开口处,加入 45 mL 水冲洗管壁,取下锥形瓶。溶液总体积不得少于 70 mL,否则会因酸度太大,滴定终点不明显。

3. 滴定分析

溶液再度冷却后,加 3 滴试亚铁灵指示液,用硫酸亚铁铵标准溶液滴定,溶液的颜色由黄色经蓝绿色至红褐色即为终点,记录硫酸亚铁铵标准溶液的用量 V_1。

4. 空白试验

测定水样的同时,以 10.00 mL 重蒸蒸馏水,按同样操作步骤作空白试验。记录滴定空白时硫酸亚铁按标准溶液的体积 V_0。

五、实验数据处理

样品中化学需氧量的质量浓度 $\rho(\text{mg/L})$ 的计算公式如下:

$$\rho = \frac{c \times (V_0 - V_1) \times 8 \times 1000}{V_2} \tag{1-16}$$

式中: c ——硫酸亚铁铵标准溶液的浓度,mol/L;

V_0 ——滴定空白时硫酸亚铁铵标准溶液用量,mL;

V_1 ——滴定水样时硫酸亚铁铵标准溶液用量,mL;

V_2 ——加热回流时所取水样的体积,mL;

8——氧($1/4O_2$)的摩尔质量,g/mol。

六、注意事项

(1)使用 0.2 g 硫酸汞络合氯离子的最高量可达 20 mg,如取用 10.00 mL 水样,即最高可络合 1000 mg/L 氯离子浓度的水样。若氯离子浓度较低,亦可少加硫酸汞,但应使硫酸汞:氯离子=10:1(W/W)。若出现少量沉淀,并不影响测定。

(2)水样均匀的程度,也可在 10.00～50.00 mL 范围内选取不同的体积,但试剂用量及浓度需按表 1-5 进行相应调整,以得到满意的结果。

表 1-5 水样取用量和试剂用量表

水样体积/mL	0.2500 mol/L K₂Cr₂O₇溶液/mL	H₂SO₄-Ag₂SO₄溶液/mL	HgSO₄/g	FeSO₄(NH₄)₂SO₄/(mol/L)	滴定前总体积/mL
10.0	5.0	15	0.2	0.050	70
20.0	10.0	30	0.4	0.100	140
30.0	15.0	45	0.6	0.150	210
40.0	20.0	60	0.8	0.200	280
50.0	25.0	75	1.0	0.250	350

（3）对于化学需氧量小于 50 mg/L 的水样，应改用 0.0250 mol/L 重铬酸钾标准溶液。回滴时用 0.005 mol/L 硫酸亚铁铵标准溶液。临用前，用 0.0250 mol/L 的重铬酸钾标准溶液标定。

（4）水样加热回流后，溶液中重铬酸钾剩余量应为加入量的 1/5～4/5 为宜。

（5）用邻苯二甲酸氢钾标准溶液检查试剂的质量和操作技术时，每克邻苯二甲酸氢钾的理论 COD 为 1.176 g。溶解 0.4251 g 邻苯二甲酸氢钾（HOOCC₆H₄COOK）置于重蒸馏水中，转入 1000 mL 容量瓶，用重蒸馏水稀释至标线，使之成为 500 mg/L 的 COD 标准溶液。该标准溶液应在使用时配置。

（6）当 COD 的测定结果大于 100 mg/L 时，应保留 3 位有效数字；当 COD 的测定结果小于 100 mg/L 时，只保留整数位。

（7）每次实验时，应对硫酸亚铁铵标准溶液进行标定，室温较高时尤其应注意其浓度的变化。

七、思考题

（1）污水样品的取样量过少对测定会有何影响？

（2）本实验会产生怎样的实验室试剂污染？你有何建议措施？

实验 8 水样中生化需氧量（BOD₅）的测定

一、实验意义和目的

生化需氧量（BOD₅）反映了样品中可以被生物生化降解的有机物的含量。通常 BOD/COD 值大于 0.3 的水体，适于采用生化法处理。测定时，若样品中的有机物质量浓度大于 6 mg/L，需适当稀释样品；对不含或含微生物少的工业废水，如酸性废水、碱性废水、高温废水、冷冻保存的废水或经过氯化处理等的废水，在测定 BOD₅ 时应进行接种，以引进能分解废水中有机物的微生物。当废水中存在难以被一般生活污水中的微生物以正常的速度降解的有机物或含有剧毒物质时，应将驯化后的微生物引入水样中进行接种。

水中五日生化需氧量（BOD₅）的稀释与接种的方法，适用于地表水、工业废水和生活污水中 BOD₅ 的测定。该方法的检出限为 0.5 mg/L，该方法的测定下限为 2 mg/L，非稀释法和非稀释接种法的测定上限为 6 mg/L，稀释与稀释接种法的测定上限为 6000 mg/L。

本实验的目的为：

（1）学会不同实验水样的稀释与接种分析。

（2）掌握 BOD_5 的测定技术。

二、实验原理

生化需氧量是指在规定的条件下,微生物分解水中的某些可氧化的物质,特别是分解有机物的生物化学过程消耗的溶解氧。通常情况下是指水样充满完全密闭的溶解氧瓶中,在 (20 ± 1) ℃的暗处培养 5 d±4 h 或 $(2+5)$ d±4 h。先在 0～4 ℃的暗处培养 2 d,接着在 (20 ± 1) ℃的暗处培养 5 d,即培养 $(2+5)$ d。分别测定培养前后水样中溶解氧的质量浓度,由培养前后溶解氧的质量浓度之差,计算每升样品消耗的溶解氧量,以 BOD_5 形式表示。

三、实验仪器、设备和材料

1. 试剂和材料

本标准所用试剂除非另有说明,分析时均使用符合国家标准的分析纯化学试剂。

（1）水:实验用水为符合 GB/T6682 规定的 3 级蒸馏水,且水中铜离子的质量浓度不大于 0.01 mg/L,不含有氯或氯胺等物质。

（2）接种液:可购买接种微生物用的接种物质,接种液的配制和使用按说明书的要求操作,也可按以下方法获得接种液。

①未受工业废水污染的生活污水:化学需氧量不大于 300 mg/L,总有机碳不大于 100 mg/L。

②含有城镇污水的河水或湖水。

③污水处理厂的出水。

④分析含有难降解物质的工业废水时,在其排污口下游适当处取水样作为废水的驯化接种液。也可取中和或经适当稀释后的废水进行连续曝气,每天加入少量该废水,同时加入少量生活污水,使适应该废水的微生物大量繁殖。当水中出现大量的絮状物时,表明微生物已繁殖,可用作接种液。一般驯化过程需 3～8 d。

（3）盐溶液。

①磷酸盐缓冲溶液:将 8.5 g 磷酸二氢钾(KH_2PO_4)、21.8 g 磷酸氢二钾(K_2HPO_4)、33.4 g 七水合磷酸氢二钠$(Na_2HPO_4 \cdot 7H_2O)$ 和 1.7 g 氯化铵(NH_4Cl)溶于水中,稀释至 1000 mL,此溶液在 0～4 ℃可稳定保存 6 个月,溶液的 pH 为 7.2。

②硫酸镁溶液,$\rho(MgSO_4)=11.0$ g/L:将 22.5 g 七水合硫酸镁$(MgSO_4 \cdot 7H_2O)$溶于水中,稀释至 1000 mL,此溶液在 0～4 ℃可稳定保存 6 个月,若发现任何沉淀或微生物生长应弃去。

③氯化钙溶液,$\rho(CaCl_2)=27.6$ g/L:将 27.6 g 无水氯化钙$(CaCl_2)$溶于水中,稀释至 1000 mL,此溶液在 0～4 ℃可稳定保存 6 个月,若发现任何沉淀或微生物生长应弃去。

④氯化铁溶液,$\rho(FeCl_3)=0.15$ g/L:将 0.25 g 六水合氯化铁$(FeCl_3 \cdot 6H_2O)$溶于水中,稀释至 1000 mL,此溶液在 0～4 ℃可稳定保存 6 个月,若发现任何沉淀或微生物生长应弃去。

（4）稀释水:在 5～20 L 的玻璃瓶中加入一定量的水,控制水温在 (20 ± 1) ℃,用曝气装置至少曝气 1 h,使稀释水中的溶解氧达到 8 mg/L 以上。使用前每升水中加入上述四种盐溶液各 1.0 mL,混匀,20 ℃保存。在曝气的过程中防止污染,特别是防止带入有机物、金属、氧化物或还原物。稀释水中氧的质量浓度不能过饱和,使用前需开口放置 1 h,且应在 24 h 内使用。剩余的稀释水应弃去。

（5）接种稀释水：根据接种液的来源不同，每升稀释水中加入适量接种液。城市生活污水和污水处理厂出水加 1～10 mL，河水或湖水加 10～100 mL，将接种稀释水存放在（20±1）℃的环境中，当天配制当天使用。接种的稀释水 pH 为 7.2，BOD$_5$ 应小于 1.5 mg/L。

（6）盐酸溶液，c(HCl)＝0.5 mol/L：将 40 mL 浓盐酸(HCl)溶于水中，稀释至 1000 mL。

（7）氢氧化钠溶液，c(NaOH)＝0.5 mol/L：将 20 g 氢氧化钠溶于水中，稀释至 1000 mL。

（8）亚硫酸钠溶液，c(Na$_2$SO$_3$)＝0.025 mol/L：将 1.575 g 亚硫酸钠(Na$_2$SO$_3$)溶于水中，稀释至 1000 mL。此溶液不稳定，需现用现配。

（9）葡萄糖-谷氨酸标准溶液：将葡萄糖(C$_6$H$_{12}$O$_6$，优级纯)和谷氨酸(C$_5$H$_9$NO$_4$，优级纯)在 130 ℃ 干燥 1 h，各称取 150 mg 溶于水中，在 1000 mL 容量瓶中稀释至标线。此溶液的BOD$_5$ 为（210±20）mg/L，现用现配。该溶液也可少量冷冻保存，融化后立刻使用。

（10）丙烯基硫脲硝化抑制剂，ρ(C$_4$H$_8$N$_2$S)＝1.0 g/L：溶解 0.20 g 丙烯基硫脲(C$_4$H$_8$N$_2$S)于 200 mL 水中混合，4 ℃ 保存，此溶液可稳定保存 14 d。

【警告】丙烯基硫脲属于有毒化合物，操作时应按规定要求佩戴防护器具，避免接触皮肤和衣服。标准溶液的配制应在通风橱内进行操作。检测后的残渣、残液应做妥善的安全处理。

（11）（1＋1）乙酸溶液。

（12）碘化钾溶液，ρ(KI)＝100 g/L：将 10 g 碘化钾(KI)溶于水中，稀释至 100 mL。

（13）淀粉溶液，ρ＝5 g/L：将 0.50 g 淀粉溶于水中，稀释至 100 mL。

2. 仪器和设备

（1）滤膜：孔径为 1.6 μm。

（2）溶解氧瓶：带水封装置，容积 250～300 mL。

（3）稀释容器：1000～2000 mL 的量筒或容量瓶。

（4）虹吸管：用于分取水样或添加稀释水。

（5）溶解氧测定仪。

（6）冷藏箱：0～4 ℃。

（7）冰箱：有冷冻和冷藏功能。

（8）带风扇的恒温培养箱：（20±1）℃。

（9）曝气装置：多通道空气泵或其他曝气装置。曝气可能带来有机物、氧化剂和金属，导致空气污染，如有污染，空气应过滤清洗。

四、实验内容和步骤

1. 样品采集与预处理

1）采集与保存

采集的样品应充满并密封于棕色玻璃瓶中，样品量不小于 1000 mL，在 0～4 ℃ 的暗处运输和保存，并于 24 h 内尽快分析。24 h 内不能分析，可冷冻保存(冷冻保存时避免样品瓶破裂)，冷冻样品分析前需解冻、均质化和接种。

2）样品的前处理

（1）pH 调节：若样品或稀释后样品 pH 不在 6～8 范围内，应用盐酸溶液或氢氧化钠溶液调节水样 pH 至 6～8。

（2）余氯和结合氯的去除：若样品中含有少量余氯，一般在采样后放置 1～2 h，游离氯即可消失。对在短时间内不能消失的余氯，可加入适量亚硫酸钠溶液去除样品中的余氯和结合氯，加入亚硫酸钠溶液的量由下述方法确定。

取已经中和好的水样 100 mL，加入（1+1）乙酸溶液 10 mL、100 g/L 碘化钾溶液 1 mL，混匀，暗处静置 5 min。用亚硫酸钠溶液滴定析出的碘至淡黄色，加入 1 mL 淀粉溶液呈蓝色。再继续滴定至蓝色刚刚褪去，即为终点，记录所用亚硫酸钠溶液体积，由亚硫酸钠溶液消耗的体积，计算出水样中应加亚硫酸钠溶液的体积。

（3）样品均质化：含有大量颗粒物、需要较大稀释倍数的样品或经冷冻保存的样品，测定前均需将样品搅拌均匀。

（4）样品中有藻类：若样品中有大量藻类存在，BOD_5 的测定结果会偏高。当分析结果精度要求较高时，测定前应用滤孔为 1.6 μm 的滤膜过滤，检测报告中注明滤膜滤孔的大小。

（5）含盐量低的样品：若样品含盐量低，非稀释样品的电导率小于 125 μS/cm 时，需加入适量相同体积的 4 种盐溶液，使样品的电导率大于 125 μS/cm。每升样品中至少需加入各种盐的体积 V 按下式计算：

$$V = \frac{\Delta K - 12.8}{113.6} \tag{1-17}$$

式中：V——需加入各种盐的体积，mL；

ΔK——样品需要提高的电导率值，μS/cm。

2. 实验分析

1）非稀释法

非稀释法分为两种情况：非稀释法和非稀释接种法。

如样品中的有机物含量较少，BOD_5 的质量浓度不大于 6 mg/L，且样品中有足够的微生物，用非稀释法测定。若样品中的有机物含量较少，BOD_5 的质量浓度不大于 6 mg/L，但样品中无足够的微生物，如酸性废水、碱性废水、高温废水、冷冻保存的废水或经过氯化处理等的废水，采用非稀释接种法测定。

（1）试样的准备。

待测试样：测定前待测试样的温度需达到（20±2）℃，若样品中溶解氧浓度低，需要用曝气装置曝气 15 min，充分振摇赶走样品中残留的空气泡；若样品中氧已饱和，将容器 2/3 体积充满样品，用力振荡赶出过饱和氧，然后根据试样中微生物含量情况确定测定方法。非稀释法可直接取样测定；而对于非稀释接种法，每升试样中应加入适量的接种液，然后进行测定。若试样中含有硝化细菌，有可能发生硝化反应，需在每升试样中加入 2 mL 丙烯基硫脲硝化抑制剂。

空白试样：非稀释接种法，每升稀释水中加入与试样中相同量的接种液作为空白试样，需要时每升试样中加入 2 mL 丙烯基硫脲硝化抑制剂。

（2）试样的测定。

碘量法测定试样中的溶解氧：将试样充满两个溶解氧瓶中，使试样少量溢出，防止试样中的溶解氧质量浓度改变，使瓶中存在的气泡靠瓶壁排出。取一瓶试样盖上瓶盖，加上水封，在瓶盖外罩上一个密封罩,防止培养期间水封的水蒸发干,在恒温培养箱中培养 5 d±4 h 或 (2+5) d±4 h 后测定试样中溶解氧的质量浓度。另一瓶 15 min 后测定试样在培养前溶解氧的质量浓度(详见溶解氧的滴定分析)。

电化学探头法测定试样中的溶解氧:将试样充满一个溶解氧瓶中,使试样少量溢出,防止试样中的溶解氧质量浓度改变,使瓶中存在的气泡靠瓶壁排出。溶氧仪测定培养前试样中的溶解氧的质量浓度。盖上瓶盖,防止样品中残留气泡,加上水封,在瓶盖外罩上一个密封罩,防止培养期间水封水蒸发干。将试样瓶放入恒温培养箱中培养 5 d±4 h 或 (2+5) d±4 h。溶氧仪测定培养后试样中溶解氧的质量浓度。

同上,做空白试样的测定。

2)稀释与接种法

若试样中的有机物含量较多,BOD_5 的质量浓度大于 6 mg/L,且样品中有足够的微生物,采用稀释法测定;若试样中的有机物含量较多,BOD_5 的质量浓度大于 6 mg/L,但试样中无足够的微生物,采用稀释接种法测定。

(1)试样的准备。

待测试样:待测试样的温度需达到 (20±2) ℃,若试样中溶解氧浓度低,需要用曝气装置曝气 15 min,充分振摇赶走样品中残留的气泡;若样品中氧过饱和,将容器的 2/3 体积充满样品,用力振荡赶出过饱和氧,然后根据试样中微生物含量情况确定测定方法。用稀释法测定时,稀释倍数按表 1-6 和表 1-7 方法确定,然后用稀释水稀释。用稀释接种法测定时,用接种稀释水稀释样品。若样品中含有硝化细菌,有可能发生硝化反应,需在每升试样培养液中加入 2 mL 丙烯基硫脲硝化抑制剂。

稀释倍数的确定:样品稀释的程度应使消耗的溶解氧质量浓度不小于 2 mg/L,培养后样品中剩余溶解氧质量浓度不小于 2 mg/L,且试样中剩余的溶解氧的质量浓度为开始浓度的 1/3~2/3 为最佳。

稀释倍数可根据样品的总有机碳(TOC)、高锰酸盐指数(I_{Mn})或化学需氧量(COD_{Cr})的测定值,按照表 1-6 列出的 BOD_5 与总有机碳(TOC)、高锰酸盐指数(I_{Mn})或化学需氧量(COD_{Cr})的比值 R 估计 BOD_5 的期望值(R 与样品的类型有关),再根据表 1-7 确定稀释因子。当不能准确地选择稀释倍数时,一个样品做 2~3 个不同的稀释倍数。

表 1-6 典型的比值 R

水样的类型	总有机碳 R (BOD_5/TOC)	高锰酸盐指数 R (BOD_5/I_{Mn})	化学需氧量 R (BOD_5/COD_{Cr})
未处理的废水	1.2~2.8	1.2~1.5	0.35~0.65
生化处理的废水	0.3~1.0	0.5~1.2	0.20~0.35

由表 1-6 中选择适当的 R 值,按下式计算 BOD_5 的期望值:

$$\rho = R \cdot Y \tag{1-18}$$

式中:ρ——五日生化需氧量浓度的期望值,mg/L;

Y——总有机碳(TOC)、高锰酸盐指数(I_{Mn})或化学需氧量(COD_{Cr})的值,mg/L。

由估算出的 BOD_5 的期望值,按表 1-7 确定样品的稀释倍数。

表 1 - 7 　 BOD₅ 测定的稀释倍数

BOD₅ 的期望值/(mg/L)	稀释倍数	水样类型
6~12	2	河水、生物净化的城市污水
10~30	5	河水、生物净化的城市污水
20~60	10	生物净化的城市污水
40~120	20	澄清的城市污水或轻度污染的工业废水
100~300	50	轻度污染的工业废水或城市污水
200~600	100	轻度污染的工业废水或城市污水
400~1200	200	重度污染的工业废水或城市污水
1000~3000	500	重度污染的工业废水
2000~6000	1000	重度污染的工业废水

　　按照确定的稀释倍数,将一定体积的试样或处理后的试样用虹吸管移入已加部分稀释水或接种稀释水的稀释容器中,加稀释水或接种稀释水至刻度,轻轻混合避免残留气泡,待测定。若稀释倍数超过 100 倍,可进行两步或多步稀释。

　　若试样中有微生物毒性物质,应配制几个不同稀释倍数的试样,选择与稀释倍数无关的结果,并取其平均值。试样测定结果与稀释倍数的关系确定如下:

　　①当分析结果精度要求较高或存在微生物毒性物质时,一个试样要做两个以上不同的稀释倍数,每个试样每个稀释倍数做平行双样同时进行培养。测定培养过程中每瓶试样氧的消耗量,并画出氧消耗量与每一稀释倍数试样中原样品的体积曲线。

　　②若此曲线呈线性,则此试样中不含有任何抑制微生物的物质,即样品的测定结果与稀释倍数无关;若曲线仅在低浓度范围内呈线性,取线性范围内稀释比的试样测定结果计算平均 BOD₅ 值。

　　③采用稀释法测定,空白试样为稀释水时,需要时每升稀释水中加入 2 mL 丙烯基硫脲硝化抑制剂;采用稀释接种法测定,空白试样为接种稀释水时,必要时每升接种稀释水中加入 2 mL 丙烯基硫脲硝化抑制剂。

　　(2)试样的测定。

　　试样和空白试样可选用滴定法或溶氧仪直接测定。

五、实验数据处理

1. 非稀释法

非稀释法按下式计算样品 BOD₅ 的测定结果:

$$\rho = \rho_1 - \rho_2 \qquad (1-19)$$

式中: ρ ——五日生化需氧量的质量浓度,mg/L;

　　 ρ_1 ——水样在培养前的溶解氧的质量浓度,mg/L;

　　 ρ_2 ——水样在培养后的溶解氧的质量浓度,mg/L。

2. 非稀释接种法

非稀释接种法按下式计算样品 BOD₅ 的测定结果:

$$\rho = (\rho_1 - \rho_2) - (\rho_3 - \rho_4) \qquad (1-20)$$

式中：ρ——五日生化需氧量的质量浓度，mg/L；

ρ_1——接种水样在培养前的溶解氧的质量浓度，mg/L；

ρ_2——接种水样在培养后的溶解氧的质量浓度，mg/L；

ρ_3——空白样在培养前的溶解氧的质量浓度，mg/L；

ρ_4——空白样在培养后的溶解氧的质量浓度，mg/L。

3. 稀释法与稀释接种法

稀释法与稀释接种法按下式计算样品 BOD_5 的测定结果：

$$\rho = \frac{(\rho_1 - \rho_2) - (\rho_3 - \rho_4) \times f_1}{f_2} \qquad (1-21)$$

式中：ρ——五日生化需氧量的质量浓度，mg/L；

ρ_1——接种稀释水样在培养前的溶解氧的质量浓度，mg/L；

ρ_2——接种稀释水样在培养后的溶解氧的质量浓度，mg/L；

ρ_3——空白样在培养前的溶解氧的质量浓度，mg/L；

ρ_4——空白样在培养后的溶解氧的质量浓度，mg/L；

f_1——接种稀释水或稀释水在培养液中所占的比例；

f_2——原样品在培养液中所占的比例。

BOD_5 测定结果以氧的质量浓度（mg/L）报出。对稀释与接种法，如果有几个稀释倍数的结果满足要求，则取这些稀释倍数结果的平均值。结果小于 100 mg/L，保留一位小数；100～1000 mg/L，取整数位；大于 1000 mg/L 以科学计数法报出。结果报告中应注明样品是否经过过滤、冷冻或均质化处理。

六、思考题

(1)生化需氧量与化学需氧量分别表征的是什么？有何异同？

(2)为什么培养过程要避免藻类生长，如何操作？

第 2 章 仪器分析技术

实验 9 水中悬浮物的测定(重量法)

一、实验意义和目的

除暴雨季节外,水中的悬浮固体可反映水体被污染的程度。采样所用的聚乙烯瓶或硬质玻璃瓶首先用洗涤剂洗净,再依次用自来水和蒸馏水冲洗干净。在采样之前,再用即将采集的水样清洗 3 次。然后采集具有代表性的水样 500~1000 mL,盖严瓶塞。漂浮或浸没的不均匀固体物质不属于悬浮物质,应从水样中除去。水样中不能加入任何保护剂,以防破坏物质在固相与液相之间的分配平衡。采集的水样应尽快分析测定,如需放置,应贮存在 4 ℃冷藏箱中,但最长不得超过 7 天。

本实验的目的为:

(1)了解水中悬浮物的形态和组成。

(2)掌握水中悬浮物的采集方法。

(3)掌握重量法测定水中悬浮物的浓度。

二、实验原理

水样中的悬浮物是指水样通过孔径为 0.45 μm 的滤膜,截留在滤膜上并于 103~105 ℃烘干至恒重的固体物质。

三、实验仪器、设备和材料

1. 试剂和材料

(1)全玻璃微孔滤膜过滤器。

(2)CN‑CA 滤膜,孔径 0.45 μm、直径 60 mm 或中速定量滤纸。

(3)吸滤瓶、真空泵。

(4)扁嘴无齿镊子。

(5)干燥器。

(6)称量瓶。

2. 仪器和设备

(1)电热干燥箱。

(2)分析天平。

四、实验内容和步骤

1. 滤膜准备

用扁嘴无齿镊子夹取微孔滤膜放于事先恒重的称量瓶里，移入烘箱中于 103～105 ℃烘干。半小时后取出置干燥器内冷却至室温，称其重量。反复烘干、冷却、称量，直至两次称量的重量差≤0.2 mg。将恒重的微孔滤膜正确地放在滤膜过滤器的滤膜托盘上，加盖配套的漏斗，并用夹子固定好。以蒸馏水湿润滤膜，并用泵不断抽吸过滤。

2. 测定

量取充分混合均匀的试样 100 mL 抽吸过滤，使水分全部通过滤膜。再以每次 10 mL 蒸馏水连续洗涤 3 次，继续抽吸过滤以除去痕量水分。停止吸滤后，仔细取出载有悬浮物的滤膜放在原恒重的称量瓶中，移入烘箱，于 103～105 ℃下烘干 1 h 后移入干燥器中，冷却到室温，称重。反复烘干、冷却、称重，直至相邻两次称重的重量差≤0.4 mg 为止。

注意：滤膜上截留过多的悬浮物可能夹带过多的水分，除延长干燥时间外，还可能造成过滤困难，遇此情况，可酌情少取试样。滤膜上悬浮物过少，则会增加称量误差，影响测定精度，必要时，可增大试样体积，一般以 5～10 mg 悬浮物量作为量取试样体积的适用范围。

五、实验数据处理

悬浮物含量 ρ(mg/L)按下式计算：

$$\rho = \frac{(A-B) \times 10^6}{V} \tag{2-1}$$

式中：ρ——水中悬浮物浓度，mg/L；

A——悬浮物＋滤膜＋称量瓶重量，g；

B——滤膜＋称量瓶重量，g；

V——试样体积，mL。

六、思考题

试比较悬浮物与浊度的定义及其适用范围。

实验 10　空气中总悬浮颗粒物 TSP、PM_{10}和 $PM_{2.5}$的测定（重量法）

一、实验意义和目的

大气中悬浮颗粒物包括总悬浮颗粒物（TSP）、可吸入颗粒物（PM_{10}）和细颗粒物（$PM_{2.5}$）等。TSP、PM_{10}和 $PM_{2.5}$分别指悬浮在空气中的空气动力学当量直径≤ 100 μm、≤ 10 μm 和≤2.5 μm的颗粒物。研究显示，悬浮颗粒物对人体的危害程度主要取决于颗粒的粒度大小及化学组成，慢性呼吸道炎症、肺气肿、肺癌的发病率与空气颗粒物的污染程度明显相关；常年处于颗粒物浓度高于 0.2 mg/m³ 的空气中的人群，罹患呼吸系统疾病的概率较高。总悬浮颗粒物主要来源于燃料燃烧时产生的烟尘、生产加工过程中产生的粉尘、建筑和交通扬尘、风沙扬尘以及气态污染物在空气中经过复杂物理化学反应生成的盐类颗粒。总悬浮颗粒物是大气质量评价中的一个重要的通用污染指标。细颗粒物虽然只是地球大气成分中含量很少的组分,但它对空气质量和大气能见度等有重要的影响。细颗粒物粒径小,富含大量有毒、有害物质且停留时间长、输运距离远,因而对人体健康和大气环境质量的影响更大。

本实验的目的为:

(1)了解影响 TSP、PM_{10} 和 $PM_{2.5}$ 测定的关键性因素。

(2)掌握大气中 TSP、PM_{10} 和 $PM_{2.5}$ 的测定原理和方法。

二、实验原理

分别通过具有一定切割特性的采样器,以恒速抽取定量体积空气,使环境空气中 TSP、$PM_{2.5}$ 和 PM_{10} 被截留在已知质量的滤膜上,根据采样前后滤膜的重量差和采样体积,计算出 TSP、$PM_{2.5}$ 和 PM_{10} 浓度。

三、实验仪器、设备和材料

(1)TSP 用中流量采样器:量程(60～125)L/min,经流量校准计装置校准。

(2)PM_{10} 切割器、采样系统:切割粒径 $D_a50 = (10 \pm 0.5)\mu m$;捕集效率的几何标准差为 $\sigma_g = (1.5 \pm 0.1)\mu m$。

(3)$PM_{2.5}$ 切割器、采样系统:切割粒径 $D_a50 = (2.5 \pm 0.2)\mu m$;捕集效率的几何标准差为 $\sigma_g = (1.2 \pm 0.1)\mu m$。

(4)滤膜:根据样品采集目的可选用玻璃纤维滤膜、石英滤膜等无机滤膜或聚氯乙烯、聚丙烯、混合纤维素等有机滤膜。滤膜对 $0.3\ \mu m$ 标准粒子的截留效率不低于 99%。使用时不得有针孔或任何缺陷。

(5)分析天平:感量 0.1 mg 或 0.01 mg。

(6)恒温恒湿箱(室):箱(室)内空气温度在 15～30 ℃ 范围内可调,控温精度 ±1 ℃。箱(室)内空气相对湿度应控制在 (50±5)%。恒温恒湿箱(室)可连续工作。

(7)其他:干燥器、气压计、温度计、镊子、滤膜袋等。

四、实验内容和步骤

(1)采样器在实验前,需用孔口流量计进行流量校准。

(2)采样时,采样器入口距地面高度不得低于 1.5 m。采样不宜在风速大于 8 m/s 等天气条件下进行。采样点应避开污染源及障碍物。如果测定交通枢纽处的 TSP、PM_{10} 和 $PM_{2.5}$,采样点应布置在距人行道边缘外侧 1 m 处。采用间断采样方式测定日平均浓度时,其次数不应少于 4 次,累积采样时间不应少于 18 h。

(3)将空白滤膜进行平衡处理至恒重,称量后,放入干燥器中备用。

(4)采样时,将已称重的滤膜用镊子放入洁净采样夹内的滤网上,滤膜毛面应朝进气方向。将滤膜牢固压紧至不漏气。如果测定单次浓度,每次需更换滤膜;如测定日平均浓度,样品可采集在一张滤膜上。采样结束后,用镊子取出。将有灰尘的一面向内两次对折,放入样品盒或纸袋,并做好采样记录。

(5)将滤膜放在恒温恒湿箱(室)中平衡 24 h,平衡条件为:温度取 15～30 ℃ 中任何一点,相对湿度控制在 45%～55% 范围内,记录平衡温度与湿度。在上述平衡条件下,用感量为 0.1 mg 或 0.01 mg 的分析天平称量滤膜,记录滤膜重量。同一滤膜在恒温恒湿箱(室)中相同条件下再平衡 1 h 后称重。对于 PM_{10} 和 $PM_{2.5}$ 颗粒物样品滤膜,两次重量之差分别小于 0.4 mg 或 0.04 mg 为满足恒重要求。

(6)当 PM_{10} 或 $PM_{2.5}$ 含量很低时,采样时间不能过短。对于感量为 0.1 mg 和 0.01 mg 的分析天平,滤膜上颗粒物负载量应分别大于 1 mg 和 0.1 mg,以减少称量误差。

(7)滤膜采集后,如不能立即称重,应在 4 ℃ 条件下冷藏保存。

五、实验数据处理

1. 采样条件及实验记录

时间:_____　地点:_____　温度/K:_____　大气压/kPa:_____　流量/(m³/min):_____

滤膜编号	V/m³	w_1/g	w_2/g	样品质量/g	TSP/PM_{10}/$PM_{2.5}$	备注

2. 结果表示

TSP、PM_{10} 和 $PM_{2.5}$ 浓度按下式计算:

$$\rho = \frac{w_2 - w_1}{V} \times 1000 \tag{2-2}$$

式中:ρ——TSP、PM_{10} 和 $PM_{2.5}$ 浓度,mg/m³;

w_2——采样后滤膜的重量,g;

w_1——空白滤膜的重量,g;

V——实际温度和大气压下的采样体积,m³。

计算结果保留 3 位有效数字,小数点后数字可保留到第 3 位。

六、思考题

(1)为何采样前后,滤膜称量应使用同一台分析天平?

(2)大气中悬浮颗粒物如何影响人的身体健康?

实验 11　空气中二氧化氮含量的测定(盐酸萘乙二胺分光光度法)

一、实验意义和目的

二氧化氮(NO_2)对环境的损害作用极大,既是形成酸雨的主要物质组成,也是形成光化学烟雾的重要物质。城市大气中的氮氧化物(NO_x),包括一氧化氮(NO)和占比较高的二氧化氮(NO_2),大多来自于人为源(燃料燃烧)、流动源(汽车等)、固定源(工业窑炉等)。在国家环境保护"十二五"规划中,氮氧化物成为继二氧化硫之后实行总量控制的污染物。

本实验的目的为:

(1)掌握环境空气中二氧化氮的测定原理和方法。

(2)进一步掌握分光光度计的原理及使用。

(3)了解大气采样器的使用方法。

二、实验原理

空气中的二氧化氮与吸收瓶中的对氨基苯磺酸会发生重氮化反应,再与 N -(1 -萘基)乙二胺盐酸盐耦合作用,生成粉红色偶氮染料。在波长 540 nm 处测定的吸光度与二氧化氮的含量成正比。据此可计算得到二氧化氮的质量浓度(以 NO_2 计)。反应方程式如下:

$$2NO_2 + H_2O \longrightarrow HNO_2 + HNO_3$$

（玫瑰红色）

当空气中二氧化硫浓度大于二氧化氮浓度的 30 倍时,会对二氧化氮的测定产生负干扰。空气中过氧乙酰硝酸酯(PAN)对二氧化氮的测定产生正干扰;空气中臭氧质量浓度超过 0.25 mg/m³ 时,对二氧化氮的测定产生负干扰。采样时在采样瓶入口端串接一段 15～20 cm 长的硅橡胶管,可排除干扰。

当吸收液总体积为 10 mL,采样体积为 4～24 L 时,环境空气中二氧化氮的测定范围为0.015～2.0 mg/m³。

三、实验仪器、设备和材料

1. 试剂和材料

(1)N -(1 -萘基)乙二胺盐酸盐储备液,$\rho(C_{10}H_7NH(CH_2)_2NH_2 \cdot 2HCl) = 1.00$ g/L:称取 0.50g N -(1 -萘基)乙二胺盐酸盐于 500 mL 容量瓶中,用水溶解稀释至刻度。此溶液贮于密闭的棕色瓶中,在冰箱中冷藏,可稳定保存 3 个月。

(2)显色液:称取 5.0 g 对氨基苯磺酸($NH_2C_6H_4SO_3H$)溶解于约 200 mL 40～50 ℃热水中,将溶液冷却至室温,全部移入 1000 mL 容量瓶中,加入 50 mL N -(1 -萘基)乙二胺盐酸盐储备液和 50 mL 冰乙酸,用水稀释至刻度。此溶液贮于密闭的棕色瓶中,在 25 ℃以下暗处存放可稳定 3 个月。若溶液呈现淡红色,应弃之重配。

(3)吸收液:使用时将显色液和水按 4∶1(体积分数)比例混合,即为吸收液。吸收液的吸光度应小于等于 0.005。

(4)冰乙酸。

(5)亚硝酸盐标准储备液,$\rho(NO_2^-)=250\ \mu g/\ mL$:准确称取 0.3750 g 亚硝酸钠(NaNO_2,优级纯,使用前在玻璃干燥器内放置 24 h)溶于水,移入 1000 mL 容量瓶中,用水稀释至标线。此溶液贮于密闭棕色瓶中暗处存放,可稳定保存 3 个月。

(6)亚硝酸盐标准工作液,$\rho(NO_2^-)=2.50\ \mu g/\ mL$:准确吸取亚硝酸盐标准储备液 1.00 mL 置于 100 mL 容量瓶中,用水稀释至标线。临用现配。

2. 仪器和设备

(1)分光光度计。

(2)空气采样器:流量范围 0.1~1.0 L/min。采样流量为 0.4 L/min 时,相对误差小于 ±5%。

(3)恒温、半自动连续空气采样器:采样流量为 0.2 L/min 时,相对误差小于±5%,能将吸收液温度保持在 20 ℃±4 ℃。采样连接管线为硼硅玻璃管、不锈钢管、聚四氟乙烯管或硅胶管,内径约为 6 mm,尽可能短些,任何情况下不得超过 2 m,配有朝下的空气入口。

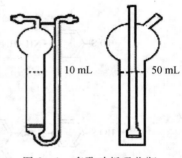

图 2 - 1　多孔玻板吸收瓶

(4)吸收瓶:可装 10 mL、25 mL 或 50 mL 吸收液的多孔玻板吸收瓶(液柱高度不低于 80 mm)。如图 2 - 1 所示为较适用的两种多孔玻板吸收瓶。应使用棕色吸收瓶或采样过程中吸收瓶外罩黑色避光罩。新的多孔玻板吸收瓶或使用后的多孔玻板吸收瓶,应用(1+1)HCl 浸泡 24 h 以上,用清水洗净。

四、实验内容和步骤

1. 采样

按监测要求布设采样地点。短时间采样(1 h 以内)时,需取一支内装 10.0 mL 吸收液的多孔玻板吸收瓶,以 0.4 L/min 流量采气 6~24 L;长时间采样(24 h)时,需用大型多孔玻板吸收瓶(液柱高度不低于 80 mm),装入 25.0 mL 或 50.0 mL 吸收液,标记液面位置。将接入采样系统的吸收液恒温在 20 ℃±4 ℃,以 0.2 L/min 流量采气 288 L。

样品采集、运输及存放过程中避光保存,样品采集后尽快分析。若不能及时测定,应将样品置于低温暗处存放,样品在 30 ℃暗处存放,可稳定 8 h;在 20 ℃暗处存放,可稳定 24 h;于 0~4 ℃冷藏,至少可稳定 3 d。

2. 定量分析

取 6 支 10 mL 具塞比色管,按表 2 - 1 制备亚硝酸盐标准溶液系列。

表 2 - 1　NO_2^- 标准溶液系列

管号	0	1	2	3	4	5
NO_2 标液/mL	0.00	0.40	0.80	1.20	1.60	2.00
水/mL	2.00	1.60	1.20	0.80	0.40	0.00

续表

管号	0	1	2	3	4	5
显色液/mL	8.00	8.00	8.00	8.00	8.00	8.00
NO_2^- 含量($\mu g/mL$)	0	0.10	0.20	0.30	0.40	0.50
A						
$A-A_0$						
线性回归方程:				决定系数 R^2:		

分别移取相应体积的亚硝酸钠标准工作液,并加水至 2.00 mL,再加入显色液 8.00 mL。各管混匀,暗处放置 20 min(室温低于 20 ℃时放置 40 min 以上)。用 10 mm 比色皿,在波长 540 nm 处,以水为参比测量吸光度,扣除 0 号管的吸光度以后,对应 NO_2^- 的质量浓度($\mu g/mL$),用最小二乘法计算标准曲线的回归方程。标准曲线斜率控制在 0.960～0.978,截距控制在 0.000～0.005(以 5 mL 体积绘制标准曲线时,标准曲线斜率控制在 0.180～0.195,截距控制在 ±0.003)。

3. 样品的测定

采样后放置 20 min,室温 20 ℃以下时放置 40 min 以上,用水将采样吸收瓶中吸收液的体积补充至标线,混匀。用 10 mm 比色皿,在波长 540 nm 处,以水为参比测量吸光度,同时测定空白样品的吸光度。

若样品的吸光度超过标准曲线的上限,应用实验室空白试液稀释,再测定其吸光度。但稀释倍数不得大于 6。

以测试用的吸收液分别置于实验室和现场为样品做空白实验。其吸光度 A_0 在显色规定条件下波动范围不超过 ±15%。

五、实验数据处理

1. 实验记录

采样日期:_____, 采样时段:_____, 采样地点:_____,
温度/K:_____, 大气压/kPa:_____, 流量/(L·min^{-1}):_____。

2. 绘制标准曲线

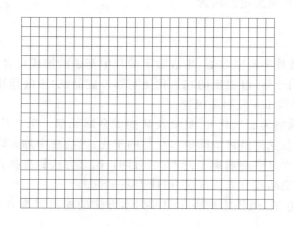

3. 结果表示

空气中二氧化氮质量浓度 ρ_{NO_2}（mg/m^3）按下式计算：

$$\rho_{NO_2} = \frac{(A_1 - A_0 - a) \times V \times D}{b \times f \times V_r} \qquad (2-3)$$

式中：A_1——样品溶液的吸光度；

A_0——实验室空白的吸光度；

a——标准曲线的截距；

b——标准曲线的斜率，吸光度 · $mL/\mu g$；

V——采样用吸收液体积，mL；

V_r——换算为参比状态（298.15 K，1013.25 hPa）下的采样体积，L；

D——样品的稀释倍数；

f——Saltzman 实验系数，0.88（当空气中二氧化氮质量浓度高于 0.72 mg/m^3 时，f 取值 0.77）。

六、思考题

影响二氧化氮测定结果准确度的因素有哪些？

实验 12　空气中二氧化硫含量的测定（甲醛吸收-恩波副品红分光光度法）

一、实验意义和目的

二氧化硫是大气主要污染物之一，对人体健康和生态环境危害极大。它易被湿润的黏膜表面吸收生成亚硫酸、硫酸，对眼睛及呼吸道黏膜有强烈的刺激作用，大量吸入可引起肺水肿、喉水肿、声带痉挛而导致窒息。由二氧化硫所引起的酸雨问题已成为全球性的环境问题，大气中二氧化硫的浓度水平是评价空气质量的一项重要指标。

本实验的目的为：

（1）掌握测定大气中二氧化硫的原理、方法和操作过程。

（2）了解影响二氧化硫测定的因素。

二、实验原理

二氧化硫被甲醛缓冲溶液吸收后，生成稳定的羟甲基磺酸加成化合物，在样品溶液中加入氢氧化钠使加成化合物分解，释放出的二氧化硫与恩波副品红、甲醛作用，生成紫红色化合物，用分光光度计在波长 577 nm 处测量吸光度。

本方法的主要干扰物为氮氧化物、臭氧及某些重金属元素。采样后放置一段时间可使臭氧自行分解；加入氨磺酸钠溶液可消除氮氧化物的干扰；吸收液中加入磷酸及环己二胺四乙酸二钠盐，可以消除或减少某些金属离子的干扰。目前，国家方法标准执行《环境空气 二氧化硫的浊定甲醛吸收-恩波副品红分光光度法》（HJ 482—2009）。

当使用 10 mL 吸收液，采样体积为 30 L 时，本方法的检出限为 0.007 mg/m^3，测定下限为 0.028 mg/m³,测定上限为 0.667 mg/m³。

三、实验仪器、设备和材料

1. 试剂和材料

(1)氢氧化钠溶液,$c(NaOH)=1.5$ mol/L:称取 6.0 g NaOH,溶于 100 mL 水中。

(2)环己二胺四乙酸二钠溶液,$\rho(CDTA-2Na)=0.05$ mol/L:称取 1.82 g 反式 1,2-环己二胺四乙酸(Trans-1,2-Cyclohexylene Dinitrilo Tetraacetic Acid,CDTA),加入 1.5 mol/L 氢氧化钠溶液 6.5 mL,用水稀释至 100 mL。

(3)甲醛缓冲吸收储备液:吸取 36%~38%的甲醛溶液 5.5 mL,CDTA-2Na 溶液 20.00 mL。称取 2.04 g 邻苯二甲酸氢钾,溶于少量水中。将 3 种溶液合并,再用水稀释至 100 mL,贮于冰箱可保存 1 年。

(4)甲醛缓冲吸收使用液:用水将甲醛缓冲吸收储备液稀释 100 倍。临用现配。

(5)氨磺酸钠溶液,$\rho(NaH_2NSO_3)=6.0$ g/L:称取 0.60 g 氨磺酸(H_2NSO_3H)置于 100 mL 烧杯中,加入 1.5 mol/L 氢氧化钠 4.0 mL,用水搅拌至完全溶解后稀释至 100 mL,摇匀。此溶液密封可保存 10 d。

(6)碘储备液,$c(1/2I_2)=0.10$ mol/L:称取 12.7 g 碘(I_2)置于烧杯中,加入 40 g 碘化钾和 25 mL 水,搅拌至完全溶解,用水稀释至 1000 mL,贮存于棕色细口瓶中。

(7)碘使用溶液,$c(1/2I_2)=0.010$ mol/L:量取碘储备液 50 mL,用水稀释至 500 mL,贮于棕色细口瓶中。

(8)淀粉溶液,$\rho(淀粉)=5.0$ g/L:称取 0.5 g 可溶性淀粉置于 150 mL 烧杯中,用少量水调成糊状,慢慢倒入 100 mL 沸水,继续煮沸至溶液澄清,冷却后贮于试剂瓶中。

(9)碘酸钾基准溶液,$c(1/6KIO_3)=0.1000$ mol/L:准确称取 3.5667 g 碘酸钾溶于水,移入 1000 mL 容量瓶中,用水稀释至标线,摇匀。

(10)盐酸溶液,$c(HCl)=1.2$ mol/L:量取 100 mL 浓盐酸,加到 900 mL 水中。

(11)硫代硫酸钠标准储备液,$c(Na_2S_2O_3)=0.10$ mol/L:称取 25.0 g 硫代硫酸钠($Na_2S_2O_3 \cdot 5H_2O$),溶于 1000 mL 新煮沸但已冷却的水中,加入 0.2 g 无水碳酸钠,贮于棕色细口瓶中,放置一周后备用。如溶液呈现混浊,必须过滤。

标定方法:吸取 3 份 20.00 mL 碘酸钾基准溶液分别置于 250 mL 碘量瓶中,加 70 mL 新煮沸但已冷却的水,加 1 g 碘化钾,振摇至完全溶解后,加 1.2 mol/L 盐酸溶液 10 mL,立即盖好瓶塞,摇匀。于暗处放置 5 min 后,用硫代硫酸钠标准储备液滴定溶液至浅黄色,加 2 mL 淀粉溶液,继续滴定至蓝色刚好褪去为终点。硫代硫酸钠标准储备液液的浓度按下式计算:

$$c_1 = \frac{0.1000 \times 20.00}{V} \tag{2-4}$$

式中:c_1——硫代硫酸钠标准储备液的浓度,mol/L;

V——滴定所耗硫代硫酸钠标准溶液的体积,mL。

(12)硫代硫酸钠标准溶液,$c(Na_2S_2O_3) \approx 0.01000$ mol/L:取 50.0 mL 硫代硫酸钠标准储备液置于 500 mL 容量瓶中,用新煮沸但已冷却的水稀释至标线,摇匀。

(13)乙二胺四乙酸二钠盐(EDTA-2Na)溶液,$\rho(EDTA-2Na)=0.50$ g/L:称取 0.25 g 乙二胺四乙酸二钠盐($C_{10}H_{14}N_2O_8Na_2 \cdot 2H_2O$)溶于 500 mL 新煮沸但已冷却的水中。临用时

现配。

(14)亚硫酸钠溶液，$\rho(Na_2SO_3)=1$ g/L：称取 0.2 g 亚硫酸钠（Na_2SO_3），溶于 200 mL EDTA-2Na 溶液中，缓缓摇匀以防充氧，使其溶解。放置 2～3 h 后标定。此溶液每毫升相当于 320～400 μg 二氧化硫。

标定方法：

①取 6 个 250 mL 碘量瓶（A1、A2、A3、B1、B2、B3），在 A1、A2、A3 内各加入 25 mL 乙二胺四乙酸二钠盐溶液，在 B1、B2、B3 内加入 1 g/L 亚硫酸钠溶液 25.00 mL。再分别加入 50.0 mL 碘使用溶液和 1.00 mL 冰乙酸，盖好瓶盖，摇匀。

②立即吸取 1 g/L 亚硫酸钠溶液 2.00 mL 加到一个已装有 40～50 mL 甲醛吸收储备液的 100 mL 容量瓶中，并用甲醛吸收储备液稀释至标线、摇匀。此溶液即为二氧化硫标准储备溶液，在 4～5 ℃下冷藏，可稳定 6 个月。

③将 A1、A2、A3、B1、B2、B3 这 6 个瓶子暗处放置 5 min 后，用 0.01000 mol/L 的硫代硫酸钠标准溶液滴定至浅黄色，加 5 mL 淀粉溶液指示剂，继续滴定至蓝色刚刚消失。平行滴定所用硫代硫酸钠溶液的体积之差应不大于 0.05 mL。

二氧化硫标准储备溶液的质量浓度由下式计算：

$$\rho_{SO_2}=\frac{(\overline{V}_0-\overline{V})\times c_2\times 32.02\times 10^3}{25.00}\times\frac{2.00}{100} \tag{2-5}$$

式中：ρ_{SO_2}——二氧化硫标准储备溶液的质量浓度，μg/mL；

$\overline{V}_0$——空白滴定（A）所用硫代硫酸钠标准溶液的体积，mL；

$\overline{V}$——样品滴定（B）所用硫代硫酸钠标准溶液的体积，mL；

c_2——硫代硫酸钠标准溶液的浓度，mol/L。

(15)二氧化硫标准溶液，$\rho(SO_2)=1.00$ μg/mL：用甲醛吸收使用液将二氧化硫标准储备溶液稀释成每毫升含 1.0 μg 二氧化硫的标准溶液。此溶液用于绘制标准曲线，在 4～5 ℃下冷藏，可稳定 1 个月。

(16)盐酸恩波副品红（Pararosaniline，PRA）储备液，$\rho(PRA)=2.0$ g/L：其纯度应达到恩波副品红提纯及检验方法的质量要求。否则，会使试剂空白值偏高，降低方法的灵敏度。

(17)盐酸恩波副品红使用溶液，$\rho(PRA)=0.50$ g/L：吸取 25.00 mL 恩波副品红储备液置于 100 mL 容量瓶中，加 30 mL 85% 的浓磷酸及 12 mL 浓盐酸，用水稀释至标线，摇匀，放置过夜后使用。避光密封保存。

(18)盐酸-乙醇清洗液：由 3 份（1+4）盐酸和 1 份 95% 乙醇混合配制而成，用于清洗比色管和比色皿。

上述所用药品均为分析纯试剂，实验用水为符合国家实验室用水标准的去离子水。

2. 仪器和设备

(1)分光光度计。

(2)多孔玻板吸收管：10 mL 多孔玻板吸收管，用于短时间采样；50 mL 多孔玻板吸收管，用于 24 h 连续采样（如图 2-1 所示）。

(3)恒温水浴：0～40 ℃，控制精度为 ±1 ℃。

(4)具塞比色管：10 mL。

(5)空气采样器：用于短时间采样的普通空气采样器，流量范围为 0.1～1 L/min，应具有保温装置;用于 24 h 自动连续采样器应具有恒温、恒流、计时、自动控制功能,流量范围为 0.1～0.5 L/min。

四、实验内容和步骤

1. 采样

按监测要求布设采用地点。用内装 10 mL 甲醛缓冲吸收液的多孔玻板吸收管,以 0.5 L/min 的流量采气 45～60 min。吸收液温度保持在 23～29 ℃ 的范围。同时测定采样时的大气温度和压力。所采集的环境空气样品溶液中若有浑浊时,应离心分离予以去除。采样后样品放置 20 min,以使臭氧分解。样品采集、运输和贮存过程中应避免阳光照射。

若样品含量较低也可采样 5 mL 吸收液,但相应的方法试剂用量均减半处理。

2. 定量分析

(1)取 14 支 10 mL 具塞比色管,分 A、B 两组,每组 7 支,分别对应编号。

(2)A 组按表 2-2 配制校准系列:在 A 组各管中分别加入 0.5 mL 氨磺酸钠溶液和 1.5 mol/L氢氧化钠溶液 0.5 mL,混匀。

(3)在 B 组各管中分别加入 0.50 g/L PRA 使用溶液 1.00 mL。将 A 组各管的溶液迅速地全部倒入对应编号并盛有 PRA 溶液的 B 管中,立即加塞混匀后放入恒温水浴装置中显色。在波长 577 nm 处,用 10 mm 比色皿,以水为参比测量吸光度。记录于表 2-2 中。

(4)以空白校正后各管的吸光度为纵坐标,以二氧化硫的含量(μg)为横坐标,用最小二乘法建立校准曲线的回归方程。显色温度与室温之差不应超过 3 ℃。根据季节和环境条件按表 2-3 选择合适的显色温度与显色时间。

表 2-2 二氧化硫校准系列

管号	0	1	2	3	4	5	6
SO_2 标液/ mL	0	0.50	1.00	2.00	5.00	8.00	10.00
吸收液/ mL	10.00	9.50	9.00	8.00	5.00	2.00	0
SO_2 含量/μg	0	0.50	1.00	2.00	5.00	8.00	10.00
A	A_0:						
$A - A_0$							
线性回归方程:					决定系数 R^2:		

表 2-3 显色温度与显色时间

显色温度/℃	10	15	20	25	30
显色时间/s	40	25	20	15	5
稳定时间/s	35	25	20	15	10
试剂空白吸光度 A_0	0.030	0.035	0.040	0.050	0.060

3. 样品测定

将吸收管中的样品溶液移入 10 mL 比色管中,用少量甲醛吸收使用液洗涤吸收管,洗液并入比色管中并稀释至标线。加入 0.5 mL 氨磺酸钠溶液,混匀,放置 10 min 以除去氮氧化物的干扰。以下步骤同校准曲线的绘制。依回归方程计算空气样品的 μg 含量。

五、实验数据处理

1. 实验记录

采样日期：_____，　　采样时段：_____，　　采样地点：_____，

温度/K：_____，　　　大气压/kPa：_____，　　流量/(L/min)：_____。

2. 绘制标准曲线

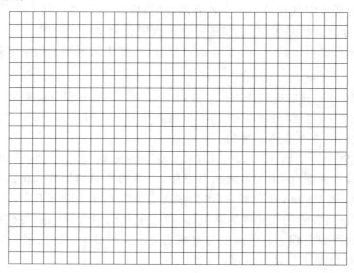

3. 结果表示

空气中二氧化硫的质量浓度，按下式计算：

$$\rho_{SO_2} = \frac{(A - A_0 - a)}{b \times V_r} \times \frac{V_t}{V_a} \qquad (2-6)$$

式中：ρ_{SO_2}——空气中二氧化硫的质量浓度，mg/m^3；

A——样品溶液的吸光度；

A_0——试剂空白溶液的吸光度；

a——校准曲线的截距（一般要求小于 0.005）；

b——校准曲线的斜率，吸光度/μg；

V_r——换算成参比状态下（298.15 K，1013.25 hPa）的采样体积，L；

V_t——样品溶液的总体积，mL；

V_a——测定时所取试样的体积，mL；

计算结果保留到小数点后 3 位。

六、注意事项

（1）用过的比色管和比色皿应及时用盐酸-乙醇清洗液浸洗，否则红色难以洗净。

（2）每批样品至少测定 2 个现场空白。即将装有吸收液的采样管带到采样现场，除了不采气之外，其他环境条件与样品相同。

（3）采样时吸收液的温度在 23～29 ℃时，吸收效率为 100%；10～15 ℃时，吸收效率偏低

5％；高于 33 ℃或低于 9 ℃时，吸收效率偏低 10％。

（4）如果样品溶液的吸光度超过标准曲线的上限，可用试剂空白液稀释，在数分钟内再测定吸光度，但稀释倍数不应大于 6。

七、思考题

（1）如何消除或减少样品中金属离子的干扰？

（2）在配制碘储备液时，为何要加入碘化钾，并贮存于棕色细口瓶中？

实验 13　空气中甲醛含量的测定（水吸收乙酰丙酮分光光度法）

一、实验意义和目的

甲醛是一种有毒气体，是室内空气中影响人类身体健康的主要污染物，特别是冬天空气中的甲醛对人体的危害最大。该气体主要通过呼吸道进入人体，降低人体免疫力，给人们的生命健康带来非常严重的影响。当甲醛含量为 0.5 mg/m³ 时，会刺激人眼；甲醛含量大于 0.6 mg/m³ 时，就会威胁人们的生命健康。室内空气中的甲醛主要来自内墙涂料和装修材料、家具用胶黏剂中的成分。部分甲醛也来自室外空气的污染，如工业废气、汽车尾气、光化学烟雾等在一定程度上均可排放或产生一定量的甲醛。

采用乙酰丙酮分光光度法对空气中甲醛进行测定。采样体积为 0.5～10.0 L 时，测定范围为 0.5～800 mg/m³；甲醛浓度为 20 μg/10 mL 时，共存 8 mg 苯酚（400 倍）、10 mg 乙醛（500 倍）、600 mg 铵离子（30000 倍）无干扰影响；共存 SO₂ 小于 20 μg，NOₓ 小于 50 μg，甲醛回收率不低于 95％。

本实验的目的为：

（1）掌握空气中甲醛的测定原理、方法和操作过程。

（2）了解影响甲醛测定的影响因素。

二、实验原理

甲醛气体经水吸收后，在 pH＝6 的乙酸-乙酸铵缓冲溶液中，与乙酰丙酮作用，在沸水浴条件下，迅速生成稳定的黄色化合物，在波长 413 nm 处测定，反应式如下：

三、实验仪器、设备和材料

1. 试剂和材料

（1）不含有机物的蒸馏水：加少量高锰酸钾的碱性溶液置于水中，经蒸馏制取。

（2）吸收液：不含有机物的蒸馏水。

（3）乙酰丙酮溶液，0.25%（V/V）：将 25 g 乙酸铵（CH_3COONH_4）加少量水溶解，加 3 mL 冰乙酸（CH_3COOH）及 0.25 mL 新蒸馏的乙酰丙酮（$C_5H_8O_2$）试剂，溶于 100 mL 水中。调整 pH=6.0，此溶液在 2～5 ℃冷藏可稳定保存 1 个月。

注：乙酰丙酮的纯度对空白试验吸光度有影响。乙酰丙酮应当无色透明，必要时需进行蒸馏精制。

（4）浓硫酸，$\rho(H_2SO_4)$=1.84 g/mL。

（5）氢氧化钠，$c(NaOH)$=1 mol/L：称取 40 g 氢氧化钠，溶于 1000 mL 水中，摇匀，移入聚乙烯容器中，密闭贮存。

（6）硫酸溶液，$c(1/2H_2SO_4)$=1 mol/L：量取浓硫酸 30 mL，缓缓注入 1000 mL 水中，冷却，混匀。

（7）硫酸溶液，$c(1/2H_2SO_4)$=6 mol/L：量取浓硫酸 180 mL，缓缓注入 850 mL 水中，冷却，混匀。

（8）碘溶液，$c(1/2I_2)$≈0.05 mol/L：称取 6.35 g 纯碘（I_2）和 20 g 碘化钾（KI），先溶于少量水，然后用水稀释至 1000 mL。碘溶液应保存在带塞的棕色瓶中，并放置在暗处。

（9）重铬酸钾基准溶液，$c(1/6K_2Cr_2O_7)$=0.0500 mol/L：准确称取在 110～130 ℃烘干 2 h 并冷却至室温的基准重铬酸钾 2.4516 g，用水溶解后移入 1000 mL 容量瓶中，用水稀释至标线，摇匀。

（10）淀粉指示剂，ρ=10 g/L：称取 1 g 淀粉，加 5 mL 水使其成糊状，在搅拌下将糊状物加到 90 mL 沸腾的水中，煮沸 1～2 min，冷却，稀释至 100 mL。临用现配。

（11）硫代硫酸钠标准溶液，$c(Na_2S_2O_3 \cdot 5H_2O)$≈0.05 mol/L：称取 12.5 g 硫代硫酸钠和 2 g 碳酸钠溶于煮沸并冷却后的水中，稀释至 1000 mL。贮于棕色瓶内，放置 1 周后过滤，使用前用重铬酸钾基准溶液标定。

标定方法：在 250 mL 碘量瓶内加入约 1 g 碘化钾（KI）及 50 mL 水，加入 20.00 mL 重铬酸钾基准溶液，加入 $c(1/2H_2SO_4)$=6 mol/L 硫酸溶液 5 mL，混匀，于暗处放置 5 min。用硫代硫酸钠溶液滴定，待滴定至溶液呈淡黄色时，加入 1 mL 淀粉指示剂，继续滴定至蓝色刚好褪去，记下用量（V_1）。

硫代硫酸钠标准溶液的浓度，由下式计算：

$$c_1 = \frac{c_2 \times V_2}{V_1} \qquad (2-7)$$

式中：c_1——硫代硫酸钠标准溶液浓度，mol/L；

c_2——重铬酸钾基准溶液浓度，mol/L；

V_1——滴定时消耗硫代硫酸钠溶液体积，mL；

V_2——取用重铬酸钾基准溶液体积，mL。

（12）甲醛标准储备液，$\rho(HCHO)$≈1 mg/mL。

配制：吸取 1.4 mL 甲醛试剂（甲醛含量为 36%～38%），用水稀释至 500 mL，摇匀。配制好的溶液置于 4 ℃冷藏可保存半年。临用前标定。

标定：移取 20.00 mL 甲醛标准储备液置于 250 mL 碘量瓶中，加入 $c(1/2I_2)$≈0.05 mol/L 碘溶液 50.0 mL，加入 1 mol/L 氢氧化钠溶液 15 mL 混匀，此时，碘溶液被还原褪色为淡黄色。静置 10 min 后，加 $c(1/2H_2SO_4)$=1 mol/L 硫酸溶液 20 mL，混匀，在暗处再放置 10 min。

以硫代硫酸钠标准溶液进行滴定,滴至溶液呈淡黄色时,加 1 mL 淀粉指示剂,继续滴定至蓝色刚好褪去,记下用量(V)。

同时,另准确移取 20.00 mL 水代替甲醛标准储备液按相同方法进行空白试验,记下硫代硫酸钠标准溶液用量(V_0)。

甲醛标准储备液的质量浓度,由下式计算:

$$\rho_{HCHO} = \frac{(V_0 - V) \times c_1 \times 15.02}{20.00} \tag{2-8}$$

式中:ρ_{HCHO}——甲醛标准储备液的质量浓度,mg/ mL;

V_0——空白试验消耗硫代硫酸钠标准溶液体积,mL;

V——标定甲醛储备液消耗硫代硫酸钠标准溶液体积,mL;

c_1——硫代硫酸钠标准溶液浓度,mol/L;

15.02——甲醛(1/2HCHO)的摩尔质量,g/mol;

20.00——移取甲醛标准储备液的体积,mL。

注:①淀粉溶液应在滴定近终点时加入;②滴定应在碘量瓶中进行,并应避免阳光照射。滴定时不应过度摇晃。

(13)甲醛标准使用溶液:取 100 mL 容量瓶,据滴定得到的甲醛标准储备液浓度,用水稀释成每毫升含 10.0 μg 甲醛的标准使用液,2~5 ℃贮存,可稳定一周。

2. 仪器和设备

(1)分光光度计。

(2)多孔玻板吸收管:50 mL 或 125 mL 多孔玻板吸收管如图 2-1 所示。

(3)恒温水浴:0~40 ℃,控制精度为±1 ℃。

(4)具塞比色管:25 mL,具有 10 mL、25 mL 刻线。

(5)空气采样器:流量范围为 0.2~1.0 L/min。

四、实验内容和步骤

1. 采样

按监测要求布设采样地点。用内装 20 mL 或 50 mL 吸收液的多孔玻板吸收管,以 0.5~1.0 L/min 的流量采气 5~20 min。同时测定采样时的大气温度和压力。所采集的空气样品于 2~5 ℃避光贮存,2 天内分析完毕,以防止甲醛被氧化。

2. 校准曲线的绘制

取数支 25 mL 具塞比色管,分别加入 0 mL、0.20 mL、0.50 mL、1.00 mL、2.00 mL、3.00 mL 甲醛标准使用溶液,加水至 10.0 mL 刻线。分别加入 2.0 mL 乙酰丙酮溶液,摇匀。在沸水浴中加热 3 min,取出冷却至室温。用 10 mm 比色皿,在波长 414 nm 处,以水为参比测量吸光度。实验数据记录于表 2-4 中。

将系列校准液测得的吸光度 A 值扣除空白试验的吸光度 A_0 值,得到的校正吸光度为纵坐标,以甲醛含量(μg)为横坐标,绘制校准曲线,或用最小二乘法计算回归方程。

表 2-4　甲醛标准工作曲线及测定

项目	0	1	2	3	4	5	6	样品
甲醛(ρ_{10})／mL								—
甲醛／μg								x
A	A_0：							
$A-A_0$								
线性回归方程：						决定系数 R^2：		

3. 样品测定

将吸收后的样品溶液移入 50 mL 或 100 mL 容量瓶中，用水稀释定容，准确量取少于 10 mL 试液（吸取量视试样浓度而定），置于 25 mL 具塞比色管中，用水定容到 10 mL 处。按照标准曲线的相同步骤进行测定，减去空白试验所测得的吸光度，从校准曲线上查出试样中的甲醛含量（μg）或利用回归方程计算甲醛含量（μg）。

空白试验：用现场未采样空白吸收管的吸收液进行显色、比色平行操作测定。

五、实验数据处理

1. 实验记录

采样日期：_____，　　　采样时段：_____，　　　采样地点：_____，

温度／K：_____，　　　大气压／kPa：_____，　　　流量／(L/min)：_____。

2. 绘制标准曲线

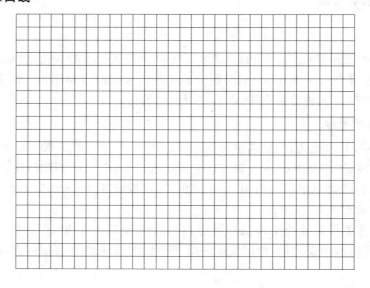

3. 结果表示

空气中甲醛的质量浓度 $\rho(\mathrm{mg/m^3})$ 按下式计算：

$$\rho = \frac{x}{V_r} \times \frac{V_t}{V_a} \tag{2-9}$$

式中：ρ——空气中甲醛的质量浓度，$\mathrm{mg/m^3}$；

x——从校准曲线上查得或利用回归方程计算出的甲醛质量，$\mu\mathrm{g}$；

V_r——换算成标准状态下（101.325 kPa，273 K）的采样体积，L；

V_t——采集样品溶液的定容体积，mL；

V_a——测定时所取试样的体积，mL。

六、思考题

为何在室内空气采样测定时，必须要将门窗、空调等关闭，让室内空气保持静止状态 12 h 以上，才能进行采集？

实验 14　空气中臭氧的测定（靛蓝二磺酸钠分光光度法）

一、实验意义和目的

环境空气中的臭氧主要由人为排放的 NOx、VOCs 等污染物的光化学反应生成。在晴天、紫外线辐射强的条件下，NO_2 等发生光解生成一氧化氮和氧原子，氧原子与氧反应生成臭氧。长时间直接接触高浓度臭氧的人出现疲乏、咳嗽、胸闷胸痛、皮肤起皱、恶心头痛、脉搏加速、记忆力衰退、视力下降等症状。臭氧也会使植物叶子变黄甚至枯萎，对植物造成损害，甚至造成农林植物的减产、经济效益下降等。作为空气中六大污染物之一，臭氧污染监测是臭氧污染预报和防治的重要内容之一。《环境空气质量标准》（GB 3095—2012）规定，臭氧的日最大 8 小时平均值二级浓度限值为 160 $\mu\mathrm{g/m^3}$。

环境监测方法标准《环境空气 臭氧的测定靛二磺酸钠分光光度法》（HJ 504—2009）规定了测定环境空气中臭氧的靛蓝二磺酸钠（IDS）分光光度法。相对封闭环境（如室内、车内等）空气中臭氧的测定也可参照本标准。当采样体积为 30 L 时，本标准测定空气中臭氧的检出限为 0.010 $\mathrm{mg/m^3}$，测定下限为 0.040 $\mathrm{mg/m^3}$。当采样体积为 30 L 时，吸收液质量浓度为 2.5 $\mu\mathrm{g/mL}$ 或 5.0 $\mu\mathrm{g/mL}$ 时，测定上限分别为 0.50 $\mathrm{mg/m^3}$ 或 1.00 $\mathrm{mg/m^3}$。当空气中臭氧质量浓度超过该上限时，可适当减少采样体积。6 个实验室 IDS 标准曲线的斜率在 0.863～0.935 范围内，平均值为 0.899。空气中的二氧化氮可使臭氧的测定结果偏高，约为二氧化氮质量浓度的 6%。

本实验目的：

(1) 了解环境空气中臭氧的存在与危害。

(2) 掌握空气中臭氧的采集和测定方法。

(3) 学习分析测定过程的注意事项。

二、实验原理

空气中的臭氧在磷酸盐缓冲溶液存在下，与吸收液中蓝色的靛蓝二磺酸钠等摩尔反应，褪色生成靛红二磺酸钠,在 610 nm 处测量吸光度,根据蓝色减退的程度定量空气中臭氧的浓度。

三、实验仪器、设备和材料

1. 试剂和材料

除非另有说明,所用试剂均使用符合国家标准的分析纯化学试剂,实验用水为新制备的去离子水或蒸馏水。

(1)溴酸钾标准储备溶液,$c(1/6\ KBrO_3)=0.1000\ mol/L$:准确称取 1.3918 g 溴酸钾(优级纯,180 ℃ 烘 2 h),置烧杯中,加入少量水溶解,移入 500 mL 容量瓶中,用水稀释至标线。

(2)溴酸钾-溴化钾标准溶液,$c(1/6\ KBrO_3)=0.0100\ mol/L$:吸取 10.00 mL 溴酸钾标准储备溶液于 100 mL 容量瓶中,加入 1.0 g 溴化钾(KBr),用水稀释至标线。

(3)硫代硫酸钠标准储备溶液,$c(Na_2S_2O_3)=0.1000\ mol/L$。

(4)硫代硫酸钠标准工作溶液,$c(Na_2S_2O_3)=0.00500\ mol/L$:临用前,取上述硫代硫酸钠标准储备溶液用新煮沸并冷却到室温的水准确稀释 20 倍。

(5)(1+6)硫酸溶液。

(6)淀粉指示剂溶液,$\rho=2.0\ g/L$:称取 0.20 g 可溶性淀粉,用少量水调成糊状,慢慢倒入 100 mL 沸水,煮沸至溶液澄清。

(7)磷酸盐缓冲溶液,$c(KH_2PO_4-Na_2HPO_4)=0.050\ mol/L$:称取 6.8 g 磷酸二氢钾($KH_2PO_4$)、7.1 g 无水磷酸氢二钠($Na_2HPO_4$),溶于水,稀释至 1000 mL。

(8)靛蓝二磺酸钠($C_{16}H_8O_8Na_2S_2$)(IDS),分析纯、化学纯或生化试剂。

(9)IDS 标准储备溶液:称取 0.25 g 靛蓝二磺酸钠溶于水,移入 500 mL 棕色容量瓶内,用水稀释至标线,摇匀,在室温暗处存放 24 h 后标定。此溶液在 20 ℃ 以下暗处存放可稳定 2 周。

标定方法:准确吸取 20.00 mL IDS 标准储备溶液于 250 mL 碘量瓶中,加入 20.00 mL 溴酸钾-溴化钾标准溶液,再加入 50 mL 水,盖好瓶塞,在 16 ℃ ±1 ℃生化培养箱(或水浴)中放置至溶液温度与水浴温度平衡时,加入 5.0 mL (1+6)硫酸溶液,立即盖塞、混匀并开始计时,于 16 ℃ ±1 ℃暗处放置 35 min±1.0 min 后,加入 1.0 g 碘化钾,立即盖塞,轻轻摇动至溶解,暗处放置 5 min,用硫代硫酸钠标准工作溶液滴定至棕色刚好褪去呈淡黄色,加入5 mL 淀粉指示剂溶液,继续滴定至蓝色消退,终点为亮黄色。记录所消耗的硫代硫酸钠标准工作溶液的体积。

每毫升靛蓝二磺酸钠溶液相当于臭氧的质量浓度 $\rho(\mu g/mL)$由下式计算:

$$\rho=\frac{(c_1V_1-c_2V_2)}{V}\times12.00\times10^3 \qquad (2-10)$$

式中:ρ——每毫升靛蓝二磺酸钠溶液相当于臭氧的质量浓度,$\mu g/mL$;

c_1——溴酸钾-溴化钾标准溶液的浓度,mol/L;

V_1——加入溴酸钾-溴化钾标准溶液的体积,mL;

c_2——滴定时所用硫代硫酸钠标准溶液的浓度,mol/L;

V_2——滴定时所用硫代硫酸钠标准溶液的体积,mL;

V——IDS 标准贮备溶液的体积,mL;

12.00——臭氧的摩尔质量($1/4\ O_3$),g/mol。

(10)IDS 标准工作溶液:将标定后的 IDS 标准储备液用磷酸盐缓冲溶液逐级稀释成每毫升相当于 1.00 μg 臭氧的 IDS 标准工作溶液,此溶液于 20 ℃ 以下暗处存放可稳定 1 周。

(11)IDS 吸收液:取适量 IDS 标准储备液,根据空气中臭氧质量浓度的高低,用磷酸盐缓冲溶液稀释成每毫升相当于 2.5 μg(或 5.0 μg)臭氧的 IDS 吸收液,此溶液于 20 ℃ 以下暗处可保存 1 个月。

2. 仪器和设备

实验使用符合国家 A 级标准的玻璃量器。

(1)空气采样器:流量范围 0~1.0 L/min,流量稳定。使用时,用皂膜流计校准采样系统在采样前和采样后的流量,相对误差应小于±5%。

(2)多孔玻板吸收管:内装 10 mL 吸收液,以 0.50 L/min 流量采气,玻板阻力应为 4~5 kPa,气泡分散均匀。

(3)具塞比色管:10 mL。

(4)生化培养箱或恒温水浴:温控精度为±1 ℃ 。

(5)水银温度计:精度为±0.5 ℃ 。

(6)分光光度计:具 20 mm 比色皿,可于波长 610 nm 处测量吸光度。

(7)一般实验室常用玻璃仪器。

四、实验步骤

1. 样品的采集与保存

用内装 10.00 mL±0.02 mL IDS 吸收液的多孔玻板吸收管,罩上黑色避光套,以 0.5 L/min 流量采气 5~30 L。当吸收液褪色约 60%时(与现场空白样品比较),应立即停止采样。样品在运输及存放过程中应严格避光。当确信空气中臭氧的质量浓度较低,不会穿透时,可以用棕色玻板吸收管采样。样品于室温暗处存放至少可稳定 3 d。

2. 现场空白样品

用同一批配制的 IDS 吸收液,装入多孔玻板吸收管中,带到采样现场。除了不采集空气样品外,其他环境条件保持与采集空气的采样管相同。每批样品至少带两个现场空白样品。

3. 绘制校准曲线

取 10 mL 具塞比色管 6 支,按表 2-5 制备标准色列。各管摇匀,用 20 mm 比色皿,以水作参比,在波长 610 nm 下测量吸光度。

表 2-5 标准色列

管 号	1	2	3	4	5	6
IDS 标准溶液/mL	10.00	8.00	6. 00	4.00	2.00	0.00
磷酸盐缓冲溶液/ mL	0.00	2.00	4.00	6.00	8.00	10.0
臭氧质量浓度/(μg/ mL)	0.00	0.20	0.40	0.60	0.80	1.00

以校准系列中零浓度管的吸光度(A_0)与各标准色列管的吸光度(A)之差为纵坐标,臭氧质量浓度为横坐标,用最小二乘法计算校准曲线的回归方程:

$$y= bx + a \qquad (2-11)$$

式中:y——$A_0 - A$,空白样品的吸光度与各标准色列管的吸光度之差;

x——臭氧质量浓度，$\mu g/mL$；

b——回归方程的斜率，吸光度·$mL/\mu g$；

a——回归方程的截距。

4. 样品测定

采样后，在吸收管的入气口端串接一个玻璃尖嘴，在吸收管的出气口端用吸耳球加压将吸收管中的样品溶液移入 25 mL（或 50 mL）容量瓶中，用水多次洗涤吸收管，使总体积为 25.0 mL（或 50.0 mL）。用 20 mm 比色皿，以水作参比，在波长 610 nm 下测量吸光度。

五、结果与讨论

1. 空气中臭氧的质量浓度

空气中臭氧的质量浓度按下式计算：

$$\rho(O_3) = \frac{(A_0 - A - a)V}{bV_0} \tag{2-12}$$

式中：$\rho(O_3)$——空气中臭氧的质量浓度，mg/m^3；

A_0——现场空白样品吸光度的平均值；

A——样品的吸光度；

b——标准曲线的斜率；

a——标准曲线的截距；

V——样品溶液定容的总体积，mL；

V_0——换算为标准状态（101.325 kPa、273 K）的采样体积，L。

所得结果精确至小数点后三位。

2. 注意事项

（1）市售 IDS 不纯，作为标准溶液使用时必须进行标定。用溴酸钾-溴化钾标准溶液标定 IDS 的反应，需要在酸性条件下进行，加入硫酸溶液后反应开始，加入碘化钾后反应即终止。为了避免副反应使反应定量进行，必须严格控制培养箱（或水浴）温度（16 ℃ ±1 ℃）和反应时间（35 min±1.0 min）。一定要等到溶液温度与培养箱（或水浴）温度达到平衡时再加入硫酸溶液，达到平衡的时间与温差有关，可以预先用相同体积的水代替溶液，加入碘量瓶中，放入温度计观察达到平衡所需要的时间。加入硫酸溶液后应立即盖塞，并开始计时。滴定过程中应避免阳光照射。平行滴定所消耗的硫代硫酸钠标准溶液体积不应大 0.10 mL。

（2）本方法为褪色反应，吸收液的体积直接影响测量的准确度，所以装入采样管中吸收液的体积必须准确，最好用移液管加入。采样后向容量瓶中转移吸收液应尽量完全（少量多次冲洗）。装有吸收液的采样管，在运输、保存和取放过程中应防止倾斜或倒置，避免吸收液损失。

六、思考题

（1）为什么 IDS 吸收液根据空气中臭氧质量浓度的高低可以选用每毫升相当于 2.5 μg 或 5.0 μg？

（2）现场空白样品有什么意义？

（3）说出本实验会产生误差的几处操作。

实验 15　水中铁的分光光度法测定及条件选择

一、实验意义和目的

环境中实际水样铁的存在形态是多种多样的,可以在溶液中以简单的水合离子和复杂的无机、有机络合物形式存在;也可以存在于胶体、悬浮物的颗粒物中,可能是二价,也可能是三价的。而且水样暴露于空气中,二价铁易被迅速氧化为三价,样品 pH>3.5 时,易导致高价铁的水解沉淀。样品在保存和运输过程中,水中细菌的增殖也会改变铁的存在形态。样品的不稳定性和不均匀性对分析结果影响颇大,因此必须仔细进行样品的预处理。

铁及其化合物均为低毒性和微毒性,含铁量高的水往往呈黄色,有铁腥味,对水的外观有影响。我国有的城市饮用水用铁盐净化,若不能沉淀完全,会影响水的色度和味觉感。如作为印染、纺织、造纸等工业用水时,则会在产品上形成黄斑,影响质量,因此这些工业用水的铁含量必须在0.1 mg/L 以下。水中铁的污染源主要是选矿、冶炼、炼铁、机械加工、工业电镀、酸洗废水等。

选择测定分析方法:原子吸收法和等离子发射光谱法操作简单、快速,结果的精密度、准确度好,适用于环境水样和废水样的分析;邻菲啰啉光度法灵敏、可靠,适用于清洁环境水样和轻度污染水的分析;污染严重、含铁量高的废水,可用 EDTA 络合滴定法测定,以避免高倍稀释操作引起的误差。测总铁时,采样后立即用盐酸酸化至 pH<2 保存;测过滤性铁时,应在采样现场经0.45 μm 的滤膜过滤,滤液用盐酸酸化至 pH<2;测亚铁的样品时,最好在现场显色测定。

本实验的目的为:
(1)了解分光光度计的构造和使用方法。
(2)学习标准曲线的绘制,了解分光光度法的相关测定条件。
(3)掌握邻菲啰啉分光光度法测定铁的原理和方法。

二、实验原理

亚铁在 pH=3~9 的溶液中可与邻菲啰啉(phen)生成稳定的橙色络合物,测量波长 λ_{max}=510 nm,摩尔吸光系数 ε=1.1×10⁴L/(mol·cm),lg β_3=21.3(20 ℃),其反应式为

$$Fe^{2+} + 3\ phen \longrightarrow Fe(phen)_3^{2+}$$

（橙红色）

此化合物在避光时可稳定保存半年。若用还原剂(盐酸羟胺)将 Fe^{3+} 还原为 Fe^{2+},则本法测得为总铁含量,其反应为

$$2Fe^{3+} + 2NH_2OH \cdot HCl \longrightarrow 2Fe^{2+} + N_2\uparrow + 2H_2O + 4H^+ + 2Cl^-$$

三、干扰及消除

强氧化剂、氰化物、亚硝酸盐、磷酸盐及某些重金属离子会干扰测定。经过加酸煮沸可将氰化物及亚硝酸盐除去,并使焦磷酸等转化为正磷酸盐以减轻干扰。加入盐酸羟胺则可消除强氧化剂的影响。

邻菲啰啉能与某些重金属离子形成有色络合物而干扰测定。但在乙酸-乙酸铵的缓冲溶液中,不大于铁浓度 10 倍的铜、锌、钴、铬及小于 2 mg/L 的镍,不干扰测定。当浓度再高时,

可加入过量显色剂予以消除。汞、镉、银能与邻菲啰啉形成沉淀,若浓度低时,可加过量邻菲啰啉予以消除;浓度高时,可将沉淀过滤除去。

四、实验仪器设备和材料

1. 试剂和材料

(1)铁标准储备液。称取 0.7020 g 硫酸亚铁铵[$(NH_4)_2Fe(SO_4)_2 \cdot 6H_2O$],溶于 50 mL (1+1)盐酸中,转移至 1000 mL 容量瓶中,加蒸馏水至标线,摇匀。此溶液每毫升含 100μg 铁。

(2)铁标准使用液。准确移取 25.00 mL 铁标准储备液,置 100 mL 容量瓶中,加蒸馏水至标线,摇匀。此溶液每毫升含 25.0 μg 铁。

(3)0.5%邻菲啰啉水溶液,加数滴盐酸帮助溶解,贮于棕色瓶内。

(4)10%盐酸羟胺溶液:称取 10 g 盐酸羟胺,溶于蒸馏水中并稀释至 100 mL。

(5)(1+1)盐酸溶液。

(6)(1+3)盐酸溶液。

(7)醋酸缓冲溶液(pH=4.6):将 68 g 乙酸钠(或 112.8 g 三水乙酸钠)溶于约 500 mL 蒸馏水中,加入 29 mL 冰醋酸,用蒸馏水稀释至 1000 mL。

(8)0.1 mol/L、1.0 mol/L 氢氧化钠溶液各 100 mL。

2. 仪器和设备

(1)50 mL 比色管一组(10 支)。

(2)分光光度计,10 mm 比色皿,30 mm 比色皿。

五、实验内容和步骤

1. 测定条件的选择

(1)显色酸度的选择。

取 50 mL 具塞比色管 7 只,分别加入 25.0 μg/ mL 的铁标准使用溶液 5.00 mL,加 20 mL 蒸馏水,通过滴加 HCl(1+3)溶液或 0.1 mol/L 氢氧化钠溶液分别调节上述溶液的 pH 范围为 3~9(见表 2-6),加入 2 mL 邻菲啰啉,以蒸馏水定容至 50 mL 刻度线,摇匀。显色 15 min 后,用 10 mm 比色皿,以水为参比,在 510 nm 处测量吸光度。以溶液 pH 为横坐标,吸光度 A 值为纵坐标,绘制 A-pH 曲线,确定测定的最佳显色酸度。

(2)显色剂用量的选择。

取 50 mL 具塞比色管 7 支,分别加入 25.0 μg/ mL 的铁标准使用溶液 5.00 mL,加 20 mL 蒸馏水,再各加 5 mL 缓冲溶液,依次加入不同量的邻菲罗啉显色剂(见表 2-7),以蒸馏水定容至 50 mL 刻度线,摇匀。显色 15 min 后,用 10 mm 比色皿,以水为参比,在 510 nm 处测量吸光度。以溶液显色剂用量为横坐标,吸光度 A 值为纵坐标,绘制 $A-V$ 曲线,确定测定的最佳显色剂用量。

(3)反应时间的选择。

取 50 mL 具塞比色管 1 支,分别加入 25.0μg/ mL 的铁标准使用溶液 5.00 mL,加 20 mL 蒸馏水,再各加 5 mL 缓冲溶液和 2 mL 邻菲罗啉,以蒸馏水定容至 50 mL 刻度线,摇匀。从加入显色剂开始计算显色时间,每次间隔 5 min,用 10 mm 比色皿,以水为参比,在 510 nm 处测量吸光度(见表 2－8)。以溶液显色时间为横坐标,吸光度 A 值为纵坐标,绘制 A－t 曲线,确定测定的最佳显色时间。

(4)测定波长的选择。

取 50 mL 具塞比色管 1 支,加入 25.0 μg/ mL 的铁标准使用溶液 5.00 mL,加 20 mL 蒸馏水,再加入 5 mL 缓冲溶液和 2 mL 邻菲罗啉,以蒸馏水定容至 50 mL 刻度线,摇匀。显色 15 min 后,用 10 mm 比色皿,以水为参比,在 380～760 nm 波长范围内每次间隔 10 nm 分别测量吸光度(见表 2－9)。以吸收波长为横坐标,吸光度 A 值为纵坐标,绘制 A－λ 曲线,确定测定的最大吸收波长。

2. 校准曲线的绘制

取 50 mL 具塞比色管 7 支,分别加入 25.0μg/ mL 的铁标准使用溶液 0.00 mL、1.00 mL、2.00 mL、4.00 mL、6.00 mL、8.00 mL、10.0 mL,加 20 mL 蒸馏水,再加(1＋3)盐酸 1 mL、10%盐酸羟胺溶液 1 mL,摇匀(上下颠倒比色管),经 2 min 后,加一小片刚果红试纸,滴加 0.1 mol/L氢氧化钠溶液或 1.0 mol/L 氢氧化钠溶液至试纸刚刚变红,再各加 5 mL 缓冲溶液、2 mL 邻菲罗啉,加蒸馏水至 50 mL 刻度线,摇匀。显色 15 min 后,用 10 mm 比色皿,以水为参比,在 510 nm 处测量吸光度,由经过空白校正的吸光度-铁含量绘制校准曲线。

3. 总铁含量的测定(与校准曲线同时进行)

取 25.0 mL 混匀水样(代替标准溶液)置 50 mL 具塞比色管(3 个)中,其中 2 个平行样、1 个加标样,加 3 mol/L 盐酸和盐酸羟胺各 1 mL,摇匀。以下按绘制校准曲线同样操作,测量吸光度并做空白校正。由混合水样的吸光度在标准曲线上查出 25 mL 混合水样中的铁含量,以 μg 表示,并计算出混合水样中的铁的浓度,以 mg/L 表示结果。

六、实验数据处理

1. 条件实验测定

表 2－6　显色溶液 pH 的选择

溶液 pH							
吸光度 A							
适宜的 pH 区间							

表 2－7　显色剂用量的选择

0.5%邻菲罗啉 溶液 V/mL							
吸光度 A							
适宜的显色剂用量							

表 2－8　反应时间的选择

t/min							
吸光度 A							
适宜的反应时间							

表 2 - 9 测定波长的选择

设定波长 λ/nm							
吸光度 A							
最大吸收波长							

2. 总铁含量的测定

水样中总铁含量计算公式如下：

$$\rho(\text{Fe}^{2+}, \text{mg/L}) = \frac{m}{V} \tag{2-13}$$

式中：m——由水样的校正吸光度，从标准曲线上查得的铁含量，μg；

V——水样体积，mL。

七、思考题

(1)本实验中盐酸羟胺的作用是什么？

(2)制作标准曲线时，加入试剂的顺序能否任意改变？为什么？

(3)什么是参比溶液？

实验 16 分光光度法测定水中的 Cr^{6+}

一、实验意义和目的

铬(Cr)的化合物常见的价态有三价和六价。在水体中，六价铬一般以 CrO_4^{2-}、$\text{Cr}_2\text{O}_7^{2-}$、$\text{HCrO}_4^-$ 三种阴离子形式存在，受水中 pH、有机物、氧化还原物质、温度及硬度等条件影响，三价铬和六价铬的化合物可以互相转化。

铬是生物体所必需的微量元素之一。铬的毒性与其存在价态有关，通常认为六价铬的毒性比三价铬高 100 倍，六价铬更易被人体吸收而且可在体内积蓄，导致肝癌。因此我国已把六价铬规定为实施总量控制的指标之一。但即使是六价铬，不同化合物的毒性也不相同。当水中六价铬浓度为 1 mg/L 时，水呈淡黄色并有涩味；三价铬浓度为 1 mg/L 时，水的浊度明显增加，三价铬化合物对鱼的毒性比六价铬大。铬的污染来源主要是含铬矿石的加工、金属表面处理、皮革鞣制、印染等行业。

本实验的目的为：

(1)掌握比色分析方法。

(2)掌握标准(或校准)曲线的绘制。

(3)掌握显色过程及分光光度计的使用。

二、实验原理

在酸性条件下，六价铬可与二苯碳酰二肼反应，生成紫红色配合物，该化合物最大吸收波长为 540 nm，摩尔吸光系数为 4×10^4 L/(mol·cm)。含铁量大于 1 mg/L 的水样呈黄色，六价钼、汞也可和显色剂反应生成有色化合物，但在本方法的显色酸度下反应为不灵敏。钒的含量高于 4 mg/L 时也会干扰测定,但钒与显色剂反应后 10 min,可自行褪色。水样中含氧化性及还原性物质(如 ClO^-、Fe^{2+}、SO_3^{2-}、$S_2O_3^{2-}$ 等)以及水样有色或浑浊时,对测定有干扰需进行预处理。

三、实验仪器、设备和材料

1. 试剂和材料

(1)二苯碳酰二肼溶液:称取二苯碳酰二肼 0.2 g,溶于 50 mL 丙酮中,加蒸馏水稀释至 100 mL,摇匀,贮于棕色瓶中,并放在冰箱中保存。色变深后不能使用。

(2)铬标准储备液:称取于 120 ℃干燥 2 h 并冷却至室温的重铬酸钾 0.2829 g,用蒸馏水溶解后,移入 1000 mL 容量瓶中,用蒸馏水稀释至标线,摇匀。每毫升溶液含 0.100 mg 六价铬。

(3)铬标准使用溶液:吸取铬标准储备液 10.0 mL,置于 1000 mL 容量瓶中,用蒸馏水稀释至标线,摇匀。每毫升溶液含 1.00 μg 六价铬。临用前配制。

(4)(1+1)硫酸溶液:将硫酸(ρ=1.84 g/mL)缓缓加入同体积水中,混匀。

(5)(1+1)磷酸溶液:将磷酸(ρ=1.69 g/mL)与等体积水混合。

(6)丙酮。

2. 仪器和设备

(1)50 mL 具塞比色管:所用玻璃器皿要求内壁光滑,不能用铬酸洗液洗涤,可用合成洗涤剂洗涤后再用浓硝酸洗涤,然后依次用自来水、蒸馏水淋洗干净。

(2)分光光度计,10 mm 比色皿,30 mm 比色皿。

四、实验内容和步骤

1. 水样的测定

取适量(含六价铬少于 50 μg)无色透明水样或经过预处理的水样,置于 50 mL 比色管中,用蒸馏水稀释至 40 mL 左右,加入(1+1)硫酸溶液 0.5 mL 和(1+1)磷酸溶液 0.5 mL,摇匀。加二苯碳酰二肼显色剂 2.0 mL,摇匀。放置 5~10 min 后,在 540 nm 波长处,用 10 mm 或 30 mm 的比色皿,以水作为参比来测吸光度,并作空白校正,从校准曲线上查得六价铬含量。

2. 校准曲线的绘制

取 8 支 50 mL 比色管,分别加入铬标准使用溶液 0.00 mL、0.20 mL、0.50 mL、1.00 mL、2.00 mL、4.00 mL、6.00 mL 和 8.00 mL 加蒸馏水至 40 mL 左右,然后按照和水样相同的预处理和测定步骤操作。从测得的吸光度经空白校正后,绘制吸光度-六价铬含量校准曲线。

五、实验数据处理

六价铬含量可按下式计算:

$$六价铬(Cr^{6+}, mg/L) = \frac{m}{V} \tag{2-14}$$

式中:m——从校准曲线上查得六价铬的含量,μg;

V——水样体积,mL。

六、注意事项

（1）本实验中包括采样瓶在内的所有器皿不能用铬酸洗液清洗。

（2）当水样中六价铬含量较高，标准使用液六价铬的浓度应为 5.00 μg/ mL，同时显色剂的浓度也要相应增加 5 倍，即 1 g 二苯碳酰二肼溶于 50 mL 丙酮中；比色皿可使用 10 mm 规格。

（3）在测定清洁水样（如地表水）中的六价铬时，显色酸度一般控制在 0.025～0.15 mol/L （H_2SO_4）。显色前，水样调至中性，存放于冰箱中，可保存一个月。显色时加入 2.5 mL 显色剂，不需要再加入酸对水样酸化，立即摇匀，以免六价铬可能被乙醇还原。显色剂的配制方法为：取 0.2 g 二苯碳酰二肼溶于 100 mL 95％的乙醇中，一边搅拌，一边加入 400 mL（1+9）硫酸。

七、思考题

（1）什么叫空白溶液？空白溶液在实验中有何作用？

（2）试根据绘制标准曲线的实验数据，计算回归方程 $Y=ax+b$ 中的 a 和 b。

（3）本实验中，玻璃器皿是否可用重铬酸钾洗液洗涤？

实验 17　地表水富营养化评价及水中叶绿素 a 含量测定

一、实验意义和目的

叶绿素（Chlorophyll）是植物光合作用中的重要光合色素，可分为 a、b、c、d 四类。叶绿素不溶于水，而溶于有机溶剂，如乙醇、丙酮、乙醚、氯仿等；叶绿素不很稳定，光、酸、碱、氧、氧化剂等都会使其分解。叶绿素 a 分子式为 $C_{55}H_{72}O_5N_4Mg$，酸性条件下，叶绿素 a 分子很容易失去卟啉环中的镁成为脱镁叶绿素；叶绿素 a 存在于所有的浮游植物中，大约占有机干重的 1％～2％。叶绿素 a 本身对环境没有危害，但它是估算浮游植物生物量的重要指标，可以通过测定水中浮游植物叶绿素 a 的含量，掌握水体的初级生产力情况和富营养化水平。在环境监测中，叶绿素 a 含量是评价水体富营养化的指标之一。水体出现富营养化现象时，由于浮游生物大量繁殖，往往使水体呈现蓝色、红色、棕色、乳白色等，这种现象在江河湖泊中称为水华。

水体富营养化的危害主要表现在 3 个方面：①富营养化可造成水的透明度降低，阳光难以穿透水层，从而影响水中植物的光合作用和氧气的释放，同时浮游生物的大量繁殖，消耗了水中大量的氧，使水中溶解氧严重不足，而水面植物的光合作用，则可能造成局部溶解氧的过饱和。溶解氧过饱和以及水中溶解氧减少，都对水生动物（主要是鱼类）产生危害，造成鱼类大量死亡。②富营养化水体底层堆积的有机物质在厌氧条件下分解产生的有害气体以及一些浮游生物产生的生物毒素，也会伤害水生动物。富营养化水中含有亚硝酸盐和硝酸盐，人畜长期饮用这些物质含量超过一定标准的水，会中毒、致病；③水体富营养化常常导致水生生态系统紊乱，水生生物种类减少，水生生物多样性受到破坏。

水体富营养化可以通过跟踪监测水中叶绿素的含量来实现，其中叶绿素 a 是所有叶绿素中含量最高的，因此叶绿素 a 的测定能示踪水体的富营养化程度。

本实验的目的为：

（1）了解水中叶绿素的分布及性质。

（2）掌握测定水中叶绿素 a 含量的原理和方法。

二、实验原理

将一定量样品用滤膜过滤截留藻类，研磨破碎藻类细胞，用丙酮溶液提取叶绿素，离心分离后分别于 750 nm、664 nm、647 nm 和 630 nm 波长处测定提取液的吸光度，根据相应公式计算水中叶绿素 a 的浓度。

三、实验仪器、设备和材料

1. 试剂和材料

除非另有说明，分析时均使用符合国家标准的分析纯试剂，实验用水为新制备的去离子水或蒸馏水。

（1）丙酮（CH_3COCH_3）。

（2）碳酸镁（$MgCO_3$）。

（3）（9+1）丙酮溶液：在 900 mL 丙酮中加入 100 mL 实验用水。

（4）碳酸镁悬浊液：称取 1.0 g 碳酸镁，加入 100 mL 实验用水，搅拌成悬浊液（使用前充分摇匀）。

（5）玻璃纤维滤膜：直径 47 mm，孔径为 0.45～0.7 μm。

2. 仪器和设备

（1）采样瓶：1 L 或 500 mL 具磨口塞的棕色玻璃瓶。

（2）过滤装置：配真空泵和玻璃砂芯过滤装置。

（3）研磨装置：玻璃研钵或其他组织研磨器。

（4）离心机：相对离心力可达到 1000×g，转速 3000～4000 r/min。

（5）玻璃刻度离心管：15 mL，旋盖材质不与丙酮反应。

（6）可见分光光度计：配 10 mm 石英比色皿。

（7）针式滤器：0.45 μm 聚四氟乙烯有机相针式滤器。

（8）其他一般实验室常用仪器和设备。

四、实验内容和步骤

1. 样品采集与处理

确定具体采样点的位置后，用 GPS 同步定位采样点的位置。

一般使用有机玻璃采水器或其他适当的采样器采集水面下 0.5 m 样品，湖泊、水库根据需要可进行分层采样或混合采样，采样体积为 1 L 或 500 mL。如果样品中含沉降性固体（如泥沙等），应将样品摇匀后倒入 2 L 量筒，避光静置 30 min，取水面下 5 cm 样品，转移至采样瓶。在每升样品中加入 1 mL 碳酸镁悬浊液，以防止酸化引起色素溶解。

样品采集后应在 0～4 ℃避光保存、运输，24 h 内运送至检测实验室过滤。若样品 24 h 内不能送达检测实验室，应现场过滤，滤膜避光冷冻运输。样品滤膜于 −20 ℃避光保存，14 d 内分析完毕。

注意：①如果水深不足 0.5 m，在水深 1/2 处采集样品，但不得混入水面漂浮物；②样品采集后,如条件允许,宜尽快分析完毕。

2. 试样的制备

(1)过滤:在过滤装置上装好玻璃纤维滤膜。根据水体的营养状态确定取样体积,如表2-10所示。用量筒量取一定体积的混匀样品,进行过滤,最后用少量蒸馏水冲洗滤器壁。过滤时负压不超过 500 kPa,在样品刚刚完全通过滤膜时结束抽滤,用镊子将滤膜取出,将有样品的一面对折,用滤纸吸干滤膜水分。

当富营养化水体的样品无法通过玻璃纤维滤膜时,可采用离心法浓缩样品,但转移过程中应保证提取效率,避免叶绿素 a 的损失及水分对丙酮溶液浓度的影响。

表 2-10　参考过滤样品体积

营养状态	富营养	中营养	贫营养
叶绿素 a 含量/(μg/L)	$\leqslant 4$	$4\sim10$	$10\sim150$
过滤体积/ mL		$100\sim200$	$500\sim1000$

(2)研磨:将样品滤膜放置于研磨装置中,加入 $3\sim4$ mL 丙酮溶液,研磨至糊状。补加 $3\sim4$ mL 丙酮溶液,继续研磨,并重复 $1\sim2$ 次,保证充分研磨 5 min 以上。将完全破碎后的细胞提取液转移至玻璃刻度离心管中,用丙酮溶液冲洗研钵及研磨杵,一并转入离心管中,定容至10 mL。

(3)浸泡提取:将离心管中的研磨提取液充分振荡混匀后,用铝箔包好,放置于 4 ℃避光浸泡提取 2 h 以上,不超过 24 h。在浸泡过程中要颠倒摇匀 $2\sim3$ 次。

(4)离心:将离心管放入离心机,以相对离心力 $1000\times g$(转速 $3000\sim4000$ r/min)离心10 min。然后用针式滤器过滤上清液得到叶绿素 a 的丙酮提取液(试样)待测。

(5)空白试样的制备:将实验用水按照与试样的制备相同的步骤(3)进行实验室空白试样的制备。

(6)测定:取上清液于 10 mm 的石英比色池中,以丙酮溶液为对照溶液,读取波长 750 nm、664 nm、647 nm 和 630 nm 的吸光度。

五、实验数据处理

1. 结果计算

从各波长的吸光度中减去波长 750 nm 的吸光度,作为已校正过的吸光度 D,按下面公式计算叶绿素 a 的浓度,数据结果填入表 2-11。

$$\rho_a = \frac{[11.85\times(D_{663}-D_{750})-1.54\times(D_{647}-D_{750})-0.08\times(D_{630}-D_{750})]\times V_1}{V_2 L}$$

(2-15)

式中:ρ_a——水样中叶绿素 a 的含量,μg/L;

$\quad V_1$——提取液的定容体积,mL;

$\quad V_2$——过滤水样的体积,L;

$\quad L$——比色池的光程长度,cm;

$\quad A_{750}$——试样在 750 nm 波长下的吸光度值;

A_{664}——试样在 664 nm 波长下的吸光度值；

A_{647}——试样在 647 nm 波长下的吸光度值；

A_{630}——试样在 630 nm 波长下的吸光度值。

表 2 - 11　实验数据记录

样本号	V_1/mL	V_2/L	D_{750}	D_{664}	D_{647}	D_{630}	ρ_a/(μg/L)
1							
2							
3							
……							

2. 结果表示

当测定结果小于 100 μg/L 时，保留至整数位；当测定结果大于等于 100μg/L 时，保留 3 位有效数字。

六、注意事项

(1)叶绿素对光及酸性物质敏感，实验室光线应尽量微弱，能进行分析操作即可，使用的玻璃器皿和比色皿均应清洁、干燥、无酸，不要用酸浸泡或洗涤。

(2)750 nm 的吸光度可用于检测丙酮溶液浊度。用 10 mm 吸收池、750 nm 的吸光度在 0.005 以上时，应将溶液再一次充分地离心分离，然后再测定其吸光度。

(3)使用斜头离心机时，容易产生二次悬浮沉淀物。为了减少这一困难，使用外旋式离心机头，在离心之前瞬间加入过量的碳酸镁。

(4)因为叶绿素提取液对光敏感，故提取操作等要尽量在微弱的光照下进行。

(5)吸收池事先要用丙酮溶液进行池校正。

(6)每批样品应至少测定 10% 的平行双样。样品数量少于 10 个时，应至少测定一个平行双样，测定结果的相对偏差应大于等于 20%。

七、水体富营养化评价方法和分级计算

为了进一步认识调查区域水质状况，可采用 TLI 综合营养指数法，运用叶绿素 a(chla)、总磷(TP)、总氮(TN)、透明度(SD)、高锰酸盐指数(I_{Mn})对其水质进行评价。

营养状态指数计算公式为

$$TLI(\text{chla}) = 10(2.5 + 1.086\ln\text{chla})。 \tag{2-16}$$

$$TLI(\text{TP}) = 10(9.436 + 1.624\ln\text{TP})。 \tag{2-17}$$

$$TLI(\text{TN}) = 10(5.453 + 1.694\ln\text{TN})。 \tag{2-18}$$

$$TLI(\text{SD}) = 10(5.118 - 1.94\ln\text{SD})。 \tag{2-19}$$

$$TLI(I_{Mn}) = 10(0.109 + 2.661\ln\text{COD}_{Mn})。 \tag{2-20}$$

综合营养状态指数公式为

$$TLI\left(\sum\right) = \sum_{j=1}^{m} W_j \cdot TLI(j) \tag{2-21}$$

式中：$TLI\left(\sum\right)$——综合营养状态指数；

$TLI(j)$——第 j 种参数的营养状态指数；

W_j——第 j 种参数的营养状态指数的相关权重。

以 chla 为基准参数，则第 j 种参数的归一化的相关权重计算公式为

$$W_j = \frac{r_{ij}^2}{\sum\limits_{j=1}^{m} r_{ij}^2} \tag{2-22}$$

式中：r_{ij}——第 j 种参数与基准参数 chla 的相关系数；

m——评价参数的个数。

将 chla 和其他指标的测定值、指标之间的相关关系 r_{ij} 和 r_{ij}^2 填入表 2-12。根据式（2-16）至（2-22）分别计算出 $TLI(j)$ 和 $W_j \cdot TLI(j)$，填入表 2-13。最后根据式（2-21）计算出水体综合营养状态指数 $TLI(\sum)$。

为了说明湖泊（水库）富营养状态，采用 0～100 的一系列连续数字对湖泊营养状态进行分级（见表 2-14）。在同一营养状态下，指数值越高，其营养程度越重。依据 $TLI(\sum)$ 值对水体富营养状态进行评价。

表 2-12　湖泊（水库）水体 chla 与其他参数之间的相关关系 r_{ij} 和 r_{ij}^2 值

指标	Chla/(mg/m³)	TP/(mg/L)	TN/(mg/L)	SD/m	I_{Mn}/(mg/L)
r_{ij}					
r_{ij}^2					

表 2-13　湖泊（水库）水体富营养状态分级计算结果

指标	Chla/(mg/m³)	TP/(mg/L)	TN/(mg/L)	SD/m	I_{Mn}/(mg/L)
测定值					
$TLI(j)$					
$W_j \cdot TLI(j)$					

表 2-14　湖泊（水库）水体富营养状态分级

值	$TLI(\sum)<30$	$30\leqslant TLI(\sum)\leqslant50$	$50<TLI(\sum)\leqslant60$	$60<TLI(\sum)\leqslant70$	$TLI(\sum)>70$
分级	贫营养	中营养	富营养		
			轻度富营养	中度富营养	重度富营养

八、思考题

（1）不同水样中的叶绿素 a 浓度存在较大的差异，其主要原因是什么？

（2）如何保证水样叶绿素 a 浓度测定结果的准确性和精密度？

实验 18　挥发酚的测定（4－氨基安替比林分光光度法）

一、实验意义和目的

酚类为原生质毒物，属高毒物质。人体摄入一定量酚类物质后会出现急性中毒症状。长期饮用被酚类污染的水，可引起头痛、出疹、瘙痒、贫血及各种神经系统症状。酚类的主要污染源有煤气洗涤、炼焦、合成氨、造纸、木材防腐和化工行业废水。因此，酚类物质是排放水体中需重点控制的污染物之一。

本实验的目的为：

（1）掌握 4－氨基安替比林分光光度法测定水中挥发酚的原理和方法。

（2）了解影响挥发酚测定的因素。

二、实验原理

用蒸馏法蒸馏出挥发性酚类化合物，并与干扰物质和固定剂分离。由于酚类化合物的挥发速度随馏出液体积变化，因此，馏出液体积必须与试样体积相等。被蒸馏出的酚类化合物置于 pH＝10.0 ± 0.2 介质中，在铁氰化钾存在的条件下，与 4－氨基安替比林反应生成橙红色的安替比林染料，用三氯甲烷萃取后，在 460 nm 波长下测定吸光度。

对地表水、地下水和饮用水等含量较低的样品宜用萃取分光光度法测定，检出限为 0.0003 mg/L，测定下限为 0.001 mg/L，测定上限为 0.04 mg/L。工业废水和生活污水可用满足标准要求的直接分光光度法测定，检出限为 0.01 mg/L，测定下限为 0.04 mg/L，测定上限为 2.50 mg/L。对于质量浓度高于标准测定上限的样品，可适当稀释后进行测定。

氧化剂、油类、硫化物、有机或无机还原性物质和苯胺类会干扰酚的测定。

（1）对于氧化剂（如游离氯）的判断消除：可将样品滴于淀粉－碘化钾试纸上，若出现蓝色，说明存在氧化剂。可加入过量的硫酸亚铁去除。

（2）对于硫化物的判断消除：当样品中有黑色沉淀时，可取一滴样品放在乙酸铅试纸上，若试纸变黑色，说明有硫化物存在。此时样品继续加磷酸酸化，置于通风橱内进行搅拌曝气，直至生成的硫化氢完全逸出。

（3）对于甲醛、亚硫酸盐等有机或无机还原性物质的消除：分取适量样品于分液漏斗中，加硫酸溶液使其呈酸性，分次加入 50 mL、30 mL、30 mL 乙醚以萃取酚，合并乙醚层于另一分液漏斗，分次加入 4 mL、3 mL、3 mL 氢氧化钠溶液（10%）进行反萃取，使酚类转入氢氧化钠溶液中。合并碱萃取液，移入烧杯中，置于水浴上加温，以除去残余乙醚，然后用水将碱萃取液稀释到原分取样品的体积。

（4）对于油类的干扰消除：取样品静置分离出浮油后，同上操作。

（5）对于苯胺类的干扰消除：苯胺类可与 4－氨基安替比林发生显色反应而干扰酚的测定，一般在酸性（pH<0.5）条件下，可以通过预蒸馏分离。

【警告】乙醚为低沸点、易燃和具有麻醉作用的有机溶剂，使用时周围应无明火，并在通风橱内操作，室温较高时，样品和乙醚宜先置冰水浴中降温后，再尽快进行萃取操作；三氯甲烷为具麻醉作用和刺激性的有机溶剂，吸入其蒸气有害，操作时应佩戴防毒面具，并在通风处使用。

三、实验仪器、设备和材料

1. 试剂和材料

实验用水为新制备的蒸馏水或去离子水。

(1)无酚水:无酚水应贮于玻璃瓶中,取用时,应避免与橡胶制品(橡皮塞或乳胶管等)接触。制取方式:向每升水中加入 0.2 g 经 200 ℃活化 30 min 的活性炭粉末,充分振摇后,放置过夜,用双层中速滤纸过滤。加氢氧化钠使水呈强碱性,并加入高锰酸钾至溶液呈紫红色,移入全玻璃蒸馏器中加热蒸馏,集取馏出液备用。

(2)硫酸亚铁($FeSO_4 \cdot 7H_2O$)。

(3)碘化钾(KI)。

(4)硫酸铜($CuSO_4 \cdot 5H_2O$)。

(5)乙醚($C_4H_{10}O$)。

(6)三氯甲烷($CHCl_3$)。

(7)(1+9)磷酸溶液。

(8)(1+4)硫酸溶液。

(9)氢氧化钠溶液,ρ(NaOH)=100 g/L:称取氢氧化钠 10 g 溶于水,稀释至 100 mL。

(10)缓冲溶液,pH=10.7:称取 20 g 氯化铵(NH_4Cl)溶于 100 mL 试剂氨水中,密塞,置于冰箱中保存。为避免氨的挥发所引起 pH 的改变,应注意在低温下保存,且取用后立即加塞盖严,并根据使用情况适量配制。

(11)4-氨基安替比林溶液:称取 2 g 的 4-氨基安替比林溶于水中,溶解后移入 100 mL 容量瓶中,用水稀释至标线,置于冰箱中冷藏,可保存 7 d。

(12)铁氰化钾溶液,ρ($K_3[Fe(CN)_6]$)=80 g/L:称取 8 g 铁氰化钾溶于水,溶解后移入 100 mL 容量瓶中,用水稀释至标线。置于冰箱内冷藏,可保存一周。

(13)溴酸钾-溴化钾溶液,c(1/6$KBrO_3$)=0.1000 mol/L:称取 2.784 g 溴酸钾溶于水,加入 10 g 溴化钾,溶解后移入 1000 mL 容量瓶中,用水稀释至标线。

(14)硫代硫酸钠溶液,c($Na_2S_2O_3$)≈0.0125 mol/L:称取 3.1 g 硫代硫酸钠,溶于煮沸放冷的水中,加入 0.2 g 碳酸钠,溶解后移入 1000 mL 容量瓶中,用水稀释至标线。临用前用重铬酸钾标准溶液标定(见实验 6 溶解氧的测定)。

(15)淀粉溶液,ρ=0.01 g/mL:称取 1 g 可溶性淀粉,用少量水调成糊状,加沸水至 100 mL,冷却后,移入试剂瓶中,置于冰箱内冷藏保存。

(16)酚标准储备液,ρ(C_6H_5OH)≈1.00 g/L:称取 1.00 g 无色苯酚溶于水,移入 1000 mL 容量瓶中,用水稀释至标线,置于冰箱内冷藏,可稳定保存一个月。

酚标准储备液的标定:吸取 10.0 mL 酚储备液置于 250 mL 碘量瓶中,加无酚水稀释至 100 mL,加 10.0 mL 0.1000 mol/L 溴酸钾-溴化钾溶液,立即加入 5 mL 浓盐酸,密塞,徐徐摇匀,于暗处放置 15 min。然后加入 1 g 碘化钾,密塞,摇匀,放置暗处 5 min,用硫代硫酸钠溶液滴定至淡黄色,加入 1 mL 淀粉溶液,继续滴定至蓝色刚好褪去,记录用量。

同时以水代替酚储备液做空白试验,记录硫代硫酸钠溶液用量。

酚储备液质量浓度按下式计算:

$$\rho = \frac{(V_1 - V_2) \times c \times 15.68}{V} \times 1000 \tag{2-23}$$

式中：ρ——酚储备液质量浓度，mg/L；

V_1——空白试验中硫代硫酸钠溶液的用量，mL；

V_2——滴定酚储备液时硫代硫酸钠溶液的用量，mL；

c——硫代硫酸钠溶液浓度，mol/L；

V——试样体积，mL；

15.68——苯酚($1/6C_6H_5OH$)摩尔质量，g/mol。

(17)酚标准中间液，$\rho(C_6H_5OH) = 10.0$ mg/L：取适量酚标准储备液用水稀释至 100 mL 容量瓶中，使用时当天配制。

(18)酚标准使用液，$\rho(C_6H_5OH) = 1.00$ mg/L：量取 10.00 mL 酚标准中间液置于 100 mL 容量瓶中，用水稀释至标线，配制后 2 h 内使用。

(19)甲基橙指示液，ρ(甲基橙) $= 0.5$ g/L：称取 0.1 g 甲基橙溶于水，溶解后移入 200 mL 容量瓶中，用水稀释至标线。

(20)淀粉-碘化钾试纸：称取 1.5 g 可溶性淀粉，用少量水搅成糊状，加入 200 mL 沸水，混匀，放冷，加 0.5 g 碘化钾和 0.5 g 碳酸钠，用水稀释至 250 mL，将滤纸条浸渍后，取出晾干，盛于棕色瓶中，密塞保存。

(21)乙酸铅试纸：称取乙酸铅 5 g，溶于水中，并稀释至 100 mL。将滤纸条浸入上述溶液中，1 h 后取出晾干，盛于广口瓶中，密塞保存。

(22)盐酸(AR)。

(23)pH 试纸：1～14。

2. 仪器和设备

(1)可见光分光光度计：配有光程为 20 mm、30 mm 的比色皿。

(2)全玻璃蒸馏器：500 mL。

(3)锥形分液漏斗：500 mL。

(4)一般常用玻璃器皿。

四、实验内容和步骤

1. 样品采集

在样品采集现场，用淀粉-碘化钾试纸检测样品中有无游离氯等氧化剂的存在。若试纸变蓝，应及时加入过量硫酸亚铁去除。样品采集量应大于 500 mL，贮于硬质玻璃瓶中。采集后的样品应及时加磷酸酸化至 pH 约 4.0，并加适量硫酸铜，使样品中硫酸铜质量浓度约为 1 g/L，以抑制微生物对酚类的生物氧化作用。采集后的样品应在 4 ℃下冷藏，24 h 内进行测定。

2. 预蒸馏

取 250 mL 样品移入 500 mL 全玻璃蒸馏器中，加 25 mL 水，放入数粒玻璃珠以防暴沸，再加数滴 0.5 g/L 甲基橙指示液。若试样未显橙红色，则需继续补加(1+9)磷酸溶液。

连接冷凝器，加热蒸馏，收集馏出液 250 mL 置于容量瓶中。

蒸馏过程中，若发现甲基橙红色褪去，应在蒸馏结束后放冷，再加 1 滴甲基橙指示液。若发现蒸馏后残液不呈酸性,则应重新取样,增加(1+9)磷酸溶液的加入量,进行蒸馏。

3. 显色

将 250 mL 馏出液移入分液漏斗中,加 2.0 mL 缓冲溶液(pH=10.7),混匀,此时 pH 为(10.0±0.2),加 1.5 mL 4-氨基安替比林溶液,混匀,再加 1.5 mL 铁氰化钾溶液,充分混匀后,密塞,放置 10 min。

4. 萃取

在上述显色分液漏斗中准确加入 10.0 mL 三氯甲烷,密塞,剧烈振摇 2 min,倒置放气,静置分层。用干脱脂棉或滤纸拭干分液漏斗颈管内壁,于颈管内塞一小团干脱脂棉或滤纸,将三氯甲烷层通过干脱脂棉团或滤纸,弃去最初滤出的数滴萃取液后,将余下的三氯甲烷直接放入光程为 30 mm 的比色皿中。

5. 吸光度的测定

在 460 nm 波长下,以三氯甲烷为参比,测定三氯甲烷层的吸光度值。

6. 校准系列的制备

在一组 8 个分液漏斗中,分别加入 100 mL 无酚水(下同),依次加入 0.00 mL、0.25 mL、0.50 mL、1.00 mL、3.00 mL、5.00 mL、7.00 mL 和 10.00 mL 酚标准使用液,再分别加水至 250 mL。

同上述的操作步骤进行显色,萃取,比色测定。由校准系列测得的吸光度值减去零浓度管的吸光度值,绘制吸光度值对酚含量(μg)的曲线,校准曲线回归方程相关系数应达到 0.999 以上。

7. 空白试验

用无酚水代替试样预蒸馏,做空白实验。

五、实验数据处理

1. 校准曲线与线性回归方程

将实验数据记录于表 2-15。用 Excel 回归校正吸光度与苯酚(C_6H_5OH)含量(μg)的标准曲线,获得线性回归方程,并绘图说明。

表 2-15　苯酚(C_6H_5OH)的标准曲线法测定

管号	1	2	3	4	5	6	7	样品
苯酚标准使用液/mL	0.00	0.25	1.00	3.00	5.00	7.00	10.00	—
A	A_0:							
$A-A_0$								
苯酚含量/μg								
线性回归方程:					决定系数 R^2:			

2. 结果计算

试样中挥发酚的质量浓度(以苯酚计)按下式计算:

$$\rho = \frac{A_s - A_b - a}{bV} \qquad (2-24)$$

式中: ρ ——试样中挥发酚的质量浓度，mg/L；

A_s ——试样的吸光度值；

A_b ——空白试验的吸光度值；

a ——校准曲线的截距值；

b ——校准曲线的斜率；

V ——试样的体积，mL。

当计算结果小于 0.1 mg/L 时，保留到小数点后 4 位；大于等于 0.1 mg/L 时，保留 3 位有效数字。

六、直接测定法

工业废水和生活污水等酚含量大于 0.01 mg/L 的样品，宜用直接分光光度法测定。其工作曲线选用酚标准中间液：$\rho(C_6H_5OH)=10.0$ mg/L 配制。在 50 mL 比色管定容后，依次加入 0.5 mL 缓冲溶液，混匀，此时 pH＝10.0±0.2，加 1.0 mL 4－氨基安替比林溶液，混匀，再加 1.0 mL 铁氰化钾溶液，充分混匀后，密塞，放置 10 min。在 510 nm 波长下，用光程为 20 mm 的比色皿，以水为参比，于 30 min 内测定溶液的吸光度。用校准吸光度值对酚含量（μg 或 mg）作回归曲线。样品和无酚水空白实验，均分取定容后的馏出液 50 mL 同上述步骤操作。由标准曲线法直接测定样品的挥发酚的质量浓度。

七、思考题

(1)苯胺类化合物也可与 4－氨基安替比林发生显色反应而干扰酚的测定，一般在酸性 (pH＜0.5)条件下，可以通过预蒸馏分离，为什么？

(2)比较低浓度的萃取法与直接分光光度法，说明比色皿、测定波长不同选择的原因。

(3)写出标定苯酚标准储备液的相关化学反应式。

实验 19 微污染水体低含量 COD 的微波消解测定（光度比色法）

一、实验意义和目的

微波加热是通过偶极子旋转和离子传导两种方式吸收微波能，实现即时深层快速加热。从反应动力学看，微波可使与试样接触的介电液体产生高热能，可溶解样品不活泼的表面层。故常用的密闭消解器的优势表现为：产生的罐内压力提高了所用酸的沸点；密闭环境产生的高温使化学反应速度加快，减少消解时间；密闭容器消解还可消除易挥发元素的损失；无酸的挥发损失，使试剂空白值降低等。但密闭容器的微波消解同时形成高温高压，会产生爆炸危险。为此，现行的解决方案是采用温度、压力传感器实时监测和控制，使运行操作处于安全范围内。此外，可在罐体上设计泄压装置或防爆片，当罐内超过一定值后，装置会自动泄压。因此，对具有爆炸性或可生成爆炸性的化学物质，如甘油醇、硝基苯、树胶等，不应做高压密闭式消解。严禁直接消解任何有机试剂及易挥发性的物质。

标准方法测定化学需氧量 COD 是以比较重铬酸钾的消耗来衡算的，现已广泛运用于环境废水的测定。但实验本身不仅会产生大量试剂排放污染，并且耗时、耗能，对低浓度的 COD

测定重现性较差。光度法是利用重铬酸钾氧化前后溶液吸光度的变化,通过比色定量铬的含量来测定试样的 COD。与回流法比较,消解器产生的有毒重金属试剂污染小,且节省了大量回流水,适合低浓度 COD 的准确测量。使用家用微波炉溶解样品,一次消解可同时放置 8 个样品,具有更强的氧化效率及可靠性。

本实验的目的为:

(1)学习使用微波快速消解技术。

(2)掌握微污染水体 COD 的光度法测定。

二、实验原理

光度法测定 COD 是利用比色的原理,将一定量的重铬酸钾溶解于强酸性溶液中,在银的催化下,经过高温消解,可以氧化大部分有机物。此过程可以在一个封闭比色管中完成消解,直接比色测定,也可以使用专用的微波消解罐。当 COD 含量相对较高时,可通过在 605 nm 波长处比色测定 Cr(Ⅲ)生成的量;对于低含量 COD,则选择 445 nm 波长处比色测定剩余 Cr(Ⅵ)的量。工作曲线由已知浓度的 COD 标准液,经同样条件的消解过程绘制。通过吸光度的相对比较,可换算出消解后样品的 COD 值。

三、实验仪器、设备和材料

1. 试剂和材料

(1)COD 标准储备液:称取 0.8502 g 邻苯二甲酸氢钾(基准试剂)用重蒸馏水溶解后,转移至 1000 mL 容量瓶中,定容。此储备液 COD 值为 1000 mg/L。

(2)COD 标准系列:分别取上述储备液 0.00 mL、1.00 mL、2.50 mL、5.00 mL、7.50 mL、10.00 mL 置于 6 个 100 mL 容量瓶中定容,制备成浓度分别为 0.00 mg/L、10.0 mg/L、25.0 mg/L、50.0 mg/L、75.0 mg/L、100. mg/L 的 COD 标准使用液。

(3)移液管(2 mL、5 mL)、1000 mL 容量瓶、50 mL 比色管等。

2. 仪器和设备

(1)聚四氟乙烯消解罐(100 mL)。本实验选用泄压式微波消解罐和家用微波炉组合的方式。如图 2-2 所示的消解罐为全 PTFE(聚四氟乙烯)材料制成,包括带外丝扣牙的罐体,内盖(安全片)和中心开孔的外盖(匹配内丝)。罐内容积为 100 mL,最大使用压力为 1.0 MPa,最高消解温度为 200 ℃,可使用硝酸、盐酸、王水、过氧化氢、氢氟酸、硫酸、磷酸等试剂。但不宜使用高氯酸等高沸点试剂。

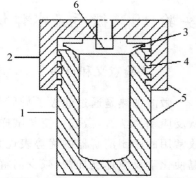

1—罐体;2—外盖;3—内盖;4—啮合方牙;
5—外部滚花;6—防爆膜。

图 2-2 泄压式微波消解罐的剖面图

(2)COD 测定仪(美国 HACH 公司或德国 WTW 公司产品)。

(3)家用微波炉(800 W)。

(4)分光光度计、比色皿。

四、实验内容和步骤

1. 标准曲线的测定

(1)可以采用专用消解罐加热反应后,直接比色测定,设备可采用美国 HACH 公司或德国 WTW 公司的产品。

(2)当采用上述的 COD 微波消解法时,取 6 个洗净的微波消解罐,分别加入 10.00 mL COD 标准系列使用液,依次准确加入 5.00 mL 重铬酸钾标准溶液($1/6K_2Cr_2O_7=0.0500$ mol/L),并缓慢加入 10 mL H_2SO_4/Ag_2SO_4 溶液,放上内盖安全片,拧紧外盖,使消解罐完全密封,摇匀,对称放入微波炉内。另将盛有 200 mL 水的烧杯,放入样品的中央,消解 20 min。

待试样消解结束后,取出消解罐冷却到室温(提醒注意!),再旋开消解罐。将试液移入 50 mL 比色管中定容。因密闭消解过程没有体积变化,也可直接取试液测定。选择 10 mm 或 30 mm 的比色皿,在 445 nm(或 605 nm)波长处,测定相应的吸光度。并以对应的 COD 值为横坐标绘制标准曲线,用最小二乘法计算标准曲线的回归方程。实验数据填入表 2-16 中。

2. 样品测定

比照标准曲线的消解和比色测定过程步骤,取 10.00 mL 水样消解,并以 10.00 mL 蒸馏水代替水样做空白试验。

根据样品在 445 nm(或 605 nm)处测得的吸光度,带入标准曲线方程式,求出水样的 COD 值。

五、实验数据处理

表 2-16　COD 标准曲线及样品测定

罐号	1	2	3	4	5	6	样品
COD/(mg/L)	0.00	10.0	25.0	50.0	75.0	100	—
氧化剂	分别加入 5.00 mL,重铬酸钾标准溶液($c(1/6K_2Cr_2O_7)=0.0500$ mol/L)						
催化剂	分别加入 10 mL,H_2SO_4/Ag_2SO_4						
A	A_0:						A_x:
$A-A_0$							
线性回归方程:				决定系数 R^2:			

六、注意事项

(1)COD 分析中加入 H_2SO_4 消解液,可提高 $K_2Cr_2O_7$ 的氧化温度。使用中应当注意不可有 H_2SO_4 残液挂壁或留于消解罐口等处。

(2)微波炉不应该长时间空载或近似空载操作,以免损坏磁控管。超过 30 min 的消解操作应采用间断式运行。

(3)样品不均匀或浊度高时,取样量越少造成的随机误差就越大。

(4)用光度法测定较高浓度的 COD 样品,当以生成的 Cr(Ⅲ)为目标物,选择 605 nm 处比色,需配制 10.00 mL 的高浓度的标准系列。以 10.00 mL 硫酸-硫酸银催化,并加入 5.00 mL 重铬酸钾标准溶液($c(1/6\ K_2Cr_2O_7)=0.2500$ mol/L),在微波消解罐中,氧化 20 min 后,通过绘制标准曲线,比色比较测定。

七、思考题

(1)在光度法测定 COD 时,可以选择在 605 nm 或 445 nm 波长比色测定,它们分别对应的是什么?

(2)微波消解氧化有哪些优点?操作时应当注意哪些方面?

(3)实际样品的取样量对测定结果会有哪些影响?

实验20　水中总磷的测定(钼酸铵分光光度法)

一、实验意义和目的

磷是生物生长的必需元素之一,但是水体中磷含量过高,则会造成水体的富营养化,导致藻类水华的爆发和水质的恶化。自然水体中,磷主要以正磷酸盐、缩合磷酸盐、有机结合磷酸盐等形式存在。地表水中总磷的测定,对于正确评价水质有着重要意义。

本实验的目的为:

(1)掌握钼酸铵分光光度法测定总磷的原理和方法。

(2)了解影响总磷测定的因素。

二、实验原理

在中性条件下用过硫酸钾使试样消解,将磷全部氧化为正磷酸盐。在酸性介质中,正磷酸盐与钼酸铵反应,在锑盐存在下生成磷钼杂多酸后,立即被抗坏血酸还原,生成蓝色的络合物。

水体中总磷的测定包括溶解态及颗粒状的有机磷和无机磷。本方法适用于地表水、生活污水和工业废水。取 25 mL 水样时,最低检出浓度为 0.01 mg/L,检出上限为 0.6 mg/L。

三、实验仪器、设备和材料

1. 试剂和材料

(1)硫酸(H_2SO_4),密度为 1.84 g/mL。

(2)硝酸(HNO_3),密度为 1.4 g/mL。

(3)高氯酸($HClO_4$),优级纯,密度为 1.68 g/mL。

(4)(1+1)硫酸(H_2SO_4)。

(5)硫酸,$\rho(1/2H_2SO_4) \approx 1$ mol/L:将 27 mL 硫酸加入 973 mL 水中。

(6)氢氧化钠(NaOH),1 mol/L 溶液:将 40 g 氢氧化钠溶于水并稀释至 1 L。

(7)氢氧化钠(NaOH),6 mol/L 溶液:将 240 g 氢氧化钠溶于水并稀释至 1 L。

(8)过硫酸钾,50 g/L 溶液:将 5 g 过硫酸钾($K_2S_2O_8$)溶解于水中,并稀释至 100 mL。

(9)抗坏血酸,100 g/L 溶液:溶解 10 g 抗坏血酸($C_4H_8O_6$)于水中,并稀释至 100 mL。此溶液贮于棕色的试剂瓶中,在冷处可稳定几周,如不变色可长时间使用。

(10)钼酸盐溶液:溶解 13 g 钼酸铵[$(NH_4)_6Mo_7O_{24} \cdot 4H_2O$]于 100 mL 水中。溶解 0.35 g 酒

石酸锑钾[$KSbC_4H_4O_7 \cdot 1/2H_2O$]于 100 mL 水中。在不断搅拌下把钼酸铵溶液徐徐加入 300 mL(1+1)硫酸中,加酒石酸锑钾溶液并且混合均匀。此溶液贮存于棕色试剂瓶中,在冷处可保存 2 个月。

(11)浊度-色度补偿液:混合两个体积(1+1)硫酸和一个体积抗坏血酸溶液。该补偿液应在使用当天配制。

(12)磷标准储备液:称取(0.2197±0.001) g 于 110 ℃ 干燥 2 h,并在干燥器中放冷的磷酸二氢钾(KH_2PO_4),用水溶解后转移至 1000 mL 容量瓶中,加入大约 800 mL 水及 5 mL (1+1)硫酸,用水稀释至标线并混匀。1.00 mL 此标准溶液含 50.0 μg 磷。该溶液在玻璃瓶中可贮存至少 6 个月。

(13)磷标准使用溶液:将 10.0 mL 磷标准储备液转移至 250 mL 容量瓶中,用水稀释至标线并混匀。1.00 mL 此标准溶液含 2.0 μg 磷。该标准使用溶液应在使用当天配制。

(14)酚酞,10 g/L 溶液:0.5 g 酚酞溶于 50 mL95％乙醇中。

2. 仪器和设备

(1)医用手提式蒸汽消毒器或一般压力锅(1.1～1.4 kg/cm²)。

(2)具塞(磨口)刻度管,50 mL。

(3)分光光度计。

注意:所有玻璃器皿均应用稀盐酸或稀硝酸浸泡。

四、实验内容和步骤

1. 样品制备

取 500 mL 水样后加入 1 mL 浓硫酸调节样品的 pH,使之低于或等于 1,或不加任何试剂于冷处保存。

取 25 mL 样品置于具塞刻度管中,取时应仔细摇匀,以得到溶解部分和悬浮部分均具有代表性的试样。如样品中含磷浓度较高,试样体积可以减少。

2. 消解

向样品管中加 4 mL 过硫酸钾,将具塞刻度管的盖塞紧后,用小块布和线将玻璃塞扎紧(或用其他方法固定),放在大烧杯中置于高压蒸汽消毒器中加热,待压力达到 1.1 kg/cm²,相应温度为 120 ℃时,保持 30 min 后停止加热。待压力表读数降至零后,取出放冷。然后用水稀释至标线。

如用硫酸保存水样,应先调节 pH 值至中性,再进行消解。如水样中的有机物用过硫酸钾氧化而不能完全破坏,应当改用硝酸-高氯酸法消解。

3. 显色

分别向各份消解液中加入 1 mL 抗坏血酸溶液混匀,30 s 后加 2 mL 钼酸盐溶液充分混匀。

4. 分光光度测量

室温下放置 15 min 后,使用光程为 30 mm 比色皿,在 700 nm 波长下,以水作为参比,测定吸光度。扣除空白试剂的吸光度后,从工作曲线上查得磷的含量。

注意:如显色时室温低于 13 ℃,可在 20～30 ℃水浴上显色 15 min。

5. 工作曲线的绘制

取 7 支具塞刻度管,分别加入 0.0 mL、0.5 mL、1.00 mL、3.00 mL、5.00 mL、10.0 mL、15.0 mL 磷标准使用溶液。加水至 25 mL。以同样方法进行消解、显色和比色测定。以水作为参比,测定吸光度。扣除空白试验的吸光度后,与其对应的磷的含量绘制工作曲线。

6. 空白实验

用水代替试样,加入与测定时相同体积的试剂,消解,显色比色测定做空白实验。

7. 干扰的去除

如试样中含有浊度或色度时,需配制一个空白试样(消解后用水稀释至标线)然后向试样中加入 3 mL 浊度-色度补偿液,但不加抗坏血酸溶液和钼酸盐溶液。然后从试样的吸光度中扣除空白试样的吸光度。

砷大于 2 mg/L 时会干扰测定,可用硫代硫酸钠去除;硫化物大于 2 mg/L 时干扰测定,可通入氮气去除;铬大于 50 mg/L 时会干扰测定,可用亚硫酸钠去除。

注意:为更好地洗涤吸附的磷钼蓝,使用过的比色皿可用稀硝酸浸泡片刻。

五、实验数据处理

1. 标准曲线与线性回归方程

将实验数据填入表 2 - 17。用 Excel 回归校正吸光度与磷含量(μg)的标准曲线,获得线性回归方程,并绘图。

表 2 - 17　磷酸盐标准曲线及样品测定

管号	1	2	3	4	5	6	7	样品
磷标准使用液/mL	0.00	0.50	1.00	3.00	5.00	10.00	15.00	—
A	A_0:							A_x:
$A-A_0$								
磷含量/μg								
线性回归方程:						决定系数 R^2:		

2. 总磷含量的计算

总磷含量以 ρ(mg/L)表示可按下式计算:

$$\rho = m/V \tag{2-25}$$

式中:m——试样测得的含磷量,μg;

V——测定用试样体积,mL。

六、思考题

(1)如何测定溶解性总磷和溶解性正磷酸盐?

(2)对于含色度的水样,如何进行总磷的测定?

实验 21　生活污水中氨氮（$NH_3 - N$）的测定（纳氏试剂光度法）

一、实验意义和目的

氨氮是指水中以游离氨（NH_3）和铵离子（NH_4^+）形式存在的氮。动物性有机物的含氮量一般较植物性有机物高。人畜粪便中含氮有机物很不稳定，容易分解成氨。因此，水中氨氮含量是指以氨或铵离子形式存在的化合氮。

受水分子氢键的作用，游离氨（NH_3）以水合氨（$NH_3 \cdot H_2O$）的形式存在，也称非离子氨。其在水中与铵离子（NH_4^+）形成电离平衡，并呈弱碱性。非离子氨不仅是水体氨氮的主要组成成分，也是引起水生生物毒害的主要因子，而铵离子相对基本无毒。国家标准中Ⅲ类地表水的非离子氨氮的浓度不可大于 1 mg/L。另外，氨氮是水体中的营养素，可导致水体富营养化现象产生，也是水体中的主要耗氧污染物，对鱼类及某些水生生物有毒害。我国《渔业水质标准》中规定，渔业水体中非离子氨不可大于 0.02 mg/L。非离子氨可以由测得的氨氮值换算，主要与水体的温度、pH 等因素有关。

氨氮也是我国流域水环境管理的国控指标之一，目前随着化肥、石油化工等行业的迅速发展壮大，由此而产生的高氨氮废水也成为行业发展的制约因素之一。据报道，近年来我国海域发生赤潮频率逐年增多，氨氮是污染的重要原因之一，特别是高浓度氨氮废水造成的污染。

低浓度的氨氮可以用纳氏试剂光度法测定，该方法的最低检出浓度为 0.025 mg/L，测定上限为 2 mg/L。含量较高时尚可采用酸滴定法。受水中钙、镁和铁等金属离子、硫化物、醛和酮类、色度以及浑浊等干扰的影响，光度法测定时需做相应的预处理。电极法通常不需要对水样进行预处理，可现场直接测量。

本实验的目的为：

（1）了解氨氮对水体的作用及影响。

（2）学习样品的蒸馏预处理技术。

（3）掌握污水中氨氮的测定方法。

二、实验原理

碘化汞和碘化钾与氨反应生成淡红棕色胶态化合物，该颜色在较宽的波长内具有强烈吸收作用。通常在 410～425 nm 范围测量吸收，反应式为

$$2K_2[HgI_4] + 3KOH + NH_3 \!\!=\!\!=\!\! [Hg_2O \cdot NH_2]I + 2H_2O + 7KI$$

三、实验仪器、设备和材料

1. 试剂和材料

（1）纳氏试剂：可任选以下两种方法中的一种配制。

①称取 20 g 碘化钾溶于约 100 mL 水中，边搅拌边分次少量加入氯化汞结晶粉末（约 10 g），直至出现朱红色沉淀不易溶解时，改为滴加饱和氯化汞溶液，并充分搅拌。当出现微量朱红色沉淀不易溶解时，停止滴加氯化汞溶液。

另称取 60 g 氢氧化钾溶于水,并稀释至 250 mL,充分冷却至室温后,将该溶液在搅拌下,徐徐注入氢氧化钾溶液中,用水稀释至 400 mL,混匀。静置过夜。将上清液移入聚乙烯瓶中,密塞保存待用。

②称取 16 g 氢氧化钠,溶于 50 mL 水中,充分冷却至室温。另称取 7 g 碘化钾和 10 g 碘化汞溶于水,然后将该溶液在搅拌下徐徐注入氢氧化钠溶液中,用水稀释至 100 mL,贮于聚乙烯瓶中,密塞保存待用。

(2)酒石酸钾钠溶液:称取 50 g 酒石酸钾钠($KNaC_4H_4O_6 \cdot 4H_2O$)溶于 100 mL 水中,加热煮沸以去除氨,放冷,定容至 100 mL。

(3)铵标准储备液:称取 3.819 g 经 100 ℃ 干燥过的优级纯氯化铵(NH_4Cl)溶于水中,移入 1000 mL 容量瓶中,稀释至标线。此溶液每毫升含 1.00 mg 氨氮。

(4)铵标准使用液:移取 5.00 mL 铵标准储备液置于 500 mL 容量瓶中,用水稀释至标线。此溶液每毫升含 0.0100 mg 氨氮。

(5)硼酸溶液:称取 20 g 硼酸溶于水,稀释至 1 L。

(6)浓硫酸。

(7)溴百里酚蓝指示剂(Bromthymol Blue),$\rho = 0.5$ g/L:称取 0.05 g 溴百里酚蓝溶于 50 mL 水中,加入 10 mL 无水乙醇,用水稀释至 100 mL。

(8)氢氧化钠溶液,$c(NaOH) = 1$ mol/L。

(9)盐酸溶液,$c(HCl) = 1$ mol/L。

(10)轻质氧化镁。

2. 仪器和设备

(1)500～1000 mL 带有氮球的定氮蒸馏装置(如图 2-3 所示)。

(2)分光光度计。

(3)pH 计。

(4)比色管。

四、实验内容和步骤

1. 水样预处理

水样带色或浑浊以及含其他一些干扰物质时,会影响氨氮的测定,分析时需做适当的预处理。对较清洁的水,可采用絮凝沉淀法,对污染严重的水或工业废水,则以蒸馏法使之消除干扰。

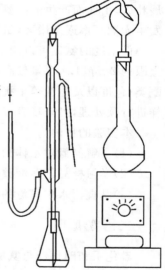

图 2-3　定氮蒸馏装置

1)絮凝沉淀法

取 100 mL 水样置于具塞量筒或比色管中,加入 10％(m/V)硫酸锌溶液 1 mL 和 25％氢氧化钠溶液 0.1～0.2 mL,调节 pH 值至 10.5 左右(可用浓硫酸回调),混匀。放置沉淀,用经无氨水充分洗涤过的中速滤纸过滤,并弃去初滤液 20 mL。

2)蒸馏法

取 250 mL 水样(如氨氮含量较高,可分取适量并加水至 250 mL,使氨氮含量不超过 2.5 mg,并在计算时乘以稀释倍数)移入 500 mL 凯氏烧瓶中,加数滴溴百里酚蓝指示剂,用 1 mol/L

氢氧化钠溶液或 1 mol/L 盐酸溶液调至 pH 值为 7 左右。加入 0.25 g 轻质氧化镁和数粒玻璃珠使混合液呈微碱性指示颜色；也可加入 pH＝9.5 的 $Na_4B_4O_7-NaOH$ 缓冲溶液使混合液呈弱碱性进行蒸馏；pH 值过高会促使有机氮水解，导致结果偏高。立即连接定氮球和冷凝管，导管下端插入装有 50 mL2%（m/V）硼酸吸收液的锥形瓶液面下。加热蒸馏至馏出液达 200 mL 时，停止蒸馏。定容至 250 mL，采用纳氏试剂光度法测定；较高浓度水样可采用硼酸吸收液直接滴定。

2. 定量分析

吸取 0.00 mL、0.10 mL、0.20 mL、0.50 mL、1.00 mL、1.50 mL 和 2.00 mL 铵标准使用液置于 10 mL 比色管中，加水至标线，加 0.5 mL 酒石酸钾钠溶液，摇匀。加 0.5 mL 纳氏试剂，混匀。放置 10 min 后，在波长 420 nm 处，用光程 20 mm 比色皿，以水为参比，测量吸光度。由测得的吸光度减去空白的吸光度后，得到的校正吸光度为函数，以氨氮含量（μg）为横坐标，用最小二乘法计算标准曲线的回归方程。将实验数据记录于表 2－18，并绘图说明。

表 2－18　标准溶液系列及样品测定

管号	0	1	2	3	4	5	样品	空白
铵标准使用液/mL	0.00							
$NH_3-N/\mu g$	0.00							
A	A_0：							
$A-A_0$								
线性回归方程：					决定系数 R^2：			

3. 水样的测定

预处理方式选择如下：①分取适量经絮凝沉淀预处理后的水样（使氨氮含量不超过 0.1 mg），加入 10 mL 比色管中，稀释至标线，加 0.5 mL 酒石酸钾钠溶液。以下同标准曲线的制作；②分取适量经蒸馏预处理后的馏出液 V（mL），加入 10 mL 比色管中，稀释至标线。加 0.5 mL 纳氏试剂，混匀（此时需保证溶液的 pH 值大于 10，否则，定容前要加一定量 1 mol/L 氢氧化钠溶液以中和硼酸）。放置 10 min 后，同标准曲线制作步骤测量吸光度。

4. 空白实验

以无氨水代替水样，经预处理做全程序空白测定。

五、实验数据处理

由水样测得的吸光度减去空白实验的吸光度后，用标准曲线计算出氨氮含量 m（μg）值，计算公示如下：

$$氨氮（mg/L）＝\frac{m}{V} \tag{2-26}$$

式中：m——由标准曲线查得的氨氮量，μg；

V——比色测定时，取水样的体积，mL。

六、注意事项

(1)蒸馏时应避免发生暴沸,否则可造成馏出液温度升高,氨吸收不完全。

(2)防止在蒸馏时产生泡沫,必要时加入少量石蜡碎片置于凯氏烧瓶中。

(3)水样如含余氯,则应加入适量 0.35% 硫代硫酸钠溶液,每 0.5 mL 可除去 0.25 mg 余氯。

(4)纳氏试剂中碘化汞与碘化钾的比例,对显色反应的灵敏度有较大影响。静置后生成的沉淀应去除。

七、思考题

(1)实验中试样的 pH 值经过哪几次变化?

(2)本实验中掩蔽剂(条件试剂)与显色剂(反应试剂)分别是什么,操作顺序有何要求?

(3)在纳氏试剂光度法中,试比较 50 mL(国标法)与 10 mL(本法)定容的异同。

实验 22　　水中总氮的测定(碱性过硫酸钾消解-紫外分光光度法)

一、实验意义和目的

水中总氮是指样品中溶解态氮及悬浮物中氮的总和,包括亚硝酸盐氮、硝酸盐氮、无机铵盐、溶解态氨及大部分有机含氮化合物中的氮。碱性过硫酸钾消解-紫外分光光度法适用于地表水、地下水、工业废水和生活污水中总氮的测定。当样品量为 10 mL 时,本方法的检出限为 0.05 mg/L,测定范围为 0.20~7.00 mg/L。碘离子含量比总氮含量高 2.2 倍以上,溴离子含量比总氮含量高 3.4 倍以上时,对测定亦会产生干扰。水样中的六价铬离子和三价铁离子对测定亦产生干扰,可加入 5% 盐酸羟胺溶液 1~2 mL 消除。

本实验的目的为:

(1)了解水体中氮元素的总量及其存在形式。

(2)学习水样的消解和总氮的紫外分光光度法测定。

二、实验原理

在 120~124 ℃下,碱性过硫酸钾溶液可使样品中含氮化合物中的氮转化为硝酸盐,采用紫外分光光度法在波长 220 nm 和 275 nm 处,分别测定吸光度 A_{220} 和 A_{275},按式(2-27)计算校正吸光度 A,总氮(以 N 计)含量与校正吸光度 A 成正比。

$$A = A_{220} - 2A_{275} \tag{2-27}$$

三、实验仪器、设备和材料

1. 试剂和材料

分析时均使用符合国家标准的分析纯试剂,实验用水为无氨水。

(1)氢氧化钠(NaOH):含氮量应小于 0.0005%。

(2)过硫酸钾($K_2S_2O_8$):含氮量应小于 0.0005%。

(3)硝酸钾(KNO_3):基准试剂或优级纯。在 105～110 ℃下烘干 2 h,在干燥器中冷却至室温。

(4)浓盐酸,$\rho(HCl)=1.19$ g/mL。

(5)浓硫酸,$\rho(H_2SO_4)=1.84$ g/mL。

(6)(1+9)盐酸溶液。

(7)(1+35)硫酸溶液。

(8)氢氧化钠溶液,$\rho(NaOH)=200$ g/L:称取 20.0 g 氢氧化钠溶于少量水中,稀释至 100 mL。

(9)氢氧化钠溶液,$\rho(NaOH)=20$ g/L:量取 200 g/L 氢氧化钠溶液 10.0 mL,用水稀释至 100 mL。

(10)碱性过硫酸钾溶液:称取 40.0 g 过硫酸钾溶于 600 mL 水中(可置于 50 ℃ 水浴中加热至全部溶解);另称取 15.0 g 氢氧化钠溶于 300 mL 水中。待氢氧化钠溶液温度冷却至室温后,混合两种溶液定容至 1000 mL,存放于聚乙烯瓶中,可保存一周。

(11)硝酸钾标准储备液,$\rho(N)=100$ mg/L:称取 0.7218 g 硝酸钾溶于适量水中,移至 1000 mL 容量瓶,用水稀释至标线,混匀。加入 1～2 mL 三氯甲烷作为保护剂,在 0～10 ℃暗处保存,可稳定 6 个月。也可直接购买市售有证标准溶液。

(12)硝酸钾标准使用液,$\rho(N)=10.0$ mg/L:量取 100 mg/L 硝酸钾标准储备液 10.00 mL 至 100 mL 容量瓶中,用水稀释至标线,混匀,临用现配。

2. 仪器和设备

(1)紫外分光光度计:具 10 mm 石英比色皿。

(2)高压蒸汽灭菌器:最高工作压力不低于 1.1～1.4 kg/cm²,最高工作温度不低于 120～124 ℃。

(3)具塞磨口玻璃比色管,25 mL。

(4)一般实验室常用仪器和设备。

四、实验内容与步骤

1. 实验样品

将采集好的样品贮存在聚乙烯瓶或硬质玻璃瓶中,用浓硫酸调节 pH 至 1～2,常温下可保存 7 d;若贮存在聚乙烯瓶中,−20 ℃冷冻,可保存一个月。

测定前,取适量样品用 20 g/L 氢氧化钠溶液或(1+35)硫酸溶液调节 pH 至 5～9,待测。

2. 实验分析

1)校准曲线的绘制

分别量取 10.0 mg/L 硝酸钾标准使用液 0.00 mL、0.20 mL、0.50 mL、1.00 mL、3.00 mL 和 7.00 mL 置于 25 mL 具塞磨口玻璃比色管中,其对应的总氮(以 N 计)含量分别为 0.00 μg、2.00 μg、5.00 μg、10.0 μg、30.0 μg 和 70.0μg。加水稀释至 10.00 mL,再加入 5.00 mL 碱性过硫酸钾溶液,塞紧管塞,用纱布和线绳扎紧管塞,以防弹出。将比色管置于高压蒸汽灭菌器中,加热至顶压阀吹气,关阀,继续加热至 120 ℃开始计时,保持温度在 120～124 ℃之间 30 min。

自然冷却、开阀放气,移去外盖,取出比色管冷却至室温,按住管塞将比色管中的液体颠倒混匀 2～3 次。

【注意】若比色管在消解过程中出现管口或管塞破裂,应重新取样分析。

向每个比色管分别加入 1.0 mL(1+9)盐酸溶液,用水稀释至 25 mL 标线,盖塞混匀。放入 10 mm 石英比色皿,在紫外分光光度计上,以水作为参比,分别于波长 220 nm 和 275 nm 处测定吸光度。零浓度的校正吸光度 A_b,其他标准系列的校正吸光度 A_s 及其差值 A_r 按式(2-28)、(2-29)和(2-30)进行计算。以总氮(以 N 计)含量(μg)为横坐标,对应的 A_r 值为纵坐标,绘制校准曲线。

$$A_b = A_{b220} - 2A_{b275} \tag{2-28}$$

$$A_s = A_{s220} - 2A_{s275} \tag{2-29}$$

$$A_r = A_s - A_b \tag{2-30}$$

式中:A_b——零浓度(空白)溶液的校正吸光度;

A_{b220}——零浓度(空白)溶液于波长 220 nm 处的吸光度;

A_{b275}——零浓度(空白)溶液于波长 275 nm 处的吸光度;

A_s——标准溶液的校正吸光度;

A_{s220}——标准溶液于波长 220 nm 处的吸光度;

A_{s275}——标准溶液于波长 275 nm 处的吸光度;

A_r——标准溶液校正吸光度与零浓度(空白)溶液校正吸光度的差。

2)样品测定

量取 10.00 mL 待测试样置于 25 mL 具塞磨口玻璃比色管中,比照校准曲线绘制步骤进行测定。

【注意】试样中的含氮量超过 70 μg 时,可减少取样量并加水稀释至 10.00 mL。

3)空白试验

用 10.00 mL 水代替试样,按照样品测定步骤进行测定。

五、实验数据处理

参照式(2-28)～(2-30)计算试样校正吸光度、空白试验校正吸光度差值 A_r 和样品中总氮的质量浓度,ρ(mg/L)按公式(2-31)进行计算。

$$\rho = \frac{(A_r - a) \times f}{bV} \tag{2-31}$$

式中:ρ——样品中总氮(以 N 计)的质量浓度,mg/L;

A_r——试样的校正吸光度与空白试验校正吸光度的差值;

a——校准曲线的截距;

b——校准曲线的斜率;

V——试样体积,mL;

f——稀释倍数。

六、注意事项

(1)当测定结果小于 1.00 mg/L 时,保留到小数点后 2 位;大于等于 1.00 mg/L 时,保留

3 位有效数字。

（2）某些含氮有机物在本标准规定的测定条件下不能完全转化为硝酸盐。

（3）在碱性过硫酸钾溶液配制过程中，温度过高会导致过硫酸钾分解失效，因此要控制水浴温度在 60 ℃以下，而且应待氢氧化钠溶液温度冷却至室温后，再将其与过硫酸钾溶液混合、定容。

七、思考题

（1）紫外分光光度计与可见光分光光度计的区别在哪里？

（2）测定水中总氮时，为什么要在两个波长下测定吸光度？

实验 23　农药草甘膦含量的测定

一、实验意义和目的

（1）熟练掌握紫外分光光度计的原理及其使用方法。

（2）学会利用紫外分光光度计测定草甘膦的含量。

二、实验原理

草甘膦（Glyphosate），学名 N -（膦酰基甲基）甘氨酸，化学式为 $C_3H_8NO_5P$，结构式如图 2-4 所示。草甘膦是一种除草活性最强的有机磷农药，具有杀草广谱，能有效控制危害最大的 76 种杂草；杀草力强，能防除一些其他除草剂难以杀灭的多年生深根恶性杂草。同时，草甘膦还有低毒、易分解、无残留等优点。草甘膦的含量决定了该农药的作用，因此，测定草甘膦的含量有着重要而现实的意义。

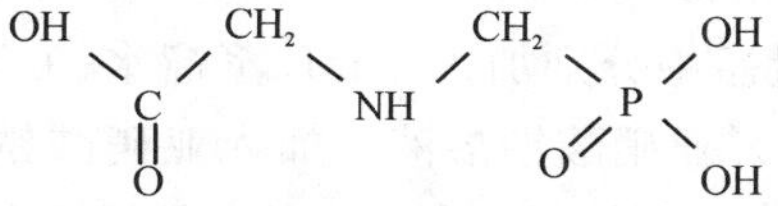

图 2-4　草甘膦结构式

本实验采用紫外分光光度法测定草甘膦的含量，原理为：草甘膦与亚硝酸钠反应生成草甘膦的亚硝基化衍生物：N -亚硝基-N -膦羧甲基甘氨酸，反应式如图 2-5 所示。该化合物的紫外最大吸收波长（λ_{max}）为 243 nm，可采用紫外分光光度法直接进行测定。

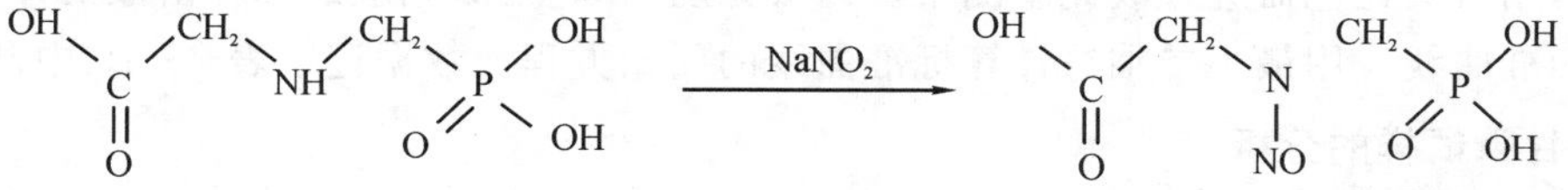

图 2-5　草甘膦的反应式

三、实验仪器、设备和材料

1. 试剂和材料

所用试剂均为分析纯试剂。

(1)浓盐酸。

(2)(1+1)硫酸溶液。

(3)25%溴化钾溶液。

(4)1.5%亚硝酸钠溶液,临用现配。

(5)草甘膦标样:含量≥99.8%。

实验用水均为蒸馏水或相应纯度的水。

2.仪器和设备

(1)紫外分光光度计。

(2)10 mm 石英比色皿。

(3)1 mL、2 mL、5 mL 刻度吸量管。

(4)电热板或电炉。

四、实验内容和步骤

1.标准曲线的绘制

1)草甘膦标准溶液的配制

准确称取 0.3 g 草甘膦标准样品(精确至 0.0001 g,记为 m_1),转移至 100 mL 烧杯中,加 50 mL 水、1 mL 浓盐酸,搅拌均匀。将烧杯置于电热板或电炉上,用玻璃棒边搅拌边缓缓加热至草甘膦固体完全溶解,冷却至室温。将上述溶液转移至 250 mL 容量瓶中,用 15 mL 水荡洗烧杯 3 次,荡洗液倾倒至容量瓶中,用水稀释至刻度,摇匀,制成草甘膦标准溶液。

2)草甘膦的亚硝基化

准确吸取上述草甘膦标准溶液 0.0 mL、0.7 mL、1.0 mL、1.3 mL、1.6 mL、1.9 mL 置于 6 个 100 mL 容量瓶中,在各容量瓶中分别加入 5 mL 蒸馏水、0.5 mL(1+1)硫酸溶液,0.1 mL 25%溴化钾溶液及 0.5 mL1.5%亚硝酸钠溶液。加入亚硝酸钠溶液后应立即将塞子塞紧,充分摇匀,放置 20 min(反应时温度不低于 15 ℃)。用水稀释至刻度,摇匀,最后将塞子打开,放置 15 min。

3)标准曲线的绘制

接通紫外分光光度计的电源,开启氘灯预热 20 min,调整波长在 243 nm 处,以试剂空白作为参比,用石英比色皿进行吸光度测量。以吸光度为纵坐标,相应的标样溶液的体积为横坐标,绘制标准曲线。用最小二乘法计算标准曲线的回归方程。数据记于表 2-19 中。

2.草甘膦试样的分析

准确称取 0.5 g 草甘膦试样(精确至 0.0001 g,记为 m_2),转移至 100 mL 烧杯中,加 50 mL水及 1 mL 浓盐酸,搅拌均匀。将烧杯置于电热板或电炉上,用玻璃棒搅拌,缓慢加热并保持微沸 5 min 后,用快速滤纸过滤,仔细冲洗滤纸,合并滤液和洗涤液至 250 mL 容量瓶中,冷却至室温,用水稀释至刻度,摇匀。

分别精确吸取 1.0 mL 试样溶液(V_2)置于 2 个 100 mL 容量瓶中,其中一份用水稀释至刻度,摇匀。以蒸馏水作为参比,测定试样本身的吸光度(A_0)。另一份按实验内容和步骤中第 1 部分第 2 条进行亚硝基化显色反应,并在 243 nm 处测定吸光度(A_1)。测得的吸光度(A_1)扣除试样本身的吸光度(A_0)即为试样中草甘膦吸光度(A_2)。

五、实验数据处理

根据实验内容测得的吸光度值及溶液体积,绘制标准曲线,相应数据填入表 2 - 19。并用最小二乘法计算标准曲线的回归方程。

表 2 - 19　测得的吸光度值及溶液体积

系列编号	1	2	3	4	5	6	样品
加入的草甘膦标准溶液/mL	0.0	0.70	1.00	1.30	1.60	1.90	—
定容/100 mL	在各容量瓶中分别加入 5 mL 蒸馏水、0.5 mL(1+1)硫酸溶液、0.1 mL 25%溴化钾溶液及 0.5 mL 1.5%亚硝酸钠溶液。						
A							A_1:
线性回归方程:				决定系数 R^2:			

草甘膦百分含量 ω 计算采用如下公式:

$$\omega = \frac{\rho_1 V_1}{\rho_2 V_2} \times 100\% \qquad (2-32)$$

$$\rho_1 = m_1 \times \frac{1000}{250} \qquad (2-33)$$

$$\rho_2 = m_2 \times \frac{1000}{250} \qquad (2-34)$$

式中:ρ_1——草甘膦标样溶液中草甘膦的质量浓度,mg/ mL;

　　　ρ_2——草甘膦试样溶液中草甘膦的质量浓度,mg/ mL;

　　　m_1——草甘膦标样的质量,g;

　　　m_2——草甘膦试样的质量,g;

　　　V_1——草甘膦试样的吸光度(A_2)相对应的标准溶液的体积,mL;

　　　V_2——吸取草甘膦试样溶液的体积,1.0 mL。

六、注意事项

(1)草甘膦标准溶液的存储时间不得超过 15 天。

(2)比色皿用完后用 50%硝酸溶液洗涤。

七、思考题

草甘膦的亚硝基化过程中为什么要加溴化钾溶液?

实验 24　水中石油类和动植物油类的测定（红外分光光度法）

一、实验意义和目的

总油（total oil）是指能够被四氯化碳萃取且在波数为 2930 cm^{-1}、2960 cm^{-1}、3030cm^{-1} 全部或部分谱带处有特征吸收的物质，主要包括石油类和动植物油类。红外分光光度法适用于地表水、地下水、工业废水和生活污水中石油类和动植物油类的测定。当样品体积为 1000 mL，萃取液体积为 25 mL，使用 40 mm 比色皿时，检出限为 0.01 mg/L，测定下限为 0.04 mg/L；当样品体积为 500 mL，萃取液体积为 50 mL，使用 4 cm 比色皿时，检出限为 0.04 mg/L，测定下限为 0.16 mg/L。

石油类（petroleum）是能够被四氯化碳萃取且不被硅酸镁吸附的物质。动植物油类（animal and vegetable oils）指在一定条件下，能够被四氯化碳萃取且被硅酸镁吸附的物质。当萃取物中含有非动植物油类的极性物质时，应在测试报告中予以说明。

本实验的目的为：

（1）了解油类的红外光谱特征。

（2）学习石油类和动植物油的分析测定。

二、实验原理

用四氯化碳萃取样品中的油类物质，测定总油，然后将萃取液用硅酸镁吸附，除去动植物油类等极性物质后，测定石油类。总油和石油类的含量均由波数分别为 2930 cm^{-1}（CH_2 基团中 C—H 键的伸缩振动）、2960 cm^{-1}（CH_3 基团中的 C—H 键的伸缩振动）和 3030 cm^{-1}（芳香环中 C—H 键的伸缩振动）谱带处的吸光度 A_{2930}、A_{2960}、A_{3030} 进行计算，其差值为动植物油类浓度。

三、实验仪器、设备和材料

1. 试剂和材料

（1）盐酸（HCl），$\rho=1.19$ g/mL：优级纯。

（2）正十六烷：光谱纯。

（3）异辛烷：光谱纯。

（4）苯：光谱纯。

（5）四氯化碳：在 2800～3100 cm^{-1} 范围内扫描，不应出现锐峰，其吸光度值应不超过 0.12（40mm 比色皿、空气池作为参比）。

（6）无水硫酸钠：在 550 ℃下加热 4 h，冷却后装入磨口玻璃瓶中，置于干燥器内贮存。

（7）硅酸镁，60～100 目：取硅酸镁置于瓷蒸发皿中，并在马弗炉内 550 ℃下加热 4 h，在炉内冷却至约 200 ℃后，移入干燥器中冷却至室温，于磨口玻璃瓶内保存。使用时，称取适量的硅酸镁置于磨口玻璃瓶中，根据硅酸镁的重量，按 6% 比例加入适量的蒸馏水，密塞并充分振荡数分钟，放置约 12 h 后使用。

（8）石油类标准储备液，$\rho=1000$ mg/L：可直接购买市售有证标准溶液。

(9)正十六烷标准储备液,$\rho=1000$ mg/L:称取 0.1000 g 正十六烷置于 100 mL 容量瓶中,用四氯化碳定容,摇匀。

(10)异辛烷标准储备液,$\rho=1000$ mg/L:称取 0.1000 g 异辛烷置于 100 mL 容量瓶中,用四氯化碳定容,摇匀。

(11)苯标准储备液,$\rho=1000$ mg/L:称取 0.1000 g 苯置于 100 mL 容量瓶中,用四氯化碳定容,摇匀。

(12)吸附柱:内径 10 mm,长约 200 mm 的玻璃柱。出口处填塞少量用四氯化碳浸泡并晾干后的玻璃棉,将硅酸镁缓缓倒入玻璃柱中,边倒边轻轻敲打,填充高度约为 80 mm。

2. 仪器和设备

(1)红外分光光度计:能在 $3400\sim2400$ cm^{-1} 范围内进行扫描。

(2)旋转振荡器:振荡频数可达 300 次/min。

(3)分液漏斗:1000 mL、2000 mL,聚四氟乙烯旋塞。

(4)玻璃砂芯漏斗:40 mL,G-1 型。

(5)锥形瓶:100 mL,具塞磨口。

(6)样品瓶:500 mL、1000 mL,棕色磨口玻璃瓶。

(7)量筒:1000 mL、2000 mL。

(8)一般实验室常用器皿和设备。

四、实验内容和步骤

1. 样品采集

用 1000 mL 样品瓶采集地表水和地下水,用 500 mL 样品瓶采集工业废水和生活污水。采集好样品后,加入盐酸酸化至 pH≤2。

如样品不能在 24 h 内测定,应在 $2\sim5$ ℃下冷藏保存,3 d 内测定。

2. 试样的制备

1)地表水和地下水

将样品全部转移至 2000 mL 分液漏斗中,量取 25.0 mL 四氯化碳洗涤样品瓶后,全部转移至分液漏斗中。振荡 3 min,并经常开启旋塞排气,静置分层后,将下层有机相转移至已加入 3 g 无水硫酸钠的具塞磨口锥形瓶中,摇动数次。如果无水硫酸钠全部结晶成块,需要补加无水硫酸钠,静置。将上层水相全部转移至 2000 mL 量筒中,测量样品体积并记录。

向萃取液中加入 3 g 硅酸镁,置于旋转振荡器上,以 $180\sim200$ r/min 的速度连续振荡 20 min,静置沉淀后,上清液经玻璃砂芯漏斗过滤至具塞磨口锥形瓶中,用于测定石油类。动植物油类的测定同工业废水和生活污水的测定。

2)工业废水和生活污水

用 500 mL 样品瓶采集的工业废水和生活污水的测定方法同地表水和地下水的测定。选择 1000 mL 分液漏斗和 50.0 mL 四氯化碳萃取,并以 5 g 无水硫酸钠脱水干燥。将上层水相全部转移至 1000 mL 量筒中,测量样品体积并记录。

萃取液分为两份:一份直接用于测定总油;另一份加入 5 g 硅酸镁,置于旋转振荡器上,以

$180\sim200$ r/min 的速度连续振荡 20 min,静置沉淀后,上清液经玻璃砂芯漏斗过滤至具塞磨口锥形瓶中,用于测定石油类。

石油类和动植物油类的吸附分离也可采用吸附柱法,即取适量的萃取液通过硅酸镁吸附柱,弃去前 5 mL 滤出液,余下部分接入锥形瓶中,用于测定石油类。

3)空白试样的制备

以实验用水代替样品,按照试样的制备步骤制备空白试样。

3. 分析步骤

1)校正系数的测定

分别量取 2.00 mL 正十六烷标准储备液、2.00 mL 异辛烷标准储备液和 10.00 mL 苯标准储备液置于 3 个 100 mL 容量瓶中,用四氯化碳定容至标线,摇匀。正十六烷、异辛烷和苯标准溶液的浓度分别为 20 mg/L、20 mg/L 和 100 mg/L。

用四氯化碳作为参比溶液,使用 40 mm 比色皿,分别测定正十六烷、异辛烷和苯标准溶液在 2930 cm^{-1}、2960 cm^{-1}、3030 cm^{-1} 处的吸光度 A_{2930}、A_{2960}、A_{3030}。正十六烷、异辛烷和苯标准溶液在上述波数处的吸光度均符合式(2-35),由此得出的联立方程式经求解后,可分别得到相应的校正系数 X,Y,Z 和 F。

$$\rho = X \cdot A_{2930} + Y \cdot A_{2960} + Z \cdot \left[A_{3030} - \frac{A_{2930}}{F}\right] \qquad (2-35)$$

式中:ρ——四氯化碳中总油的含量,mg/L;

A_{2930}、A_{2960}、A_{3030}——各对应波数下测得的吸光度;

X、Y、Z——与各种 C—H 键吸光度相对应的系数;

F——脂肪烃对芳香烃影响的校正因子,即正十六烷在 2930 cm^{-1} 与 3030 cm^{-1} 处的吸光度之比。

对于正十六烷和异辛烷,由于其芳香烃含量为零,即

$$A_{3030} - \frac{A_{2930}}{F} = 0$$

则有

$$F = \frac{A_{2930}(\mathrm{H})}{A_{3030}(\mathrm{H})} \qquad (2-36)$$

$$\rho(\mathrm{H}) = X \cdot A_{2930}(\mathrm{H}) + Y \cdot A_{2960}(\mathrm{H}) \qquad (2-37)$$

$$\rho(\mathrm{I}) = X \cdot A_{2930}(\mathrm{I}) + Y \cdot A_{2960}(\mathrm{I}) \qquad (2-38)$$

由式(2-36)可得 F 值,式(2-37)和(2-38)可得 X 和 Y 值。

对于苯,则由式(2-39)可得 Z 值,即

$$\rho(\mathrm{B}) = X \cdot A_{2930}(\mathrm{B}) + Y \cdot A_{2960}(\mathrm{B}) + Z \cdot \left[A_{3030}(\mathrm{B}) - \frac{A_{2930}(\mathrm{B})}{F}\right] \qquad (2-39)$$

式中:$\rho(\mathrm{H})$——正十六烷标准溶液的浓度,mg/L;

$\rho(\mathrm{I})$——异辛烷标准溶液的浓度,mg/L;

$\rho(\mathrm{B})$——苯标准溶液的浓度,mg/L。

$A_{2930}(\mathrm{H})$、$A_{2960}(\mathrm{H})$、$A_{3030}(\mathrm{H})$——各对应波数下测得正十六烷标准溶液的吸光度;

$A_{2930}(\mathrm{I})$、$A_{2960}(\mathrm{I})$、$A_{3030}(\mathrm{I})$——各对应波数下测得异辛烷标准溶液的吸光度;

A_{2930}(B)、A_{2960}(B)、A_{3030}(B)——各对应波数下测得苯标准溶液的吸光度。

注意:红外分光光度计出厂时如果设定了校正系数,可以直接进行校正系数的检验。

2)样品测定

(1)总油的测定。

将未经硅酸镁吸附的萃取液转移至 40 mm 比色皿中,以四氯化碳作为参比溶液,于 2930 cm^{-1}、2960 cm^{-1}、3030 cm^{-1} 处测量其吸光度 A_{1-2930}、A_{1-2960}、A_{1-3030},计算总油的浓度。

(2)石油类浓度的测定。

将经硅酸镁吸附后的萃取液转移至 40 mm 比色皿中,以四氯化碳作为参比溶液,于 2930 cm^{-1}、2960 cm^{-1}、3030 cm^{-1} 处测量其吸光度 A_{2-2930}、A_{2-2960}、A_{2-3030},计算石油类的浓度。

(3)动植物油类浓度的测定。

总油浓度与石油类浓度之差即为动植物油类浓度。

注意:当萃取液中油类化合物浓度大于仪器的测定上限时,应在硅酸镁吸附前稀释萃取液。

3)空白试验

以空白试样代替试样,按照与测定相同步骤进行测定。

五、实验数据处理

1. 总油的浓度

样品中总油的浓度 ρ_1(mg/L)按照式(2-40)进行计算。

$$\rho_1 = X \cdot A_{1-2930} + Y \cdot A_{1-2960} + Z \cdot \left[A_{1-3030} - \frac{A_{1-2930}}{F} \right] \cdot \frac{V_0 \cdot D}{V_w} \qquad (2-40)$$

式中:ρ_1——样品中总油的浓度,mg/L;

X、Y、Z、F——校正系数;

A_{1-2930}、A_{1-2960}、A_{1-3030}——各对应波数下测得萃取液的吸光度;

V_0——萃取溶剂的体积,mL;

V_w——样品体积,mL;

D——萃取液稀释倍数。

2. 石油类的浓度

样品中石油类的浓度 ρ_2(mg/L)按式(2-41)进行计算。

$$\rho_2 = X \cdot A_{2-2930}(B) + Y \cdot A_{2-2960} + Z \cdot \left[A_{2-3030} - \frac{A_{2-2930}}{F} \right] \cdot \frac{V_0 \cdot D}{V_w} \qquad (2-41)$$

式中:ρ_2——样品中石油类的浓度,mg/L;

A_{2-2930}、A_{2-2960}、A_{2-3030}——各对应波数下测得经硅酸镁吸附后滤出液的吸光度;

其他参数意义同式(2-40)。

3. 动植物油类的浓度

样品中动植物油类的浓度 ρ_3(mg/L)按式(2-42)计算。

$$\rho_3 = \rho_1 - \rho_2 \qquad (2-42)$$

式中:ρ_3——样品中动植物油类的浓度,mg/L。

4. 结果表示

当测定结果小于 10 mg/L 时,结果保留 2 位小数;当测定结果大于等于 10 mg/L 时,结果保留 3 位有效数字。

六、注意事项

(1)四氯化碳毒性较大,所有操作应在通风橱内进行。样品分析过程中产生的四氯化碳废液应存放于密闭容器中,妥善处理。

(2)萃取液经硅酸镁吸附剂处理后,由极性分子构成的动植物油类被吸附,而非极性的石油类不被吸附,某些含有如羰基、羟基的非动植物油类的极性物质同时也被吸附,当样品中明显含有此类物质时,应在测试报告中加以说明。

七、思考题

(1)红外光谱与紫外可见光谱的能级分别对应何种分子运动?
(2)如何利用红外光谱鉴定化合物的结构?

实验 25 水中总有机碳的测定

一、实验意义和目的

总有机碳(Total Organic Carbon,TOC)是以碳的含量表示水体中有机物质总量的综合指标。燃烧氧化-非分散红外吸收方法是将有机物全部氧化成二氧化碳来指示碳含量。在水中挥发性有机物含量较高时,宜用差减法测定;当水中挥发性有机物含量较少而无机碳含量相对较高时,宜用直接法测定。总有机碳(TOC)的测定广泛适用于地表水、地下水、生活污水和工业废水,检出限为 0.1 mg/L,测定下限为 0.5 mg/L。在低浓度 COD 无法保证测定的情况下,TOC 表现出很高的测试精密度和灵敏度。受进样方式的限制,总有机碳(TOC)测定结果不包括全部颗粒态有机碳。

本实验的目的为:
(1)掌握燃烧氧化-非分散红外吸收法测定总有机碳的原理和方法。
(2)掌握 TOC 分析仪的操作方法。

二、实验原理

水样中总有机碳常采用差减法和直接法测定。差减法是将试样连同净化气体分别导入高温燃烧管和低温反应管中,经高温燃烧管的水样受高温催化氧化,其中的有机化合物和无机碳酸盐均转化为二氧化碳。而经低温反应管的水样被酸化后,其中的无机碳酸盐分解成二氧化碳,将两种反应管中生成的二氧化碳分别导入非分散红外检测器。在特定的波长下,一定浓度范围内二氧化碳的红外吸收强度(响应值)与其浓度成正比,由此可对水中的总碳(total carbon,TC)和无机碳(Inorganic Carbon,IC)进行定量测定。总碳和无机碳的差值,即为总有机碳。

直接法测定总有机碳的原理为:试样经酸化曝气后,其中的无机碳转化为二氧化碳被去除,再将试样注入高温燃烧管中,可以直接测得总有机碳。由于酸化曝气时会损失可吹扫有机碳(Purgeable Organic Carbon,POC),故测得的总有机碳值为不可吹扫有机碳(Non-Purgeable Organic Carbon,NPOC)。

三、实验仪器、设备和材料

1. 试剂和材料

(1)地表水、地下水、工业废水或生活污水。

(2)无二氧化碳蒸馏水:将重蒸馏水煮沸蒸发,待蒸发损失量达到 10% 为止。冷却后备用。配制标准溶液时均使用无水二氧化碳蒸馏水。

(3)浓硫酸,$\rho = 1.84$ g/mL:分析纯。

(4)邻苯二甲酸氢钾:优级纯。

(5)无水碳酸钠:优级纯。

(6)碳酸氢钠:优级纯。

(7)氢氧化钠溶液,$\rho = 10$ g/L。

(8)有机碳标准储备液,$\rho = 400$ mg/L:称取在 $110 \sim 120$ ℃ 干燥至恒重的邻苯二甲酸氢钾 0.8502 g,置于烧杯中,加水溶解。然后转移到 1000 mL 容量瓶中,用水稀释到刻度,混匀。该标准储备液在 4 ℃ 冷藏条件下可保存约两个月。

(9)无机碳标准储备液,$\rho = 400$ mg/L:准确称量预先在 105 ℃ 干燥至恒重的无水碳酸钠 1.7634 g 和预先在干燥器内干燥的碳酸氢钠 1.400 g,置于烧杯中,加水溶解后,转移到 1000 mL 容量瓶中,加水稀释到刻度,混匀。在 4 ℃ 冷藏条件下可稳定保存约两周。

(10)差减法标准使用液(总碳 200 mg/L,无机碳 100 mg/L):分别准确移取 50.00 mL 有机碳标准储备液和无机碳标准储备液,置于 200 mL 容量瓶中,用水稀释至刻度,混匀。在 4 ℃ 冷藏条件下可稳定保存一周。

(11)载气:氮气或氧气,纯度大于 99.99%。

2. 仪器和设备

(1)非分散红外吸收 TOC 分析仪。

(2)微量注射器:$0 \sim 50$ μL。

四、实验内容和步骤

1. 水样采集

水样采集后存放在棕色玻璃瓶中,并应充满采样瓶,不留顶空。水样采集后应在 24 h 内测定,否则应加入硫酸将水样酸化至 pH≤2,在 4 ℃ 冷藏,7 d 内测定。

2. 标准曲线参数的测定

在一组 7 个 100 mL 容量瓶中,分别加入 0.00 mL、2.00 mL、5.00 mL、10.00 mL、20.00 mL、40.00 mL、100.00 mL 差减法标准使用液,用水稀释至标线,混匀。配制成总碳浓度为 0.0 mg/L、4.00 mg/L、10.0 mg/L、20.0 mg/L、40.0 mg/L、80.0 mg/L、200.0 mg/L 和无机碳浓度为 0.0 mg/L、2.00 mg/L、5.00 mg/L、10.0 mg/L、20.0 mg/L、40.0 mg/L、100.0 mg/L 的系列标准溶液,用 TOC 分析仪测定其响应值。

3. 空白实验

用无二氧化碳水代替试样,测定其响应值。每次试验应先检测无二氧化碳水的 TOC 含量,测定值不应超过 0.5 mg/L。

4. 水样的测定

经酸化的水样在测定前应用氢氧化钠溶液调至中性。取一定体积注入 TOC 分析仪进行测定,记录相应的响应值。

五、实验数据处理

1. 标准曲线与线性回归方程

将标准曲线参数测定结果记录于表 2-20 中,以标准系列溶液浓度对应的仪器响应值,分别绘制总碳和无机碳标准曲线,获得线性回归方程记录于表 2-20 中。

表 2-20　标准曲线数据记录表

总碳		无机碳	
浓度/(mg/L)	响应值	浓度/(mg/L)	响应值
0.0		0.0	
4.00		2.00	
10.0		5.00	
20.0		10.0	
40.0		20.0	
80.0		40.0	
200.0		100.0	
线性回归方程 决定系数 R^2		线性回归方程 决定系数 R^2	

2. 样品 TOC 的计算

根据所测试样品的响应值,由标准曲线的线性回归方程计算出总碳和无机碳的浓度。由下式计算出试样中的有机碳浓度,记录于表 2-21 中。

$$TOC(mg/L) = TC - IC \tag{2-43}$$

式中:TOC——试样总有机碳浓度,mg/L;

　　TC——试样总碳浓度,mg/L;

　　IC——试样无机碳浓度,mg/L。

表 2-21　实验数据记录表

样品号	TC/(mg/L)	IC/(mg/L)	TOC/(mg/L)
1			
2			
3			
4			

六、思考题

(1)无机碳的测定中有哪些注意事项?

(2)若采集的水样经酸化低温冷藏,是否会影响实验结果的准确性?

实验 26　原子吸收光谱法测定环境样品中的重金属

一、实验意义和目的

随着经济的高速发展,环境污染日益严重,工业"三废"及城市生活废弃物的排放、含重金属的农药及化肥的不合理施用,使土壤受到了重金属的严重污染。重金属在环境中不会降解消失,却可以被生物所富集。土壤被重金属污染后,生长于其上的农作物和其他植物中往往存在明显的重金属积累现象。植物吸收重金属的器官主要是根,当空气中存在重金属污染时,植物的叶也能够吸收一部分。重金属进入植物体内后,主要富集在吸收器官,同时也会向其他部位转移。因此,在土壤-粮食体系中,重金属不仅会污染土壤,也会污染粮食作物,影响其产量与品质,更可能通过食物链直接或间接地进入人体,危害人体健康。因此,研究重金属在土壤-粮食体系中的迁移,可以评价土壤污染与粮食安全的关系,也可以了解重金属在土壤-植物体系中的一些迁移转化信息。

本实验的目的为:

(1)分析土壤与粮食中部分重金属的含量。

(2)了解重金属在土壤-粮食体系中的分布和迁移特征。

二、实验原理

采集 3 个不同地点的旱田作物及其各自生长环境的土壤样品,分别进行消解,将各种形态的重金属转化成为溶液中的离子形态,用原子吸收分光光度法测定,确定土壤与粮食中部分重金属的含量。通过对比分析土壤和作物中重金属的含量,探讨重金属在土壤-粮食体系中的分布和迁移特征。

三、实验仪器、设备和材料

1. 试剂和材料

(1)硝酸:优级纯。

(2)硫酸:优级纯。

(3)高氯酸:优级纯。

(4)铅标准储备液,$\rho=1.00$ mg/mL:准确称取 0.5000 g 光谱纯铅,用适量的(1+1)硝酸溶解,必要时加热直至溶解完全。用去离子水稀释至 500.0 mL。

(5)锌标准储备液,$\rho=1.00$ mg/mL:准确称取 0.5000 g 光谱纯锌,用适量的(1+1)硝酸溶解,必要时加热直至溶解完全。用去离子水稀释至 500.0 mL。

(6)铜标准储备液,$\rho=1.00$ mg/mL:准确称取 0.5000 g 光谱纯铜,用适量的(1+1)硝酸溶解,必要时加热直至溶解完全。用去离子水稀释至 500.0 mL。

(7)镉标准储备液,$\rho=1.00$ mg/mL:准确称取 0.5000 g 光谱纯镉,用适量的(1+1)硝酸溶解,必要时加热直至溶解完全。用去离子水稀释至 500.0 mL。

(8)混合标准溶液:用 0.2%硝酸稀释 4 种金属标准储备液配制而成,使配成的混合标准溶液中镉、铜、铅和锌质量浓度分别为 10.0 μg/mL、50.0 μg/mL、100.0 μg/mL 和10.0 g/ mL。

2. 仪器和设备

(1)原子吸收分光光度计:配有火焰原子化器,铅、锌、铜、镉空心阴极灯等。

(2)电热板。

(3)恒温箱。

四、实验内容和步骤

1. 粮食及土壤样品的采集与制备

粮食选择旱田作物,如小麦、玉米、大豆、高粱等。在作物成熟期,从 3 个不同的农田分别采集一定量的粮食样品(麦穗、玉米棒、豆荚、高粱穗等),同步采集足够量此粮食作物根系的耕作层土壤(0～20 cm)。

将粮食样品经自然风干后仔细脱粒,取其籽实部分(即可食用部分),在 60 ℃恒温箱内烘干至恒重,用生物碎样机将籽实粉碎,混匀,装瓶备用。

将采集的土壤倒在塑料薄膜上,晒至半干状态,将土块压碎,除去残根、杂物,铺成薄层,并经常翻动,在阴凉处使其慢慢风干。风干土样用有机玻璃棒或木棒研碎后,过 2 mm 尼龙筛,去掉 2 mm 以上的沙砾和植物残体。将上述风干细土反复按四分法弃去,最后约留下 100 g 土样,再进一步磨细,通过 60 目筛,装于瓶中(注意在制备过程中不要被玷污)。取 20～30 g 土样,装入瓶中,在 105 ℃下烘干至恒重。

2. 粮食样品的消解

采用湿法消解处理粮食样品。准确称取 1.00～5.00 g(根据待测元素含量而定)经烘箱恒重过的粮食样品两份(平行样),分别置于 150 mL 高型硬质烧杯中,加 5～20 mL 浓硝酸,在电热板上加热(在通风橱中进行,开始低温,逐渐提高温度,但不宜过高,以防样品溅出),直至颗粒物溶解,再加 5～10 mL 浓硝酸及 3～5 mL 高氯酸,摇匀,逐渐升温继续加热,溶液逐渐变稠,颜色逐渐变红,注意防止碳化。继续加 5～10 mL 浓硝酸(共 30～50 mL),如溶液仍有碳化趋势,再滴加浓硝酸。加热消解直至溶液变成透明无色。继续加热直至冒出浓厚的白烟,并出现粉红色或黄白色残渣为止。取下冷却,过滤,用水转入 25 mL 容量瓶中,用水洗涤滤渣 2～3 次后,稀释至刻度,摇匀备用。同时进行消解空白实验。

3. 土壤的消解

准确称取烘干土样 0.48～0.52 g 两份(准确到 0.1 mg),分别置于高型烧杯中,加水少许润湿,再加入 4 mL(1+1)硫酸及 1 mL 浓硝酸,盖上表面皿,在电热板上加热至冒白烟,如消解液呈深黄色,可取下稍冷,滴加硝酸后再加热至冒白烟。直至土壤变白。取下烧杯后,用水冲洗表面皿和烧杯壁。将消解液用滤纸过滤至 25 mL 容量瓶中,用水洗涤残渣 2～3 次,将清液过滤至容量瓶中,用水稀释至刻度,摇匀备用。同时进行消解空白实验。

4. 土壤及粮食中 Pb、Zn、Cu、Cd 的测定

分别在 6 个 100 mL 容量瓶中加入 0.00 mL、0.50 mL、1.00 mL、3.00 mL、5.00 mL、10.00 mL混合标准溶液,用 0.2% 硝酸稀释定容。此混合标准系列中各金属的质量浓度如表 2-22所示。按表 2-23 所列的条件调好仪器,用 0.2% 硝酸调零,测定标准系列的吸光度。用经空白校正的各标准溶液的吸光度和相应的浓度作图,绘制 4 种金属的标准曲线。

表 2-22　标准系列的配制和浓度

混合标准液体积/mL		0	0.50	1.00	3.00	5.00	10.00
金属质量浓度/(μg/mL)	Cd	0	0.05	0.10	0.30	0.50	1.00
	Cu	0	0.25	0.50	1.50	2.50	5.00
	Pb	0	0.50	1.00	3.00	5.00	10.0
	Zn	0	0.05	0.10	0.30	0.50	1.00

表 2-23　原子吸收分光光度法的测定参考条件

条件	元素			
	Cd	Pb	Cu	Zn
测定波长/nm	228.8	283.3	324.7	213.8
燃气	乙炔	乙炔	乙炔	乙炔
助燃气	空气	空气	空气	空气
测定相	有机相	有机相	有机相	有机相
火焰类型	氧化型	氧化型	氧化型	氧化型
曲线范围	0.05~1	0.5~10	0.5~10	0.5~10

按照与标准系列相同的步骤测定空白样和试样的吸光度,记录数据。扣除空白值后,从标准曲线上查出试样中 4 种重金属的含量。由于仪器灵敏度的差别,土壤及粮食样品中重金属元素含量不同,必要时应对试液进行稀释后再测定。

五、实验数据处理

(1)根据样品所测的吸光度,分别从标准曲线上查得被测试液中各金属的含量,根据下式计算出土壤或粮食样品中被测元素的含量,即

$$被测元素含量(\mu g/g) = \frac{\rho \times V}{W}$$

式中:ρ ——被测试液的质量浓度,$\mu g/$ mL;

V ——被测试液的体积,mL;

W——土壤或粮食样品的实际质量,g。

(2)分别对比同一地点粮食与土壤中不同金属的浓度关系,以及不同地点粮食与土壤中同种金属的浓度关系,分析比较各金属在土壤-粮食体系中的分布和富集规律。

六、思考题

(1)粮食的前处理有干法和湿法两种,各有什么优缺点?

(2)比较铜、锌、铅、镉在土壤及粮食中的含量,描述土壤-粮食体系中铜、锌、铅、镉的迁移情况,分析重金属富集的情况及影响因素。

(3)探讨不同的土壤特性、气候环境等对金属在土壤-粮食体系中分布的影响。

实验 27 气相色谱测定水样中氯酚

一、实验意义和目的

五氯酚酸钠(Sodium Pentachlorophenoxide)即五氯酚钠,可用作落叶树休眠期喷射剂,以防治褐腐病,也可用作除草或杀虫剂,属于触杀型灭生性除草剂。水质五氯酚和五氯酚盐的气相色谱测定方法适用于地表水、地下水、海水、生活污水和工业废水中氯酚的测定。五氯酚的分子结构如图 2-6 所示。

当样品体积为 100 mL 时,毛细管柱气相色谱法检出限为 0.01 $\mu g/L$,测定下限为 0.04 $\mu g/L$,测定上限为 5.00 $\mu g/L$;填充柱气相色谱法检出限为 0.02 $\mu g/L$,测定下限为 0.08 $\mu g/L$。

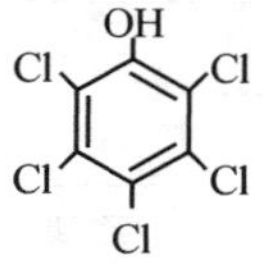

图 2-6 五氯酚的分子结构

二、实验原理

在酸性条件下,将样品中的五氯酚盐转化为五氯酚,用正己烷萃取,再用碳酸钾溶液反萃取,使有机相中的五氯酚转化为五氯酚盐进入碱性水溶液中。在碱性水溶液中加入乙酸酐与五氯酚盐进行衍生化反应,生成五氯苯乙酸酯。经正己烷萃取后,用具有电子捕获检测器的气相色谱仪进行测定。

三、实验仪器、设备和材料

1.试剂和材料

除非另有说明,分析时均使用符合国家标准的分析纯化学试剂,实验用水为新制备的蒸馏水。

(1)正己烷(C_6H_{14}):农残级。

(2)乙酸酐[$(CH_3CO)_2O$]。

(3)甲醇(CH_3OH):农残级。

(4)硫酸铜($CuSO_4$)。

(5)硫代硫酸钠($Na_2S_2O_3 \cdot 5H_2O$)。

(6)硫酸(H_2SO_4),$\rho=1.84$ g/mL。

(7)(1+9)硫酸溶液。

(8)碳酸钾溶液(K_2CO_3),$c=0.1$ mol/L:称取 13.8g 无水碳酸钾溶解于 1000 mL 水中。

(9)无水硫酸钠(Na_2SO_4):在马弗炉中 400 ℃灼烧 2 h,冷却后,贮于磨口玻璃瓶中密封保存。

(10)五氯酚标准储备液,$\rho=1.00$ mg/mL:4 ℃冷藏保存。可以使用市售有证标准溶液。

(11)五氯酚标准中间液,$\rho=100.0$ μg/mL:准确移取 100.0 μL 五氯酚标准储备液用甲醇稀释至 1 mL。

(12)五氯酚标准使用液,$\rho=1.00$ μg/mL:准确移取 10.00 μL 五氯酚标准中间液,用甲醇稀释至 1 mL。

(13)载气:高纯氮气,纯度≥99.99％(体积分数)。

2. 仪器和设备

(1)气相色谱仪:具电子捕获检测器(ECD)。

(2)色谱柱。

填充柱:材质为硬质玻璃或不锈钢,长 1.5～2.5 m,内径 3～4 mm,内填充涂附 1.5％的含苯基聚甲基硅氧烷(OV-17)和 2％的聚氟代烷基硅氧烷(QF-1)的 ChromsorbW(80～100 目)。

毛细管柱:固定相为 5％苯基-95％甲基聚硅氧烷,30 m×0.32 mm(内径)×0.25 μm(膜厚)。或采用其他等效毛细管柱。

(3)微量注射器:10 μL、50 μL 和 500 μL。

(4)分液漏斗:125 mL 和 250 mL,带有聚四氟乙烯塞子。

(5)一般实验室常用仪器和设备。

四、实验内容和步骤

1. 样品采集与处理

采样时应使用棕色玻璃瓶,每 100 mL 水样中加入 1 mL 硫酸溶液和 0.5 g 硫酸铜,在 4 ℃暗处保存。采样时若有余氯存在,应向每 100 mL 水样中加入约 80 mg 硫代硫酸钠,摇匀。样品应避免阳光直射。所有样品必须在 7 d 内萃取,萃取液 4 ℃避光保存,30 d 内进行分析。

2. 试样的制备

1)萃取

取 100 mL 水样置于 250 mL 分液漏斗中,加入 1 mL 浓硫酸,分别用 10 mL 正己烷萃取水样两次,合并正己烷相弃去水相。再分别用 10 mL 0.1 mol/L 碳酸钾溶液提取正己烷相两次,合并水相弃去正己烷相。

2)衍生化

向水相中加入 1 mL 乙酸酐,振摇 5 min 后加入 5 mL 正己烷,再次振摇 5 min,静置分层后弃去水相,收集正己烷相。正己烷相经无水硫酸钠脱水后氮吹定容至 1 mL,待测。

注意:对于高浓度污水和废水样品,应根据样品的浓度,取适量水样加入分液漏斗中,加水至 100 mL。

3. 色谱分析条件

1)填充柱气相色谱法参考条件

进样口温度:220 ℃;检测器温度:220 ℃;色谱柱温度:180 ℃;载气流量:40~60 mL/min。

2)毛细管柱气相色谱法参考条件

进样口温度:250 ℃;检测器温度:300 ℃;色谱柱温度:60 ℃,保持 2 min,以 20 ℃/min 升至 220 ℃,以 10 ℃/min 升至 250 ℃,保持 3 min;载气流量:1.5 mL/min;尾吹气流量:60 mL/min;进样量:1.0 μL;进样方式:不分流进样,进样后 0.75 min 分流,分流比 40:1。

4. 工作曲线的绘制

向装有 20 mL 0.1mol/L K$_2$CO$_3$ 溶液的 7 个 125 mL 分液漏斗中分别加入 0 μL、5 μL、10 μL、50 μL、100 μL、250 μL、500 μL 五氯酚标准使用液(ρ=1.00 μg/mL),混匀,按照衍生化操作步骤得到五氯酚浓度为 0 ng/mL、5 ng/mL、10 ng/mL、50 ng/mL、100 ng/mL、250 ng/mL、500 ng/mL 的标准系列溶液。用微量注射器取 1.0 μL 标准系列溶液分别注入气相色谱仪中,记录不同质量浓度溶液对应的色谱峰的峰面积(峰高)。以五氯酚标准系列溶液浓度为横坐标,相应的峰面积(峰高)为纵坐标,绘制工作曲线。

5. 标准溶液的色谱图

使用毛细管柱或填充柱时,五氯苯乙酸酯色谱图如图 2-7 所示。

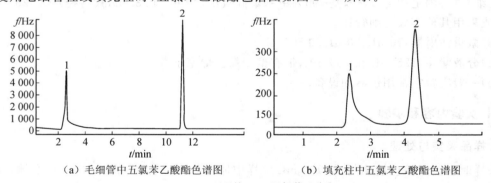

(a) 毛细管中五氯苯乙酸酯色谱图　　　　(b) 填充柱中五氯苯乙酸酯色谱图

1—正己烷;2—五氯苯乙酸酯。

图 2-7　五氯苯乙酸酯色谱图

6. 测定

取 1.0 μL 衍生后的试样注入气相色谱仪中,在与工作曲线相同的色谱条件下进行测定。记录色谱峰的保留时间和峰面积(峰高)。

7. 空白试验

在分析样品的同时,应做空白试验。即用实验用水代替水样,按与上述测定相同的步骤进行分析。

五、实验数据处理

1. 结果计算

样品中五氯酚的质量浓度(ρ)按照下式进行计算。

$$\rho = \frac{\rho_{标} \times V_1}{V} \tag{2-44}$$

式中：ρ——水样中五氯酚的质量浓度，$\mu g/L$；

　　$\rho_{标}$——由工作曲线计算所得的五氯酚质量浓度，$\mu g/L$；

　　V_1——萃取液浓缩后的定容体积，mL；

　　V——水样体积，mL。

2. 结果表示

当结果小于 1 $\mu g/L$ 时，保留到小数点后 2 位；当结果大于等于 1 $\mu g/L$ 时，保留 3 位有效数字。

六、思考题

(1)采集含五氯酚的样品时，为什么要用棕色玻璃瓶？

(2)水样中存在的有机氯化合物及多氯联苯对五氯酚测定的干扰如何消除？

实验 28　环境样品中小分子有机酸的液相色谱分离分析

一、实验意义和目的

经过厌氧和好氧的生化作用，水体中的腐殖类大分子有机物逐级断链降解，环境中一般有机物的官能团由不饱和的还原态氧化为羟基、羰基，最终氧化为羧酸。这些转化成的小分子有机酸包括草酸、甲酸、乙酸、丙酸等。在光化学氧化作用下，大气中自然或人为释放的挥发性有机物有同样的转化趋势，并反映出以甲酸、乙酸为降水中有机酸的主要成分。在食品饮料中，有机酸的存在保持了其特殊的品尝味道。另外，冰川和冰盖中保存下来的地球对流层中普遍存在的甲酸、乙酸，使其具有明显的环境气候指示意义。

有机酸组分多用色谱法分析。因样品中有机酸的极性大、含量低，采用气相色谱法不易直接测定，而需将样品衍生成低沸点的脂类，经有机溶剂萃取后再进行测量。但操作过程的试剂用量大、环节多、方法烦琐、要求高。

采用高效液相色谱法测定有机酸，样品溶液不经过衍生可以直接进样测定。不同极性键合的固定相色谱柱种类以及相应的流动相配比调节，可在 10 min 很好地实现 mg/L 浓度级的多种有机酸分离分析。简单样品可根据其含量，稀释后直接测定；含色素类等复杂试样则需要适当的前处理。离子色谱柱是色谱分离的核心，以苯乙烯二乙烯苯共聚体为骨架，在苯环上引入叔胺基而形成季胺型强碱性阴离子交换树脂，可用于阴离子色谱。碱性条件下有机酸以其阴离子的形态存在。

对于甲酸、乙酸的色谱分析，峰保留易受到样品中无机氯离子、氟离子的干扰，可换用紫外光谱检测来规避。另外，一种基于 Donnan 平衡的离子排斥色谱一次可顺序检出 C1～C8 的脂肪族有机酸化合物,而不受样品中无机阴离子的干扰。与气相色谱常采用的燃烧型检测器(如氢火焰离子化 FID)相比,液相色谱检测器对样品多为非破坏性的,这样,各分离组分可进一步开展如 LC-MS 液相色谱-质谱联机分析等操作。

在环境分析应用中,通过与目标污染物的结构比较,实施小分子有机酸的过程分析有助于了解有机物降解途径的发生机理,捕捉水质有机碳的存在形态和转化规律。

本实验的目的为:

(1)学习环境水体中有机物的降解行为。

(2)掌握水质小分子有机酸的液相色谱分析技术。

二、实验原理

液相色谱是依据样品中的不同组分在固定相与流动相间溶解分配平衡后,依次流入检测器,得到响应值,实现同时分离分析。多数有机酸的解离常数值为 4.2～6.5,当 pK_a 值与 pH 相等时,其共轭酸碱的浓度相同($HA = H^+ + A^-$),组分处于相对稳定的状态,灵敏度高。该 pH 的流动相尤适于不稳定的有机酸和阴离子的定性定量分析。据各有机酸组成解离常数 pK_a 存在的差异,即可实现组分在色谱柱上不同的保留时间(如图 2-8 所示)。选择紫外光谱检测器,可去除无机组分的干扰,同时也体现了羧酸在 210 nm 处的光谱吸收响应。

ODS-C18 色谱柱以及弱极性或强极性官能团键合的固定相都可以用于小分子有机酸的色谱分析。依据各组分在色谱柱上的保留差异,可进行色谱组分的鉴定分析。

本实验以广泛使用的 C18 键合固定相的色谱柱,进行小分子有机酸的样品分析。色谱条件采用流动相:0.1% H_3PO_4、1 mL/min 流速;以 210 nm 为检测波长,10 μL 进样量。因 C18 柱的分配机理是疏水作用,有机酸在色谱柱上的出峰顺序依其 pK_a 分别为草酸、甲酸、乙酸等。

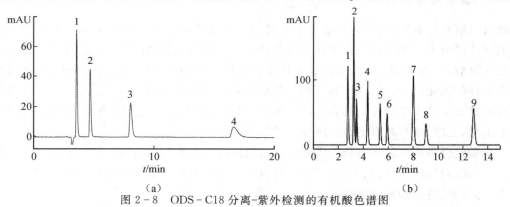

图 2-8　ODS-C18 分离-紫外检测的有机酸色谱图

三、实验仪器、设备和材料

1. 试剂和材料

除非另有说明,分析时均使用符合国家标准的分析纯试剂,电导率小于 0.5 μS/cm,并经过 0.45 μm 微孔滤膜过滤的去离子水或同等纯度的水。

(1)甲酸标准储备液:称取 1.478 甲酸钠(105 ℃烘干 2 h 后,置于干燥器)溶于适量水中,溶解后移至 1000 mL 容量瓶,用水稀释至标线,混匀。该溶液每毫升含 1.000 mg 甲酸。将配制好的溶液贮存于聚乙烯瓶中,置于冰箱中冷藏。

(2)乙酸标准储备液:称取 1.367 g 无水乙酸钠(105 ℃烘干 2 h 后,置于干燥器)溶于适量水中,溶解后移至 1000 mL 容量瓶,用水稀释至标线,混匀。该溶液每毫升含 1.000 mg 乙酸。将配制好的溶液贮存于聚乙烯瓶中,置于冰箱中冷藏。

(3)草酸标准储备液:称取 1.489 g 草酸钠(优级纯,干燥器中干燥 24 h)溶于适量水中,溶解后移至 1000 mL 容量瓶,用水稀释至标线,混匀。该溶液每毫升含 1.000 mg 草酸。将配制好的溶液贮存于聚乙烯瓶中,置于冰箱中冷藏。

(4)标准混合使用液:分别取 1.00 mL 草酸标准储备液、10.00 mL 甲酸标准储备液和 10.00 mL 乙酸标准储备液置于 100 mL 容量瓶中,用水稀释到标线。此溶液每毫升含 10.0 μg 草酸、100.0 μg 甲酸、100.0 μg 乙酸。

也可以购买市售有证的上述标准溶液。

2. 仪器和设备

(1)高效液相色谱仪(HPLC):单泵、手动或自动进样器、ODS 色谱柱、紫外检测器及色谱工作站。

(2)固相萃取处理装置:(配 C18 小柱或 H 型阳离子交换小柱)。

(3)针式过滤器(0.22 μm 水系)。

(4)容量瓶(100 mL,1000 mL),移液管(1 mL、5 mL、10 mL)。

四、实验内容和步骤

1. 色谱条件

色谱柱:ODS-C18(100％亲水,pH2.5 适用)。

流动相:0.1％H_3PO_4。

流速:1 mL/min。

检测波长:210 nm。

进样体积:手动定量环或自动样品进样器(0.1～100 μL)。

2. 校准曲线的绘制

以自动样品进样器按 5 个不同体积(μL)取标准混合使用液,分别进样分析;或以定量环进样不同浓度的标准系列。识别各组分相应的保留时间(依文献数据或单品标准的保留时间),并以此定性判断。通过色谱工作站采集处理样品,分别得到各组分按峰面积对含量(μg)的校准曲线回归方程。

3. 样品测定

对于清洁样品,经现场过滤后,可直接进样;对于未知浓度的样品,在分析前先稀释 100 倍后进样,再根据所得结果选择适当的稀释倍数重新进样分析。若有其他干扰的样品,可根据不同样品状况,选择离心分离、膜过滤澄清、固相萃取脱色等预处理手段。

选取不同体积的样品,设定自动进样量。随标准方法,编辑进样测定。依据色谱条件进行色谱分析。记录保留时间和峰高、峰面积。以取值范围合适的色谱图重复进样测定。确定进样体积 V(μL)。并由色谱工作站,根据校准曲线查出各个样品的含量 m(μg)。

五、实验数据处理

按下式计算有机酸的浓度：

$$甲酸(mg/L) = m_1/V \qquad\qquad (2-45)$$

$$乙酸(mg/L) = m_2/V \qquad\qquad (2-46)$$

$$草酸(mg/L) = m_3/V \qquad\qquad (2-47)$$

式中：m_1——由甲酸校准曲线查出的甲酸含量，mg；

　　　m_2——由乙酸校准曲线查出的乙酸含量，mg；

　　　m_3——由草酸校准曲线查出的草酸含量，mg；

　　　V ——进样体积，L。

六、思考题

(1)选取紫外检测的液相色谱分析有机酸，对于氯离子的干扰有何作用？

(2)试比较用 C18 色谱柱与离子色谱法在有机酸分析方面的异同。

(3)样品在不同类型色谱柱上的出峰顺序相同吗？其对于组分的鉴定有何帮助？

实验 29　　离子色谱同时测定水样中的多组分阴离子

一、实验意义和目的

自然水体中含有多种矿物成分。水中溶解态的各种阴离子与降水的吸收过程或者地表水与环境溶释交换作用有关。这些离子的浓度组成影响着水体的水质。满足饮用标准的水的化学组成成分要求符合人体健康的使用需要。污染或未达标的水质则需要人为干涉处理，以求改善其化学组成或含量。其中矿物质的阴离子组成部分亦是如此。

传统的氟、氯、硝态氮、亚硝态氮、硫酸盐、磷酸盐等无机阴离子的定性定量分析检测，无论采用容量法或是光度法均为分别测定。20 世纪末，随着离子色谱技术的日臻完善，实现了水质一次进样的阴离子多组分的同时分析。批量样品可以通过机械臂不间断操作，仅需要微升级的样品量，测定下线可达到 $\mu g/L$ 水平，极大地提高了样品的测试精度及工作效能。

离子色谱(IC)也属于液相色谱，它以离子为目标物，多采用电导检测器。另外，其色谱柱填料是以高分子聚合物为基体，键合的交换基团为固定相，具有较高的酸碱耐受性。其流动相多为无机盐缓冲液，因此，相应的输液泵以及流路等接触材料多为 PEEK 全非金属材料。

目前，虽然阳离子的分析仍是以光谱分析为主，但在价态及元素的存在形态鉴定方面，常需要离子色谱的联机分析。而阴离子的多组分同时分析则首选离子色谱 IC。

本实验的目的为：

(1)了解离子色谱技术及其在环境分析中的应用。

(2)学习用离子色谱法同时分析阴离子的多个组分。

二、实验原理

离子色谱由输液单元、进样器、色谱柱、检测器及工作站数据处理系统组成，如图 2-9

所示。

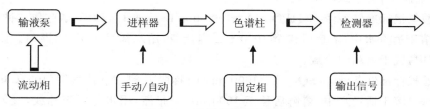

图 2 - 9　离子色谱系统组成

经过预处理的样品以手动或自动的方式进入系统中。选择合适的流动相配比,在高压输液泵的驱使下,根据样品中的不同组分的离子半径以及电荷大小,样品将在色谱柱的固定相上达到动态分配平衡,表现出不同的保留强度。分离后的组分依次流入检测器后,得到的电导响应经模/数转换,便由工作站记录处理为色谱图(如图 2 - 10 所示)。

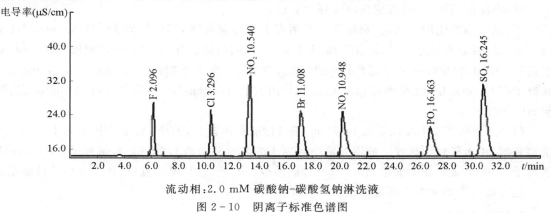

流动相:2.0 mM 碳酸钠-碳酸氢钠淋洗液

图 2 - 10　阴离子标准色谱图

三、实验仪器、设备和材料

1.试剂和材料

除非另有说明,分析时均使用符合国家标准的分析纯试剂,电导率小于 0.5 μS/cm,并经过 0.45 μm 微孔滤膜过滤的去离子水或同等纯度的水。

(1)氟离子标准储备液,$\rho(F^-)$=1000 mg/L:称取 2.2100 g 氟化钠(105 ℃烘干 2 h,并在室温下干燥)溶于适量水中,溶解后移至 1000 mL 容量瓶,用水稀释至标线,混匀。该溶液贮存于聚乙烯瓶中,置于冰箱中冷藏。

(2)氯离子标准储备液,$\rho(Cl^-)$=1000 mg/L:称取 1.6485 g 氯化钠(105 ℃烘干 2 h,并在室温下干燥)溶于适量水中,溶解后移至 1000 mL 容量瓶,用水稀释至标线,混匀。该溶液贮存于聚乙烯瓶中,置于冰箱中冷藏。

(3)亚硝酸根标准储备液,$\rho(NO_2^-)$=1000 mg/L:称取 1.4997 g 亚硝酸钠($NaNO_2$,优级纯,使用前在玻璃干燥器内放置 24 h)溶于适量水中,溶解后移至 1000 mL 容量瓶,用水稀释至标线,混匀。该溶液贮存于聚乙烯瓶中,置于冰箱中冷藏。

(4)硝酸根标准储备液,$\rho(NO_3^-)$=1000 mg/L:称取 1.3708 g 硝酸钠(105 ℃烘干 2 h,并在室温下干燥)溶于适量水中,溶解后移至 1000 mL 容量瓶,用水稀释至标线,混匀。该溶液贮存于聚乙烯瓶中,置于冰箱中冷藏。

(5)磷酸氢根标准储备液,$\rho(HPO_4^{2-})=1000$ mg/L:称取 1.4791 g 磷酸氢二钠(干燥器中干燥 24 h)溶于适量水中,溶解后移至 1000 mL 容量瓶,用水稀释至标线,混匀。该溶液贮存于聚乙烯瓶中,置于冰箱中冷藏。

(6)硫酸根标准储备液,$\rho(SO_4^{2-})=1000$ mg/L:称取 1.8142 g 硫酸钾(105 ℃烘干 2 h,并在室温下干燥)溶于适量水中,溶解后移至 1000 mL 容量瓶,用水稀释至标线,混匀。该溶液贮存于聚乙烯瓶中,置于冰箱中冷藏。

(7)淋洗储备液:分别称取 19.078 g 碳酸钠(105 ℃烘干 2 h,并在室温下干燥)和 14.282 g 碳酸氢钠(干燥器中干燥 24 h),溶解于水中,移入 1000 mL 容量瓶中,用水稀释至标线,混匀。该溶液贮存于聚乙烯瓶中,置于冰箱中冷藏。此溶液碳酸钠浓度为 0.18 mol/L,碳酸氢钠浓度为 0.17 mol/L。

(8)淋洗使用液:将淋洗储备液稀释 100 倍。

(9)混合标准使用液 A:分别吸取 6 种阴离子标准储备液,其中氟离子为 1.00 mL,氯离子为 2.00 mL,亚硝酸根为 4.00 mL,硝酸根为 10.00 mL,磷酸氢根为 10.00 mL,硫酸根 10.00 mL 分别置于 100 mL 容量瓶中,用水稀释到标线。此混合溶液各离子的浓度分别是氟离子(10.0 mg/L)、氯离子(20.0 mg/L)、亚硝酸根(40.0 mg/L)、硝酸根(100 mg/L)、磷酸氢根(100 mg/L)、硫酸根(100 mg/L)。

(10)混合标准使用液 B:吸取 10.00 mL 混合标准液 A 置于 100 mL 容量瓶中,加入 1.00 mL 淋洗储备液,用水稀释到标线。此混合液中各离子的浓度分别是 1.00 mg/L 氟离子、2.00 mg/L 氯离子、4.00 mg/L 亚硝酸根、10.0 mg/L 硝酸根、10.0 mg/L 磷酸氢根、10.0 mg/L 硫酸根。

也可以购买市售有证标准溶液。

2. 仪器和设备

(1)离子色谱仪:由离子色谱仪、操作软件及所需附件组成的分析系统。

①色谱柱:阴离子分离柱和阴离子保护柱(高容量烷醇季胺基团阴离子交换柱)。

②淋洗液和再生液贮存罐。

③阴离子抑制器。

④电导检测器。

(2)预处理柱:阳离子交换柱(H 型小柱)、C18 固相萃取柱。

(3)针式过滤器(0.22 μm 水系)。

(4)容量瓶(100 mL、1000 mL)。

(5)移液管(1 mL、5 mL、10 mL)。

四、实验内容和步骤

1. 水样

样品经 0.22 μm 微孔滤膜过滤,其滤液不加任何保存剂,收集于聚乙烯或玻璃瓶内,在 0～4 ℃下可保存 48 h。

对于不存在重金属、有机物等干扰的清洁样品水样,经现场过滤后,可直接进样。对于未知浓度的样品,在分析前先稀释 100 倍后进样,再根据所得结果选择适当的稀释倍数重新进样分析。有重金属干扰的样品,经现场过滤后,用预处理阳离子交换柱去除干扰。

2. 实验分析

1)仪器参考条件

按照仪器说明书操作仪器。选择 $1.0 \sim 2.0 \text{ mL/min}$ 的淋洗使用液流速平衡洗脱进样的组分。通过混合标准使用液中各离子的出峰保留时间定性,以峰高或峰面积与样品中的相应离子比较分析。

2)校准曲线

(1)标准系列的绘制:根据样品浓度选择混合标准使用液 A 或 B,配制 5 个浓度水平的混合标准溶液,进样分析。以色谱图中各组分的峰高(或峰面积)与其离子浓度(mg/L),用最小二乘法回归,得到校准曲线方程。

(2)样品测定:按照与绘制校准曲线相同的色谱条件和步骤,进行样品的测定。对于未知的样品可先稀释 100 倍试测。并据其色谱图结果,选择适合的混合标准使用液,明确样品的稀释倍数。样品中重金属和有机物的干扰可采用预处理柱或其他物理化学方法处理。

(3)空白试验:用实验用水代替试样,按照相同的步骤进行空白试验。

五、实验数据处理

样品中阴离子的浓度 $\rho(\text{mg/L})$ 按照下式进行计算:

$$\rho = \frac{h - h_0 - a}{b} \times f \qquad (2-48)$$

式中:ρ——样品中相应阴离子的浓度,mg/L;

h——对应组分的峰高(或峰面积);

h_0——空白样品中对应组分的峰高(或峰面积);

b——对应组分的回归方程的斜率;

a——对应组分的回归方程的截距;

f——稀释倍数。

六、注意事项

(1)当样品含量小于 1 mg/L 时,结果保留到小数点后 3 位;当样品含量大于等于 1 mg/L 时,保留 3 位有效数字。校准曲线的决定系数 $R \geqslant 0.995$。

(2)当水的负峰干扰 F^- 和 Cl^- 的测定时,可在水样中加入 1% 的流动相储备液。一些小分子有机酸的弱保留影响也可采用稀释淋洗液或采用 $5\text{mM } Na_4B_4O_7$ 较弱的淋洗液洗脱。

七、思考题

(1)含重金属离子的样品,因何要用 H 型小柱预处理?

(2)离子色谱是如何定性各种离子的? 它有哪些优缺点?

实验 30　二甲基乙酰胺降解机理的液相色谱-质谱分析

一、实验意义和目的

$N, N-Dimethylacetamide(DMAC)$是一种适用于电解质和非电解质的良好工业溶剂。它可与水和多种有机溶剂混溶,被广泛应用于制造涂料、纤维、箔材和油漆,近年来尤其被用在现代膜材料制作行业。DMAC 类有机物的可生化性很低,难于降解。有报道指出,采用光催化高级氧化技术,对其具有较好的降解率。本实验以 HPLC-MS 全谱扫描的色谱分离和多级质谱鉴定技术分析 DMAC 的降解机理。

在 DMAC 降解过程中,生成的中间产物可能会随着 DMAC 的减少而增加。也就是说,对一些降解反应过程,目标污染物浓度降低不足以判断说明水体的改善。水体中的 TOC 或 COD 依旧存在,因存在降解的中间体。本实验通过检测和分析 DMAC 降解过程,可以看出色谱技术对中间产物的同时分离解析功能,具有很好的过程说服力。

本实验的目的为:

(1)了解液相色谱仪和质谱等大型分析仪器的原理和应用。

(2)学习 HPLC-MS 联用技术分析鉴定化合物结构。

(3)学习降解过程中间产物的鉴定和机理解析。

二、实验原理

DMAC 是一类可溶性有机物,分子中的酰基具有 200 nm 的光谱吸收。为了更好地得到每个降解中间体的灵敏响应,采用二极管阵列的全谱扫描光谱检测(DAD),获得组分最大吸收波长的谱图信息。质谱鉴定通过二级(MS-MS)碎片不同的质荷比(m/z)定性分析。液相色谱柱选择疏水性的 ODS-C18,因相应的氧化中间产物的极性大,流动相应尽量减少有机相的比例,并以乙酸调节。

含 DMAC 的水溶液样品经过光催化氧化降解反应,离心过滤后,直接进样分析。

三、实验仪器、设备和材料

1. 试剂和材料

(1)M-4 型光催化氧化实验装置(见实验"光催化氧化脱色实验"):配制 200 mg/L 的 DMAC 水溶液,加入装有纳米混晶 TiO_2 的 500 mL 量筒反应器中,以不同的气动反应时间取样,过滤后测定。

(2)色谱质谱用试剂:甲醇、乙腈、乙酸;DMAC(AR);0.22 针头式过滤器 HA(水系);超纯水(大于 $10 M\Omega/cm^2$)。

2. 仪器和设备

(1)HPLC 液相色谱仪:日本分光 JASCO LC-2010 及工作站系统,由 PU-2089 四元梯度泵及 MD-2010 二极管阵列紫外可见检测器组成。进样系统是带有 100 μL 定量环的自动进样器,在室温下,选择流动相通过 C18 Hypersil(5 μm, 250×4.6 mm)柱或 A1(12.5 μm, 100

×4.6 mm)强阴离子交换柱进行色谱分析。

（2）色谱条件：色谱柱为 C18 Hypersil(5 μm,250×4.6 mm)；流动相为 0.4％ CH_3COOH / CH_3OH(92：8)；二极管阵列紫外可见最大吸收响应检测；流速为 1.0 mL/min；进样量为 20 μL；运行时间为 10 min。

（3）HPLC-MS 色质谱仪：美国 Waters 公司生产的多级超高效液相色谱质谱仪 Waters Quattro Premier XE UPLC/MS/MS (ESI 正极)。

（4）质谱条件：capillary voltage 0.5 kV, extractor voltage 4 V, desolvation gas（N_2）flow 500 l hr^{-1}, cone gas（N_2）flow 50L/ hr, collision gas（Ar）flow 0.2 mL/min, source temperature 110 ℃, desolvation temperature 350 ℃。

四、实验内容和步骤

1. 色谱分析条件优化

考虑到 DMAC 及其降解中间产物的水溶性，当选择疏水性固定相 ODS-C18 时，为提高色谱柱的保留柱效，以确保有更多中间产物的分配差异，优化分离，本实验设计了低有机相（甲醇）占比，如 5％、8％、10％的色谱条件实验。同样，考虑到体系成分的解离平衡，以获得保留时间的重现性，在水相中加入少许乙酸(0.05％～0.4％)作为调节剂，以 200 mg/L 的 DMAC 光催化降解 1 h 的试样进样分析。以 DAD 为色谱检测器，可获得包括中间体的各组分色谱优化分离，如图 2−11 所示。

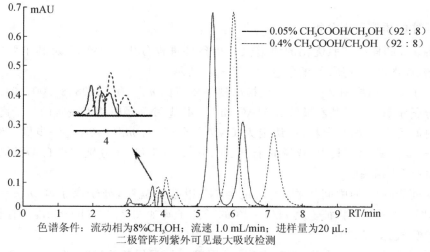

色谱条件：流动相为8%CH₃OH；流速 1.0 mL/min；进样量为20 μL；
二极管阵列紫外可见最大吸收检测

图 2−11　DMAC 光催化降解组分的色谱图

2. DMAC 降解的过程分析

以上述优化的色谱分析条件，针对 DMAC 降解进行不同时段的示踪分析，如色谱图2−12 所示，其中(a)为 0 h 时反应尚未开始，确认样品中的 DMAC 在 6.92 min 出峰；(b)为 1 h，即反应 1 h，色谱图中 5.92 分处，出现主要中间体 1，DMAC 出峰则明显降低；(c)为 2.5 h 时，DMAC 已经降解完毕，色谱图中的 5.92 分处，中间体 1 开始减少，4.08 分处的中间体 2 积累出来；(d)为反应 9 h，中间体都降解完毕，DMAC 中的元素 N 最终矿化为 2.15 分处的硝酸盐

NO_3^-，同时，过程中未检测到亚硝酸盐 NO_2^-。

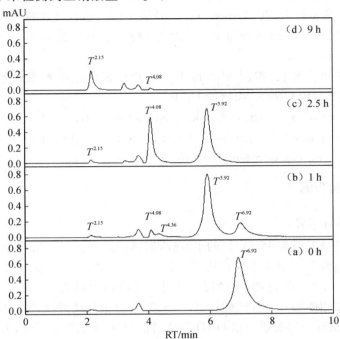

图 2-12　DMAC 在不同的光催化降解时间的 HPLC

3. 中间体的质谱鉴定分析

将降解 1 h 的样品按照优化的质谱仪分析条件进样分析。DMAC 及其主要的降解中间产物的质谱（如图 2-13 所示）的信息如表 2-24 所示。

在总离子流全扫描图 2-13(a)上，检出到的质荷比 m/z 有 74.08、88.00、104.06，分别对应的相对分子量是 N-甲基乙酰胺、DMAC 和 N-甲基-N-羟甲基乙酰胺的分子离子峰。

保留时间为 $T^{6.92}$ 的化合物，被认定为 DMAC 分子，对 $m/z=88$ 进一步做二级子离子质谱，如图 2-13(c)所示。其中，获得的子离子峰 $m/z=46$ 和 43 分别与来自 DMAC 的二甲氨基、乙酰基的碎片相关联。

保留时间为 $T^{5.92}$ 的中间产物，被认定为 N-甲基乙酰胺，分子离子峰 $m/z=74$ 对应于 DMAC 失去一个甲基的特征。其 $m/z=43$ 的子离子峰如图 2-13(b)所示，具有较低的相对丰度，是母离子乙酰基碎片。

保留时间为 $T^{4.32}$ 的化合物，被确定为 N-甲基-N-羟甲基乙酰胺，在 $m/z=104$ 呈现分子离子峰。因羟甲基化导致的不稳定性，降低了其相对丰度。其 $m/z=61$ 和 44 的子离子峰如图 2-13(d)所示，它可能存在由 C—N 键断裂的片段。

保留时间为 $T^{4.08}$ 的化合物，被认定为 $m/z=60$ 分子离子峰的乙酰胺，其 $m/z=43$ 的子离子峰如图 2-13(e)，正是乙酰胺去甲基后乙酰基的片段。

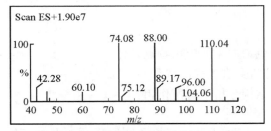

（a）样品的全扫描质谱图

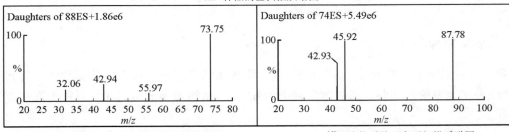

（b）$T^{5.92}$ 出峰物质的子离子扫描质谱图　　　　　（c）$T^{6.92}$ 出峰物质的子离子扫描质谱图

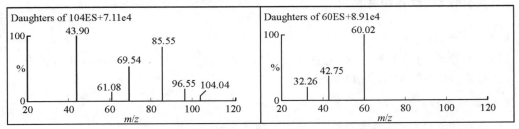

（d）$T^{4.38}$ 出峰物质的子离子扫描质谱图　　　　　（e）$T^{4.08}$ 出峰物质的子离子扫描质谱图

图 2-13　样品降解 1 h 生成物的质谱图

表 2-24　DMAC 及中间降解产物的质谱信息

DMAC 及中间降解产物	Peak	特征离子（m/z ES$^+$）
DMAC	$T^{6.92}$	88(100)，46(96)，43(60)
N-甲基乙酰胺	$T^{5.92}$	74(100)，43(23)
N-甲基-N-羟甲基乙酰胺	$T^{4.36}$	104(15)，61(15)，44(98)
乙酰胺	$T^{4.08}$	60(100)，43(36)

五、实验数据处理

通过 DMAC 降解过程的色谱分析、样品的全扫描质谱图以及二级质谱对中间产物的确定可知，DMAC 的降解是通过羟甲基化生成 N-甲基-N-羟甲基乙酰胺，并按照 N-甲基乙酰胺或乙酰胺逐次取掉 N-甲基。进而使 C—N 断键，直至完全矿化氧化。分子式反应推导表述如下：

六、思考题

(1)液相色谱和气相色谱的主要应用特点是什么？

(2)色谱-质谱联机分析具有怎样的特点？

(3)多级质谱在物质结构分析中有何作用？

实验 31　种子发芽毒性实验

一、实验原理与目的

种子在适宜条件下吸水，会膨胀萌发，使其中的酶活性增强。重金属等毒物则可抑制酶活性，导致种子萌发受到抑制。通过测定种子的发芽率，认识毒物的不同剂量对种子发芽毒作用的差异。

二、实验仪器、设备和材料

1. 试剂和材料

(1)受试种子：选择发育正常、完整而没有损伤的小麦(Triticum aestivum L.)种子。

(2)毒物：重铬酸钾($K_2Cr_2O_7$)。

2. 仪器和设备

(1)主要仪器设备：恒温培养箱、万分之一电子天平。

(2)玻璃器皿和其他耗材：培养皿、移液管、容量瓶、玻璃棒、洗瓶、洗耳球、烧杯、定性滤纸、镊子、马克笔等。

三、实验内容与步骤

1. 种子的前处理

用纯水浮选用于发芽的小麦种子，去掉干瘪和发霉的种子。用纯水冲洗后过夜浸泡备用。

2. 重铬酸钾溶液的配制

使用万分之一电子天平准确称量一定量的重铬酸钾粉末，用纯水溶解，定容于 250 mL 容量瓶中。用纯水进行梯度稀释，配制得到梯度浓度为 20 mg/L、40 mg/L、80 mg/L、160 mg/L、320 mg/L、640 mg/L 重铬酸钾系列溶液。

3. 发芽床的制备

在培养皿内放入一张等直径的滤纸作为小麦种子的发芽床，保证发芽床有适宜的湿度，又不妨碍空气进入种子。

4. 种子放置和毒物的加入

在发芽床上加入 10 mL 重铬酸钾溶液，加入时避免滤纸下面出现气泡。然后用镊子将种子腹沟(种子腹面凹陷处)朝下，整齐地排列在发芽床上，粒与粒之间的距离要均匀，避免相互接触。每个发芽床上放置 10 粒种子，加入重铬酸钾溶液 10 mL，作为一个样品进行毒性试验。

重铬酸钾的每种浓度需要做 2 个平行样。设置 2 个平行空白样,使用纯水代替重铬酸钾,其他操作同上。

5. 种子的培养

将所有样品和空白样都置于 30 ℃恒温培养箱中进行培养,48 h 后观察结果。培养皿可以叠放。

6. 发芽率的测定

培养 48 h 后,从培养箱中小心取出培养皿。逐一观察各个样品中小麦种子的发芽情况,在实验报告中准确记录每个样品的发芽种子数量,并拍摄照片。按照以下公式计算发芽率:

$$发芽率 = \frac{发芽的种子数量}{实验种子数量} \times 100\% \tag{2-49}$$

四、实验数据处理

1. 实验基本信息

实验种子:＿＿＿＿＿＿,毒物:＿＿＿＿＿＿,培养温度:＿＿＿＿＿＿。

2. 实验结果记录表格

毒物浓度/(mg/L)	平行样	种子总数/粒	发芽种子数/粒	发芽率/%
空白样	1#			
空白样	2#			
……	……	……	……	……
20				
……	……	……	……	……

五、思考题

(1)重铬酸钾的浓度对小麦种子发芽率的影响是否存在一定关系?试根据测得的结果进行分析。

(2)为什么要在培养皿里做小麦种子的发芽床?如果不用定性滤纸,还可以用什么材料替代?

第二部分

水污染控制实验

第3章 微生物实验技术及污染物处理

实验 32 培养基制备及灭菌

一、实验意义和目的

(1)了解微生物培养基的种类及配制原理。

(2)掌握培养基的配制、分装及灭菌方法,掌握各类物品的包装和灭菌方法。

二、实验原理

培养基的种类很多,根据营养物质的来源不同,可分为天然培养基、合成培养基和半合成培养基等。天然培养基适合于各类异养微生物生长;合成培养基适用于某些定量工作的研究,可减少一些研究中不控因素。但一般微生物在合成培养基上生长较慢,有些微生物的营养要求复杂,在合成培养基上有时甚至不能生长。多数培养基配制是采用一部分天然有机物作为微生物碳源、氮源和生长因子的来源,再适当加入一些化学药品,组成半合成培养基。其特点是使用含有丰富营养的天然物质,再补充适量的无机盐,能充分满足微生物的营养需要,大多数微生物都能在此培养基上生长。本实验配制的培养基就属此类。培养异养细菌最常用的培养基是牛肉膏蛋白胨培养基(普通培养基)。本实验除了配制几种常用微生物培养基以外,还必须准备各种无菌物品,包括培养皿、移液管及稀释水等。

三、实验仪器、设备和材料

1.试剂和材料

(1)牛肉膏、蛋白胨、NaCl、伊红美蓝琼脂(EMB)、黄豆芽、蔗糖、$NaNO_3$、K_2HPO_4、$MgSO_4 \cdot 7H_2O$、KCl、$FeSO_4$、琼脂、pH 试纸、NaOH 和 HCl 等。

(2)器皿材料:培养皿、试管、锥形瓶、烧杯、量筒、移液管、玻璃棒、牛角匙、牛皮纸、记号笔、麻绳、棉花、纱布、石棉网、铁架台等。

(3)培养基配方。

①牛肉膏蛋白胨固体培养基(培养细菌):3 g 牛肉膏,10 g 蛋白胨,5 gNaCl,15 g 琼脂,1000 mL 蒸馏水,pH 为 7.0~7.2。

②伊红美兰固体培养基(水中大肠杆菌测定实验):42.5 g 伊红美蓝琼脂(EMB),1000 mL 蒸馏水。

③豆芽汁蔗糖培养基(培养酵母菌):100 g 黄豆芽,50 g 蔗糖,1000 mL 水,20 g 琼脂,pH 保持自然状态。

称量新鲜豆芽 100 g，放入烧杯中，加水 1000 mL，煮沸约 30 min，用纱布过滤。用水补足原量，再加入蔗糖 50 g、琼脂 20 g，煮沸溶化。

④查氏培养基（培养霉菌）：3 g $NaNO_3$，1 g K_2HPO_4，0.5 g $MgSO_4 \cdot 7H_2O$，0.5 g KCl，0.01 g $FeSO_4$，30 g 蔗糖，20 g 琼脂，1000 mL 蒸馏水，pH 保持自然状态。

2. 仪器和设备

高压蒸汽灭菌器、电热鼓风烘箱、电子天平、电炉等。

四、实验内容和步骤

1. 培养基的配置与湿热灭菌

1）称量

用量筒取少于总量的蒸馏水置于烧杯中，按培养基配方称取各种药品，逐一加入水中，搅拌溶解。

2）加热溶解

将烧杯放在电炉的石棉网上，用文火加热，并注意搅拌，待所有药品溶解后再补充水分至需要量。

3）调节 pH 值

一般刚配好的培养基是偏酸性的，故要用 1 mol/L 的 NaOH 调至所需 pH 值。调节 pH 时应缓慢加入 NaOH，边加边搅拌，并不时地用 pH 试纸测试。

4）分装

首先将培养基分装于锥形瓶，其装量一般不超过锥形瓶总容量的 2/5（250 mL 锥形瓶装液量 100 mL 为宜），若装量过多，灭菌时培养基沸腾易沾污棉塞而导致染菌。

其次将培养基分装于试管，将培养基趁热加至漏斗中（如图 3-1 所示）。分装时左手并排地拿取数根试管，右手控制弹簧夹，将培养基依次加入各试管。用于制作斜面培养基时，一般装量为试管高度（15 mm×150 mm）的 2/5 为宜。分装时应谨防培养基沾在管口上，否则会使棉塞沾上培养基而造成染菌。

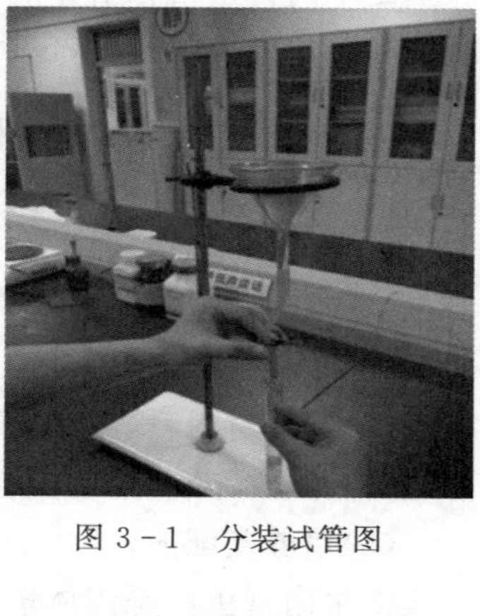

5）加棉塞、包扎

若培养基为固体培养基，将锥形瓶塞上合适的棉塞或硅胶塞子；若培养基是液体培养基，则在瓶口盖上 8 层左右的大小合适的方形纱布，然后在瓶口加盖 2 层方形报纸，用棉绳捆扎好。

图 3-1　分装试管图

6）灭菌及摆放斜面

检查高压蒸汽灭菌锅内水位情况，加水至规定水位。将灭菌物品依次堆放在高压蒸汽灭菌锅内，打开电源，盖上灭菌锅盖。设定灭菌条件为 121 ℃（0.105 MPa）及 15～20 min，开始灭菌。灭菌结束后，待显示器上压力接近零时，打开排气阀门，待内外气压一致后打开灭菌锅盖取出物品，关上电源。

灭菌后如需制成斜面培养基，取出后带上线手套，立即将试管搁置成一定的斜度，静置至培养基凝固即可(如图 3 - 2 所示)。

图 3 - 2　摆放斜面

2. 无菌水的制备

将 90 mL 蒸馏水加入 250 mL 的锥形瓶中,并放入约 30 颗玻璃珠,塞上棉塞后包扎。将 9 mL 蒸馏水加入试管(18×180 mm)中,塞上棉塞后将试管包扎在一起,置于 121 ℃(0.105 MPa) 高压蒸汽灭菌锅中,灭菌 15～20 min。

3. 常用器皿的包扎及干热灭菌

将包扎好的培养皿及移液管依次堆放到鼓风电热烘箱中。设定灭菌条件为温度 160 ℃, 时间 2 h。打开风机,开始灭菌。灭菌结束后待物品冷却后再取出。

五、实验数据处理

记录培养基制备和灭菌过程,并描述出现的现象。

六、思考题

(1)培养基配好后为什么必须立即灭菌? 如何检查灭菌后的培养基是否无菌?

(2)在配制培养基的操作过程中应注意哪些问题? 为什么?

(3)培养微生物的培养基应具备哪些条件? 为什么?

(4)培养基的配制原则是什么?

实验 33　微生物的分离与纯化

一、实验意义和目的

(1)学习从环境(土壤、水体、活性污泥、垃圾、堆肥)中分离培养细菌的方法,掌握几种细菌纯培养技能。

(2)掌握无菌操作的基本环节。

二、实验原理

环境中生活的微生物无论数量和种类都是极其多样的,将其作为开发利用微生物资源的重要基地,可以分离、纯化许多有用的菌株。

平板分离法操作简便,普遍用于微生物的分离和纯化,基本原理包括两个方面。

(1)选择适合待分离微生物的生长条件,如营养、酸碱度、温度和氧等或加入某种抑制剂造成只利于该微生物生长,而抑制其他微生物生长的环境,从而淘汰一些不需要的微生物。再用稀释涂布平板法、稀释混合平板法或平板划线分离法等分离、纯化得到纯菌株。

（2）微生物在固体培养基上生长形成的单个菌落是由一个细胞繁殖而成的集合体，因此可以通过挑取单菌落而获得纯培养菌株。单个菌落可通过稀释涂布平板或平板划线等技术完成。

从微生物群体中经分离生长在平板上的单个菌落并不一定是纯培养。因此，纯培养的确定除观察菌落特征之外，还要结合显微镜检测个体形态特征后才能确定。有些微生物的纯培养要经过一系列的分离纯化过程和多种特征鉴定才能得到。

三、实验仪器、设备和材料

1. 试剂和材料

（1）活性污泥、大肠杆菌。

（2）培养基：牛肉膏蛋白胨培养基、牛肉膏蛋白胨培养基斜面。

2. 仪器和设备

（1）9 mL 无菌水试管。

（2）无菌玻璃涂棒、无菌移液管、无菌培养皿。

（3）接种环。

（4）酒精灯。

（5）恒温培养箱。

四、实验内容和步骤

1. 细菌纯种分离的操作方法 1——稀释涂布平板法

（1）倒平板。将培养基加热融化，待冷至 55～60 ℃时，混合均匀后倒平板（如图 3-3 所示）。

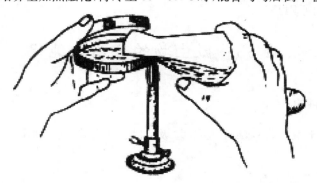

图 3-3　倒平板

（2）制备活性污泥稀释液。将从污水厂取回的活性污泥震荡均匀，用一支无菌吸管从中吸取 1 mL 活性污泥加入装有 9 mL 无菌水的试管中，吹吸 3 次，让菌液混合均匀，即配制成 10^{-1} 稀释液。再换一支无菌吸管吸取 10^{-1} 稀释液 1 mL，移入装有 9 mL 无菌水的试管中，也吹吸 3 次，即配制成 10^{-2} 稀释液。以此类推，连续稀释，制成 10^{-1}、10^{-2}、10^{-3}、10^{-4}、10^{-5}、10^{-6} 等一系列稀释菌液（如图 3-4 所示）。

（3）涂布。将无菌平板编上 10^{-4}、10^{-5}、10^{-6} 号码，每一号码设置 3 个重复样，用无菌吸管按无菌操作要求吸取 10^{-6} 稀释液各 0.1 mL,放入编号 10^{-6} 的 3 个平板中;同法吸取 10^{-5} 稀释液各 0.1 mL,放入编号 10^{-5} 的 3 个平板中;再吸取 10^{-4} 稀释液各 0.1 mL,放入编号 10^{-4} 的 3 个平板中(由低浓度向高浓度时,吸管可不必更换)。再用无菌玻璃涂棒将菌液在平板上涂抹均匀(如图 3 - 4 所示),每个稀释度用一个灭菌玻璃涂棒,更换稀释度时需将玻璃涂棒灼烧灭菌。在由低浓度向高浓度涂抹时,也可以不更换涂棒。

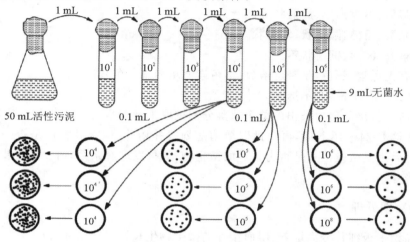

图 3 - 4　样品的稀释和稀释液的取样培养流程示意图

(4)培养。在 28 ℃ 条件下倒置培养 2~3 d。

(5)挑菌落。将培养后生长出的单个菌落分别挑取少量细胞划线接种到平板上,28 ℃ 条件下培养 2~3 d 后,再次挑单菌落划线并培养,检查其特征是否一致。同时,将细胞涂片染色后用显微镜检查是否为单一的微生物,如果发现有杂菌,需要进一步分离、纯化,直到获得纯培养。

2. 细菌纯种分离的操作方法 2——平板划线分离法

(1)倒平板。将培养基加热融化,待冷至 55~60 ℃ 时,混合均匀后倒平板。用记号笔在皿盖上标明培养基的名称、编号和实验日期等。

(2)划线。在近火焰处,左手拿皿底,右手拿接种环,挑取上述 10^{-1} 的活性污泥稀释液一环在平板上划线。划线的方法很多,但无论采用哪种方法,其目的都是通过划线将样品进行稀释,使之形成单个菌落。常用的划线方法有下列两种(如图 3 - 5 所示)。

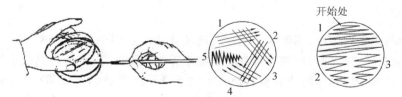

图 3 - 5　平板划线分离示意图

第一种是用接种环以无菌操作挑取活性污泥稀释液一环,先在平板培养基的一边作第一次平行划线,划 3~4 条即可。转动培养皿约 70°角,并将接种环上的剩余物烧掉,待冷却后通过第一次画线部分作第二次平行划线。再用同样的方法通过第二次划线,部分作第三次划线,并通过第三次平行画线部分作第四次平行划线。划线完毕后,盖上培养皿盖,倒置于温室培养。

第二种是将挑取有样品的接种环在平板培养基上做连续划线。划线完毕后,盖上培养皿盖,倒置于温室培养。

(3)培养观察。划线后的平板在 37 ℃恒温箱中倒置培养 24～48 h。取出平板,从以下几个方面观察不同细菌的菌落。

①大小:以毫米计。

②形状:圆形、不规则形、放射状等。

③表面:光滑、粗糙、圆环状、乳突状等。

④边缘:整齐、波形、锯齿状等。

⑤色素:有无色素、颜色,是否可溶(可溶色素使培养基着色)等。

⑥透明度:透明、半透明、不透明。

(4)挑菌落。将培养后生长出的单个菌落分别挑取少量细胞划线接种到平板上。在 37 ℃恒温箱中倒置培养 24～48 h 后,再次挑取单菌落划线并培养,检查其特征是否一致。同时将细胞涂片染色后用显微镜检查是否为单一的微生物,如果发现有杂菌,需要进一步分离、纯化,直到获得纯培养。

五、实验数据处理

记录并描绘平板纯种分离培养、斜面接种的微生物生长情况和培养特征。

六、思考题

(1)如何确定平板上某单个菌落是否为纯培养? 请写出实验的主要步骤。

(2)分离一种对青霉素具有抗性的细菌,应如何设计实验?

实验 34　微生物接种与无菌操作技术

一、实验意义和目的

(1)掌握无菌操作技术和无菌操作概念。

(2)掌握几种接种方法和培养技术。

二、实验原理

在微生物的研究应用中,不仅需要通过分离纯化技术从混杂的天然微生物群中分离出特定的微生物,而且还必须随时注意保持微生物纯培养物免受污染,防止其他微生物混入。在分离、转接及培养纯培养物时,防止其被其他微生物污染的技术被称为无菌技术,是保证微生物学研究正常进行的关键。无菌操作技术是微生物实验的必备技能。接种过程中需要全程保持无菌操作环境,操作动作要规范,避免污染。超净工作台等环境条件要保持无污染状态。无菌操作的要点是在火焰附近进行熟练的无菌操作,或在接种箱或无菌室内的无菌环境下进行操作。接种箱或无菌室可在使用的前一段时间内,用紫外光灯或化学药剂灭菌,有的无菌室还可通过无菌空气保持无菌状态。

接种技术是微生物学实验及研究中的一项最基本的操作技术。根据不同的实验目的及培养方式,可以采用不同的接种工具和接种方法。常用的接种工具有接种针、接种环、接种铲、无菌玻璃涂棒、无菌移液管、无菌滴管或移液器等,接种环和接种针一般采用易于迅速加热和冷却的镍铬合金等金属制备,使用时用火焰灼烧灭菌。常用的接种方法有斜面接种、液体接种、穿刺接种技术等。

三、实验仪器、设备和材料

1. 试剂和材料

(1)大肠杆菌、枯草芽孢杆菌。

(2)牛肉膏蛋白胨斜面培养基、牛肉膏蛋白胨液体培养基、半固体牛肉膏蛋白胨培养基。

(3)75%酒精溶液。

2. 仪器和设备

(1)超净工作台。

(2)接种环、接种针、无菌吸管、酒精灯。

(3)培养箱、摇床。

四、实验内容和步骤

1. 斜面接种

斜面接种技术是将斜面培养基(或平板培养基)上的微生物接种到另一支无菌斜面培养基上的方法。斜面接种法主要用于接种纯菌,使其增殖后用以鉴定或保存菌种。实验步骤如下:

(1)接种前将桌面擦净,将所需物品整齐有序地放在桌上。

(2)点燃酒精灯。

(3)将一支斜面菌种与一支待接种的斜面培养基持在左手拇指、食指、中指及无名指之间,菌种管在前,接种管在后,斜面向上管口对齐,应斜持试管呈 45°角,注意不要持成水平,以免试管管底的凝集水浸湿培养基表面。用右手在火焰旁转动两支试管棉塞,使其松动,以便接种时易于取出。

(4)右手持接种环柄,将接种环垂直放在火焰上灼烧。镍铬丝部分(环和丝)必须烧红,以达到灭菌目的。然后将除手柄部分以外的金属杆全用火焰灼烧一遍,尤其是接镍铬丝的螺口部分,要彻底灼烧以免灭菌不彻底。用右手的小指和手掌之间及无名指和小指之间夹住并拔出试管棉塞,将试管口在火焰上通过,以杀灭可能沾染的微生物。棉塞应始终夹在手中,如掉落应更换无菌棉塞。

(5)将灼烧灭菌的接种环插入菌种管内,先接触无菌苔生长的培养基或管壁,待冷却后再从斜面上刮取少许菌苔取出。接种环不能通过火焰,应在火焰旁迅速插入接种管,在试管中由下往上做 Z 形划线(如图 3-6 所示)。接种完毕,接种环应通过火焰抽出管口,并迅速塞上棉塞。再重新仔细灼烧接种环后,放回原处。将接种管贴好标签或用记号笔标记后再放入试管架,即可进行培养。

2. 液体接种

液体接种多用于增菌液进行增菌培养,也可用纯培养菌接种液体培养基进行生化试验,其操作方法与注意事项与斜面接种法基本相同,仅将不同点介绍如下:

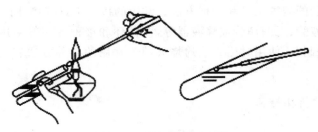

图 3-6 斜面接种示意图

由斜面培养物接种至液体培养基时,用接种环从斜面上蘸取少许菌苔,接至液体培养基时,应在管内靠近液面试管壁上将菌苔轻轻研磨并轻轻振荡,或将接种环在液体内振摇几次即可。如接种霉菌菌种时,若用接种环不易挑起培养物时,可用接种钩或接种铲进行操作。

由液体培养物接种液体培养基时,可用吸管、移液管或移液器吸取培养液,移至新液体培养基即可(如图 3-7 所示)。也可根据需要用接种环或接种针蘸取少许液体,移至新液体培养基即可。

图 3-7 用移液管进行液体接种

3. 穿刺接种

穿刺接种是用接种针挑取菌落(针必须挺直),自培养基的中心垂直地刺入半固体培养基中,直至接近管底,但不要穿透,然后沿着原穿刺线路将针拔出,塞上试管塞,灼烧接种针(如图 3-8 所示)。

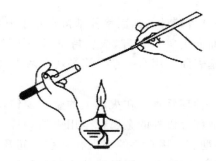

图 3-8 穿刺接种

五、实验数据处理

记录并描绘斜面接种的微生物生长情况和培养特征。

六、思考题

(1)试述微生物接种如何能够保证没有污染?

(2)无菌操作应该注意什么? 谈谈你的实验体会。

实验 35　细菌革兰氏染色与形态观察

一、实验意义和目的

(1)掌握细菌的涂片及革兰氏染色的基本方法和步骤。

(2)了解革兰氏染色法的原理及其在细菌分类鉴定中的重要性。

二、实验原理

简单染色法仅用一种染料使细菌着色以显示其形态,简单染色不能辨别细菌细胞的构造。革兰氏染色法可将所有的细菌区分为革兰氏阳性菌(G^+)和革兰氏阴性菌(G^-)两大类,是细菌学最常用的鉴别染色法。G^-菌的细胞壁中含有较多易被乙醇溶解的类脂质,而且肽聚糖层较薄、交联度低,故用乙醇或丙酮脱色时可溶解类脂质,增加细胞壁的通透性,使初染的结晶紫和碘的复合物易于渗出,细菌即被脱色,再经蕃红复染后可呈现红色。G^+菌细胞壁中肽聚糖层厚且交联度高,类脂质含量少,经脱色剂处理后反而使肽聚糖层的孔径缩小,通透性降低,因此细菌仍保留初染时的颜色。

三、实验仪器、设备和材料

1. 试剂和材料

(1)实验材料/菌种:枯草芽孢杆菌 12～20 h 牛肉膏蛋白胨斜面培养物、金黄色葡萄球菌 24 h 牛肉膏蛋白胨斜面培养物、大肠杆菌 24 h 牛肉膏蛋白胨斜面培养物。

(2)染色液和试剂:结晶紫、卢哥氏碘液、95%酒精、蕃红、二甲苯、香柏油。

2. 仪器和设备

(1)显微镜、载玻片。

(2)接种杯。

(3)酒精灯、擦镜纸。

四、实验内容和步骤

1. 制片

用枯草芽孢杆菌、金黄色葡萄球菌和大肠杆菌分别制作涂片(注意涂片切不可过于浓厚),干燥、固定。固定时通过火焰 1～2 次即可,不可过热,以载玻片不烫手为宜。

2. 染色

(1)结晶紫初染:滴加适量(以盖满细菌涂面)的结晶紫染色液染色 1～2 min,水洗。

(2)碘液媒染:滴加卢哥氏碘液,媒染 1 min,水洗。

(3)乙醇脱色:将玻片倾斜,连续滴加 95%乙醇脱色 15～25 s 直至流出液无色,立即水洗。革兰氏染色成败的关键是酒精脱色。如脱色过度,革兰氏阳性菌也可被脱色而染成阴性菌;如脱色时间过短,革兰氏阴性菌也会被染成革兰氏阳性菌。

(4)番红复染:滴加番红复染 2 min,水洗。

3.晾干镜检

干燥后,从低倍镜到高倍镜观察,最后用油镜观察。

五、实验数据处理

(1)用显微摄像系统拍摄油镜下几种细菌染色后的显微照片。
(2)手工绘制油镜下几种细菌的形态图,图旁注明该菌的形态、颜色和革兰氏染色的反应。

六、思考题

(1)哪些环节会影响革兰氏染色结果的正确性? 关键环节是什么?
(2)评价实验的染色结果是否正确? 请说明原因。
(3)乙醇脱色后复染前,革兰氏阳性菌和阴性菌分别是什么颜色?
(4)在革兰氏染色中,哪一个步骤可以省去而不影响最终结果?

实验 36　水中大肠菌群的测定(滤膜法)

一、实验意义和目的

(1)了解大肠菌群的数量指标在环境领域的重要性。
(2)学会大肠菌群的测定方法。

二、实验原理

大肠菌群是一群需氧或兼性厌氧的、在 37 ℃培养 24～48 h 能发酵乳糖产酸产气的革兰氏阴性无芽孢杆菌。它们普遍存在于肠道中,具有数量多、与多数肠道病原菌存活期相近、易于培养和观察等特点。该菌群包括肠道杆菌科中的埃希氏菌属、肠杆菌属、柠檬酸细菌属和克雷伯氏菌属。大肠菌群数是指每升水中含有的大肠菌群的近似值。通常可根据水中大肠菌群的数量判断水源是否被粪便污染,并可间接推测水源受肠道病原菌污染的可能性。

中国现行《生活饮用水卫生标准》(GB 5749—2006)规定:总大肠菌群(MPN/100 mL 或 CFU/100 mL)不得检出,耐热大肠菌群(MPN/100 mL 或 CFU/100 mL)不得检出,大肠埃希氏菌(MPN/100 mL 或 CFU/100 mL)不得检出。大肠菌群的检测方法主要有多管发酵法和滤膜法。前者被称为水的标准分析法,即将一定量的样品接种到乳糖发酵管,根据发酵反应的结果,确证大肠菌群的阳性管数后,在检索表中查出大肠菌群的近似值。后者是一种快速的替代方法,能测定大体积的水样,但只局限于饮用水或较洁净的水,目前在一些大城市的水厂常采用此法。

三、实验仪器、设备和材料

1.试剂和材料

(1)自来水。
(2)乳糖蛋白胨培养基的配方为:蛋白胨 1.0 g,牛肉膏 0.3 g,乳糖 0.5 g,NaCl 0.5 g,

1.6％溴甲酚紫乙醇溶液 0.1 mL,水 100 mL,pH 保持在 7.2～7.4。

按上述配方配置成溶液后(溴甲酚紫乙醇溶液调 pH 值后再加),分装于含有一只倒置杜氏小管的试管中,每支 10 mL。在 115 ℃(相对蒸汽压力 0.072 MPa)下灭菌 20 min。

(3)3 倍浓度的乳糖蛋白胨培养基:按配方(2)3 倍的浓度配制成溶液后分装,大发酵管每管装 50 mL,小发酵管每管装 5 mL,管内均有一支倒置杜氏小管。灭菌条件同上。

(4)伊红美蓝培养基(EMB 培养基)的配方为:蛋白胨 1.0g,K_2HPO_4 0.2g,乳糖 1.0 g,琼脂 2.0 g,2％伊红水溶液 20 mL,0.65％美蓝溶液 10 mL,水 100 mL,pH=7.1。

配制过程中,先调 pH 值再加伊红美蓝溶液。将上述溶液分装于锥形瓶,每瓶 150～200 mL,灭菌条件同上。

2. 仪器和设备

(1)高压蒸汽灭菌器。

(2)培养皿、锥形瓶、烧杯、试管、量筒、药物天平。

(3)培养箱、水浴锅。

(4)移液管、铁架、表面皿、细菌过滤器、滤膜、抽滤设备、pH 试纸和棉花等。

四、实验内容和步骤

1. 培养基制作、滤膜预处理

(1)乳糖蛋白胨培养基和伊红美蓝培养基(EMB 培养基)的制作同多管发酵法。

(2)乳糖蛋白胨半固体培养基的配方为:蛋白胨 1.0g,牛肉膏 0.5g,乳糖 1.0g,酵母浸膏 0.5g,1.6％溴甲酚紫乙醇溶液 0.1 mL,琼脂 0.5 g,水 100 mL,pH 保持在 7.2～7.4。

(3)滤膜孔径为 0.45 μm 的滤膜置于水浴中煮沸灭菌(间歇灭菌)3 次,每次 15 min。

2. 实验步骤

(1)倒培养基:采用伊红美蓝培养基倒置,冷却后待用。

(2)过滤水样:用无菌镊子将灭菌后的滤膜移至过滤器中,然后加 333 mL 水样并放于滤器抽气过滤,待水样滤完后再抽气 5 s 即可。

(3)将滤膜转移至平板:在滤膜截留细菌面向上,用无菌镊子将滤膜转移至上述已倒好的平板,使滤膜紧贴培养基表面。

(4)培养:将上述培养菌在 37 ℃培养箱培养 24 h。

(5)观察结果:将具有大肠菌群菌落特征、经革兰氏染色呈阴性、无芽孢的菌体(落)分别接种到乳糖蛋白胨培养基或乳糖蛋白胨半固体培养基(穿刺接种),经 37 ℃培养箱培养,前者于 24 h 产酸产气者或后者经培养 6～8 h 后产气者,则判定为阳性。

(6)结果计算:将被判为阳性的总菌落数乘以 3,即得每升水中的大肠菌群数。

大肠菌群检验表(MPN 法)见表 3-1 至表 3-4。

五、实验数据处理

(1)描述滤膜上的大肠杆菌菌落的外观。

(2)滤膜上的大肠菌群菌落数为_____个;1 L 水样中的大肠杆菌群数为_____个。

六、思考题

(1)测定水中大肠杆菌数有什么实际意义？为什么选用大肠杆菌作为水的卫生指标？

(2)根据我国饮用水水质标准,讨论本次检验结果。

表 3 - 1　大肠菌群的最大可能数(MPN 法)/(个/100 mL)

出现阳性份数			每100 mL水样中最大可能数	95%可信限值		出现阳性份数			每100 mL水样中最大可能数	95%可信限值	
10 mL	1 mL	0.1 mL		下限	上限	10 mL	1 mL	0.1 mL		下限	上限
0	0	0	<2			4	2	1	26	9	78
0	0	1	2	<0.5	7	4	3	0	27	9	80
0	1	0	2	<0.5	7	4	3	1	33	11	93
0	2	0	4	<0.5	11	4	4	0	34	12	93
1	0	0	2	<0.5	7	5	0	0	23	7	70
1	0	1	4	<0.5	11	5	0	1	34	11	89
1	1	0	4	<0.5	11	5	0	2	43	15	110
1	1	1	6	<0.5	15	5	1	0	33	11	93
1	2	0	6	<0.5	15	5	1	1	46	16	120
2	0	0	5	<0.5	13	5	1	2	63	21	150
2	0	1	7	1	17	5	2	0	49	17	130
2	1	0	7	1	17	5	2	1	70	23	170
2	1	1	9	2	21	5	2	2	94	28	220
2	2	0	9	2	21	5	3	0	79	25	190
2	3	0	12	3	28	5	3	1	110	31	250
3	0	0	8	1	19	5	3	2	140	37	310
3	0	1	11	2	25	5	3	3	180	44	500
3	1	0	11	2	25	5	4	0	130	35	300
3	1	1	14	4	34	5	4	1	170	43	190
3	2	0	14	4	34	5	4	2	220	57	700
3	2	1	17	5	46	5	4	3	280	90	850
3	3	0	17	5	46	5	4	4	350	120	1000
4	0	0	13	3	31	5	5	0	240	68	750
4	0	1	17	5	46	5	5	1	350	120	1000
4	1	0	17	5	46	5	5	2	540	180	1400
4	1	1	21	7	63	5	5	3	920	300	3200
4	1	2	26	9	78	5	5	4	1600	640	5800
4	2	0	22	7	67	5	5	5	≥1600		

注:水样总量 55.5 mL(5 管 10 mL,5 管 1 mL,5 管 0.1 mL)。

表 3 - 2　大肠菌群检验表 (个/L)

10 mL 水量的阳性管数	100 mL 水量的阳性管数			10 mL 水量的阳性管数	100 mL 水量的阳性管数		
	0	1	2		0	1	2
0	<3	4	11	6	22	36	92
1	3	8	18	7	27	43	120
2	7	13	27	8	31	51	161
3	11	18	38	9	36	60	230
4	14	24	52	10	40	69	>230
5	18	30	70				

注:水样总量 300 mL(2 份 100 mL,10 份 10 mL),此表用于测定生活饮用水。

表 3 - 3　大肠菌群检验表 (个/L)

100 mL	10 mL	1 mL	0.1 mL	水中大肠菌群数/L	100 mL	10 mL	1 mL	0.1 mL	水中大肠菌群数/L
—	—	—	—	<9	—	+	+	+	28
—	—	—	+	9	+	—	—	+	92
—	—	+	—	9	+	—	—	—	94
—	+	—	—	9.5	+	—	+	—	180
—	—	+	+	18	+	—	+	+	230
—	+	—	+	19	+	+	—	—	960
—	+	+	—	22	+	+	+	—	2380
+	—	—	—	23	+	+	+	+	>2380

注:水样总量 111.1 mL(100 mL,10 mL,1 mL,0.1 mL),+为有大肠菌群,—为无大肠菌群。

表 3 - 4　大肠菌群检验表 (个/L)

10 mL	1 mL	0.1 mL	0.01 mL	水中大肠菌群数/L	10 mL	1 mL	0.1 mL	0.01 mL	水中大肠菌群数/L
—	—	—	—	<90	—	+	+	+	280
—	—	—	+	90	+	—	—	+	920
—	—	+	—	90	+	—	—	—	940
—	+	—	—	95	+	—	+	+	1800
—	—	+	+	180	+	+	—	—	2300
—	+	—	+	190	+	+	—	+	9600
—	+	+	—	220	+	+	+	—	23800
+	—	—	—	230	+	+	+	+	>23800

注:水样总量 11.11 mL(10 mL,1 mL,0.1 mL,0.01 mL),+为有大肠菌群,—为无大肠菌群。

实验 37　活性污泥生物相观察及污泥沉降性能测定

一、实验意义和目的

(1)掌握用压滴法制作玻片。

（2）通过对活性污泥生物相观察、污泥沉降性能的简单测定，了解污泥生物相与污泥性能之间的关系。

（3）能够熟练使用显微镜，掌握污泥中常见微生物的种类和辨别方法、微生物数量的测算和污泥性能的测定方法。

二、实验原理

活性污泥是由多种好氧和兼性厌氧微生物与污水中的颗粒物交织凝聚在一起形成的絮状绒粒，是以细菌为主体包含多种微生物构成的生态系统。了解活性污泥生物性能，可以迅速对污泥的活性及其沉淀性能做出判断。活性污泥生物相包括微生物的种类、菌胶团形态与质地及微生物的活动情况，是反映污泥生物性能的重要特征。

活性污泥和生物膜是生物法处理废水的主体，污泥中微生物的生长、繁殖、代谢活动以及微生物之间的演替情况往往直接反映了污水的处理状况。原生动物是一类不进行光合作用的单细胞真核微生物。原生动物的形态多种多样，有游泳型和固着型两种。游泳型有漫游虫、盾纤虫等；固着型有小口钟虫、大口钟虫和枝虫等。微型后生动物是多细胞的微型动物，常见的有轮虫、线虫等。

在操作管理中除了利用物理、化学的手段来测定活性污泥的性质，还可借助于显微镜观察微生物的状况，进而判断废水处理设施的运行状况，以便及早发现异常，及时采取适当的对策，保证稳定运行，提高处理效果。为了监测微型动物演替变化状况，还需要定时进行计数。

三、实验仪器、装置和材料

1. 试剂和材料

污水处理厂活性污泥、MBR 活性污泥、SBR 活性污泥、A^2/O 处理工艺 O 段活性污泥。

2. 仪器和设备

显微镜、血球计数板、载玻片、盖玻片、滴管、滤纸、100 mL 量筒。

四、实验内容和步骤

1. 活性污泥生物相观察

1）压片标本的制备

用滴管将污泥混合液从血球计数板的盖玻片边缘注入计数区，1～2 min 后在显微镜下观察与计数；或者在载玻片中央位置上滴加一滴活性污泥混合液，盖上盖玻片（注意不要形成气泡），直接在显微镜下观察与计数。

2）显微镜观察

（1）低倍镜观察。

观察生物相全貌，要注意污泥絮粒的形状、结构、紧密度以及污泥中丝状菌的数量。根据活性污泥中丝状菌与菌胶团细菌的比例，可将丝状菌分成以下 5 个等级：

①0 级：污泥中几乎无丝状菌存在。

②±级：污泥中存在少量丝状菌。

③＋级：存在中等数量的丝状菌，总量少于菌胶团细菌。

④＋＋级：存在大量丝状菌，总量与菌胶团细菌相当。

⑤＋＋＋级：污泥絮粒以丝状菌为骨架，数量超过菌胶团细菌而占优势。

（2）高倍镜观察。

用高倍镜观察标本，可进一步看清微型动物的结构特征，观察时应注意微型动物的外形和内部结构。观察菌胶团时，应注意胶质的厚薄、色泽以及新生菌胶团出现的比例。观察丝状菌时，注意菌体内是否有类脂物质和硫粒的积累以及丝状菌生长、丝体内细胞的排列、形态和运动特征，以便判断丝状菌的种类，并进行记录。

（3）油镜观察。

鉴别丝状菌种类时，需要使用油镜。可将活性污泥样品先制成涂片后再染色，应注意丝状菌是否存在假分支和衣鞘、菌体在衣鞘内的空缺情况、菌体内有无储藏物质以及储藏物质的种类。

3）微型动物的计数

先用低倍镜寻找血球计数板上大方格网的位置（视野可调暗一些），找到计数室后将其移至视野的中央，再换高倍镜观察和计数。为了减少误差，所选的中格位置应布点均匀，如规格为 25 个中格的计数室，通常取 4 个角上的 4 个中格及中央的 1 个中格（共计 5 个中格）进行计数。为了提高精确度，每个样品必须重复计数 2～3 次。

4）计算

先求得每中格微型动物数的平均值，乘以中格数（16 或 25），即为一大格（0.1 mm³）中的总数，再乘以 10^4，则为每毫升稀释液的总数，如要换算成原液的总数，乘以稀释倍数即可。

2. 污泥沉降体积比测定

将 100 mL 摇匀的污泥混合液倒入量筒，静置 30 min，观测污泥所占体积。比较不同污泥的生物相与它们的污泥沉降体积比。

五、实验数据处理

（1）记录观察结果（包括：絮体大小、絮体形态、絮体结构、絮体紧密度、丝状菌数量、游离细菌以及微型动物种类数量等），对活性污泥（生物膜）的总体情况进行分析。在表 3 - 5 中填写观察到的几种活性污泥生物相的特点。

表 3 - 5　生物相特征记录表

污泥来源	生物相								SV/%
	菌胶团			原生动物		后生动物			
	大小	颜色	透明度	数量	种类	数量	种类	活力	

（2）用显微摄像系统拍摄并手工描绘观察到的活性污泥生物相中原生动物或后生动物个体形态图。

六、思考题

(1)原生动物各纲在污水生物处理中如何起指示作用？

(2)活性污泥的沉降性能与微生物的种类及活动情况有没有相关性？

实验 38　间歇式活性污泥法(SBR)实验

一、实验目的

(1)了解 SBR 法系统的特点。

(2)加深对 SBR 法工艺及运行过程的认识。

二、实验原理

间歇式活性污泥法(Sequencing Batch Reactor Activated Sludge Process,SBR),又称序批式活性污泥法,是一种不同于传统的连续流活性污泥法的活性污泥处理工艺。SBR 法实际上并不是一种新工艺,1914 年英国的 Alden 和 Lockett 首创活性污泥法时,采用的就是间歇式工艺。但由于当时曝气器和自控设备的限制该法未能广泛应用。随着计算机的发展和自动控制仪表、阀门的广泛应用,近年来该法又重新得到了重视和应用。

SBR 工艺作为活性污泥法的一种,其去除有机物的机理与传统的活性污泥法相同,都是通过活性污泥的絮凝、吸附、沉淀等过程来实现有机污染物的去除,所不同的只是其运行方式。SBR 法具有工艺简单,运行方式较灵活,脱氮除磷效果好,SVI 值较低污泥易于沉淀,可防止污泥膨胀,耐冲击负荷,所需费用较低,不需要二沉池和污泥回流设备等优点。

SBR 法系统包含预处理池、一个或几个反应池及污泥处理设施,反应池兼有调节池和沉淀池的功能。该工艺被称为序批间歇式,它有两个含义：①其运行操作在空间上按序排列；②每个 SBR 的运行操作在时间上也是按序进行的。

SBR 工作过程通常包括：进水阶段(加入基质)、反应阶段(基质降解)、沉淀阶段(泥水分离)、排放阶段(排上清液)、闲置阶段(恢复活性)5 个阶段。这 5 个阶段都在曝气池内完成,从第一次进水开始到第二次进水开始称为一个工作周期。每一个工作周期的各阶段的运行时间、运行状态可根据污水性质、排放规律和出水要求等进行调整。若在各个阶段采用一些特殊的手段,又可以达到脱氮、除磷及抑制污泥膨胀等目的。SBR 法典型的运行模式如图3-9所示。

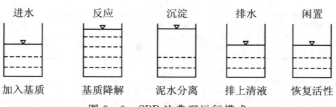

进水	反应	沉淀	排水	闲置
加入基质	基质降解	泥水分离	排上清液	恢复活性

图 3-9　SBR 法典型运行模式

三、实验仪器、设备和材料

(1)SBR 法实验装置及计算机控制系统 1 套,如图 3-10 所示。

(2)水泵。

(3)水箱。

(4)空气压缩机。

(5)DO 仪。

(6)COD 测定仪或测定装置及相关药剂。

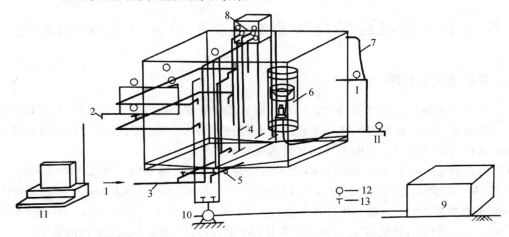

1—进水管；2—排气管；3—空气管；4—曝气管；5—放空管；6—滗水器；7—排气管；
8—液位计电器；9—水箱；10—水泵；11—计算机；12—电磁阀；13—手动阀。

图 3-10　SBR 法实验装置示意

四、实验内容和步骤

(1)打开计算机并设置各阶段控制时间(填入表 3-6 中),启动控制程序。

(2)水泵将原水送入反应器,达到设计水位后停泵(由水位继电器控制)。

(3)打开气阀开始曝气,达到设定时间后停止曝气,关闭气阀。

(4)静沉反应器内的混合液,达到设定静沉时间后,滗水器开始工作,排出反应器内的上清液。

(5)滗水器停止工作,反应器处于闲置阶段。

(6)准备开始进行下一个工作周期。

表 3-6　SBR 法实验记录

进水时间/h	曝气时间/h	静沉时间/h	滗水时间/h	闲置时间/h	进水 COD/(mg/L)	出水 COD/(mg/L)

五、实验数据处理

在给定条件下 SBR 法的有机物去除率 η 可按下式进行计算:

$$\eta = \frac{\rho_a - \rho_e}{\rho_a} \times 100\%$$

式中：ρ_a——进水中有机物浓度，mg/L；

　　　ρ_e——出水有机物浓度，mg/L。

六、思考题

(1)简述 SBR 法与传统活性污泥法的区别。

(2)简述 SBR 法工艺上的特点及滗水器的作用。

实验 39　活性污泥的培养及比耗氧速率(OUR)的测定

一、实验意义和目的

(1)综合考虑活性污泥增殖特点及污水的好氧生物处理原理与工艺,设计一种活性污泥培养方法(间歇培养或连续培养),进一步理解和掌握获得污水处理所需活性污泥的方法并通过生物相、活性污泥性能指标判断活性污泥培养进程的方法。

(2)综合运用需氧物(本次实验选择有机物或氨氮)及好氧生物氧化需氧物(有机物或氨氮等)所需工艺条件、物质转化和消耗等知识,设计耗氧速率(Oxygen Utilization Rate,OUR)测定条件,进一步理解有机物或氨氮的生物氧化过程中氧的消耗特征。掌握比耗氧速率(Specific Oxygen Utilization Rate,SOUR)的计算法,并进一步将 SOUR 用于活性污泥对基质的氧化活性的表征。

(3)自主选择适宜的抑制物和抑制条件,设计 OUR 测定条件,进一步理解抑制条件下 SOUR 的变化特征及原因。

二、实验原理

1. 活性污泥培养

在污水处理的好氧生物处理工艺的启动阶段,通常需要对活性污泥进行培养,以获得污水处理所需的足够的活性污泥。根据需要,可采用利用污水直接培养或向污水中接种适量微生物后培养。培养方法包括间歇培养或连续培养。通常,小水量污水处理系统(或大型污水处理系统连续培养的前期)采用间歇培养,即序批投加基质(进水)—曝气—沉淀—排水,并反复进行上述过程,直至生物量和性状满足要求。大型污水处理系统先采用间歇培养,获得一定生物量后,再进一步采用连续培养,即连续进水(进水量按设计梯度,逐渐增加)—曝气—沉淀—出水,持续增加进水量,直至达到设计水量。活性污泥量满足要求后,可进行正式运行或驯化后(实际水质与培养阶段水质差异较大时)进行正式运行。

2. OUR 测定

通常,通过测定活性污泥氧化基质时对溶解氧的摄取速率,即耗氧速率(OUR)或比耗氧速率(SOUR),可用于表征活性污泥的氧化活性。该方法亦可用于表征抑制物对活性污泥氧化基质的活性影响,测定活性污泥内源呼吸速率等。

三、实验仪器、设备和材料

1. 试剂和材料

(1)典型城市污水处理厂活性污泥。

(2)乙酸钠。

(3)葡萄糖。

(4)淀粉。

(5)氯化铵。

(6)磷酸二氢钾。

(7)硫脲。

(8)重金属废水。

本实验采用接种-间歇培养方式。实验用水模拟典型生活污水水质,生物反应-沉淀器的有效容积为 5.0 L。

2. 仪器和设备

(1)OUR 测定实验装置:采用一体化 OUR 测定设备进行测定,反应杯有效容积 10~15 L,可实现搅拌、曝气、DO 测定等功能。OUR 测定实验装置示意图如图 3-11 所示。

(2)溶解氧测定仪。

(3)温度计、pH 计、电子天平(感量 0.1 mg)。

(4)常用玻璃仪器,定量滤纸等。

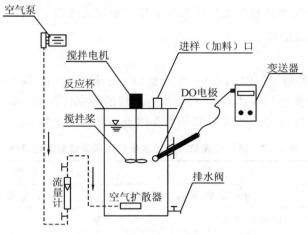

图 3-11　OUR 测定实验装置示意图

四、实验内容和步骤

1. 前期准备工作

(1)校准溶解氧测定仪,标定 pH 计。

(2)培养并定期观测活性污泥。

(3)检查活性污泥培养装置的曝气、排水等功能;按典型生活污水水质配制实验用水。

(4)检查 OUR 测定装置的搅拌、曝气、进水、排水功能,电极及杯体密封情况。

（5）取典型城市生活污水处理厂活性污泥，淘洗、过滤（0.5 mm 筛网）、预曝气后备用，同步测定 MLSS 浓度。

2. 活性污泥培养及 OUR 测定

（1）活性污泥培养及活性污泥性状表征：将实验用水（典型生活污水水质配制）定期注入生物反应-沉淀器，按进水—曝气—沉淀—排水方式运行，运行周期为 8 h 或 12 h，控制溶解氧不低于 2～3 mg/L。分别在运行当天及第 2.5 d、5 d、7.5 d、10 d，测定 MLSS、SV，观察生物相并进行显微摄影。

（2）OUR 测定：在一体化 OUR 装置中装入 10～15 L 活性污泥，取典型城市生活污水处理厂活性污泥，使用前进行淘洗、过滤（0.5 mm 筛网）、预曝气并测定 MLSS。曝气、加入适量有机碳源（乙酸钠、葡萄糖、淀粉，任选一种）或氨氮，使 DO 不低于 6～7 mg/L。关闭曝气，开启计时功能，测定 DO，DO 接近或低于 0.5 mg/L 时，停止计时。

（3）抑制条件下 OUR 及活性污泥性状表征：自主选择抑制剂，采用与（2）相同种类和浓度的碳源（或氨氮），重复上述操作，在关闭曝气后，3～5 s 内，加入一定浓度的抑制剂，搅拌 10～15 s 后，测定 DO。DO 接近或低于 0.5 mg/L 时，停止计时。DO 测定完成后，测定 MLSS、SV，观察生物相并进行显微摄影。

五、实验数据处理

1. 实验数据记录

活性污泥培养及性状表征实验原始数据记录在表 3-7，OUR 测定原始数据记录在表 3-8，抑制条件下 OUR 及活性污泥性状表征原始数据记录在表 3-9。

2. 实验数据计算及汇总

（1）OUR 计算：

根据 DO 的变化特征，采用"两点法（即起始 DO 与计时结束时 DO 的差值）"计算 OUR 或绘制 DO-Time 曲线并进行线性拟合，根据拟合直线的斜率计算 OUR。

（2）SOUR 计算：将（1）的 OUR 计算结果除以反应器内的生物量。

表 3-7 活性污泥培养及性状表征实验原始数据记录表

学号		姓名		日期	年 月 日
原水特征		水样名称：模拟生活污水		反应器水温：	
测定时间/d	MLSS/(mg/L)		SV/%		是否拍摄显微照片
0					
2.5					
5					
7.5					
10					

表 3 - 8　OUR 测定实验原始数据记录表

活性污泥特征	水温/℃：	MLSS/(mg/L)：		SV/%：	
基质名称			加入反应器后浓度		mg/L
序号	时间（　）	DO 浓度/(mg/L)	序号	时间（　）	DO 浓度/(mg/L)
1			13		
2			14		
3			15		
4			16		
5			17		
6			18		
7			19		
8			20		
9			21		
10			22		
11			23		
12			24		
指导教师签名					

表 3 - 9　抑制条件下 OUR 及活性污泥性状表征

活性污泥特征	水温/℃：	MLSS/(mg/L)：		SV/%：	
基质名称			加入反应器后浓度		mg/L
抑制剂名称			加入反应器后浓度		mg/L
序号	时间（　）	DO 浓度/(mg/L)	序号	时间（　）	DO 浓度/(mg/L)
1			11		
2			12		
3			13		
4			14		
5			15		
6			16		
7			17		
8			18		
9			19		
10			20		

序号	时间（　　　）	DO 浓度/（mg/L）	污泥性状描述
21			颜色：
22			颜色是否发生改变：
23			
24			沉降性能：
25			
26			沉降性能是否发生改变：
27			
28			是否拍摄显微照片：
29			
30			
指导教师签名			

六、注意事项

（1）实验前、实验过程中（改变工艺条件时）及实验后应对溶解氧测定仪进行校准；安放 DO 电极时，应避免搅拌桨与 DO 电极发生碰撞。

（2）实验全程必须佩戴医用乳胶手套，手套破损后，必须及时更换；移取、转运活性污泥时，必须佩戴护目镜。

（3）所有电源开关及线路切勿与水接触，以防触电。

七、思考题

（1）测定污泥比耗氧速率有什么意义？

（2）当没有溶解氧测定仪时，如何完成上述实验？

（3）当污泥负荷不同时污泥比耗氧速率相同吗？应当如何变化？

第4章 物理化学实验技术及污染物处理

实验 40 沉降曲线测定实验

一、实验意义和目的

(1)设计实验方案(自主确定沉淀时间和沉淀高度),完成离散颗粒沉降曲线的实验测定,掌握残留颗粒-沉速(粒径)分布曲线的绘制。

(2)通过实验进一步了解和掌握离散颗粒自由沉降的效率的计算、绘制去除效率(E 和 E_T)-时间曲线、去除效率(E 和 E_T)-最小沉速曲线。

(3)当采用普通沉淀池(平流式或辐流式)处理含有颗粒废水时,在理想条件下,掌握设计沉淀池所需沉淀时间和水力表面负荷的确定方法。

二、实验原理

自由沉淀是离散颗粒在沉淀构筑物中沉降的一种类型,其特征是颗粒在沉淀过程中不发生碰撞,颗粒保持大小形状以及沉速不变,各自独立完成沉淀过程。自由沉淀的颗粒沉速在层流区符合斯托克斯(Stokes)公式。由于水中颗粒的复杂性,颗粒粒径、颗粒相对密度都很难或无法准确测定,因而沉淀效果、特性无法通过公式求得,必须通过沉淀实验测定。另一方面,通过自由沉淀实验可以反推出不规则形状颗粒的等效粒径。

进行实验时,可在一般沉淀柱内进行,但其直径不小于 100 mm,以避免颗粒沉淀特征受边壁效应的影响。

将搅拌均匀的混合水样送入沉淀柱中,水面至底部取样口的距离为 h(即水面高度为 h,该高度称为沉淀高度)。试验开始时($t=0$)水中的悬浮颗粒在整个水深中均匀分布,取样测定悬浮物浓度,记为 C_0。随后,按设定的时间 $t_1,t_2,t_3,\cdots,t_i$,从设置于沉降柱底部(或中间位置)的取样口,取出一定体积的水样(每次取样量小于 1% 水样总体积,且每次取等量水样(亦可取适量水样),测定悬浮物浓度 $C_1,C_2,C_3,\cdots,C_i$。由此导致的水面下降量为 Δh(亦可取适量水样,不必每次取等量体积的水样,但需记录取样前水面的高度),当沉淀时间分别为 $t_1,t_2,t_3,\cdots,t_i$ 时,水面高度(以每次取等量水样为例)分别为 $h-\Delta h,h-2\times\Delta h,h-3\times\Delta h,\cdots,h-i\times\Delta h$);相应地,不同沉淀时间的沉淀速度分别是 $u_1=(h-\Delta h)/t_1,u_2=(h-2\times\Delta h)/t_2,u_3=(h-3\times\Delta h)/t_3,\cdots,u_i=[h-i\times\Delta h)]/t_i$ 的颗粒;这些颗粒中,在时间 t 时位于水面处且可以 100% 去除的颗粒所具有的沉淀速度称为最小颗粒沉速,即最小沉速(或临界沉速)。

以 $t_1,t_2,t_3,\cdots,t_i$ 时悬浮颗粒的去除率(即名义去除率,E,%)为纵坐标、u 及 t 为横坐标,分别绘制 E-u 及 E-t 曲线。$E_1=(1-C_1/C_0)\times100\%$,$E_2=(1-C_2/C_0)\times100\%$,$E_3=(1-C_3/C_0)\times100\%$,$\cdots,E_i=(1-C_i/C_0)\times100\%$。

以 $t_1, t_2, t_3, \cdots, t_i$ 时残留颗粒所占比率(p,%)为纵坐标,u 为横坐标绘制 $P-u$ 曲线,采用 Camp 图解积分法可求出最小沉速为 u_0 时,颗粒的总去除效率(E_T),分别绘制 E_T-u 及 E_T-t 曲线。$p_1 = C_1/C_0 \times 100\%$,$p_2 = C_2/C_0 \times 100\%$,$p_3 = C_3/C_0 \times 100\%$,$\cdots$,$p_i = C_i/C_0 \times 100\%$。

三、实验仪器、设备和材料

(1)沉降曲线测定实验装置,如图 4-1(a)、图 4-1(b),共 2 套,14 根沉降柱。

(2)中性定量滤纸、恒温烘箱、漏斗、电子天平(感量:0.1 mg)。

(3)100 mL 量筒、称量瓶、白瓷托盘、干燥器及不锈钢镊子等。

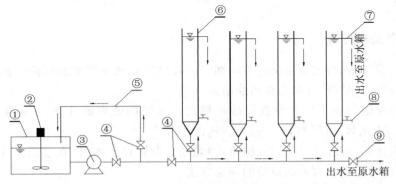

1—原水箱;2—搅拌电机;3—水泵;4—水泵循环管及进水(排水)管阀门;
5—循环水管;6—沉降柱;7—溢流管;8—放空管阀门。

(a) 采用水泵直接配水的自由沉降装置
(实验沉降柱编号:A、B、C、D、E、F、G、H)

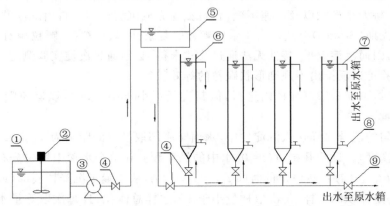

1—原水箱;2—搅拌电机;3—水泵;4—水泵循环管及进水(排水)管阀门;
5—高位水箱;6—沉降柱;7—溢流管;8—放空管阀门。

(b) 采用高位水箱配水的自由沉降装置
(实验沉降柱编号:I、J、K、L、M、N)

图 4-1 自由沉淀实验装置图

四、实验内容和步骤

1. 前期准备工作

预先将中性定量滤纸折叠好,放入干净的称量瓶中(称量瓶应编号),打开瓶盖,在 103~

105 ℃的烘箱烘干 0.5 h 后取出,盖好称量瓶瓶盖,放入干燥器中冷却至室温后称量。反复烘干、冷却、称量,直至两次称量的重量差≤0.2 mg,此时重量记为 W_0。

2. 沉降曲线测定

1)注入水样

开启沉降曲线测定实验装置的配水箱搅拌器,将水样搅拌均匀后,打开沉降柱进水阀门,启动水泵,将水样注入沉降柱中,达到溢流口后关闭进水阀门和水泵。从沉降柱内取 2 份体积各为 100 mL 的水样(用于测定平行样),采用重量法测定悬浮物浓度,将此悬浮物浓度计为 C_0。

重量法操作步骤如下:

(1)将 100 mL 水样经滤纸过滤,过滤时溶液最多加到滤纸边缘下 5~6 mm 处,如果液面过高,沉淀会因毛细作用而越过滤纸边缘。

(2)量筒壁用蒸馏水冲净(每次取蒸馏水 10 mL 左右,反复冲洗 2~5 次),冲洗水过滤。

(3)小心取下滤纸;放入原称量瓶内(注意称量瓶编号),在 103~105 ℃烘箱中,打开瓶盖烘 1 h,取出后盖好瓶盖,放入干燥器,冷却后至室温称重。

(4)反复烘干、冷却、称量,直至两次称量的重量差≤0.4 mg,此时重量记为 W_u。

2)测定

开始计后,在 $t_1, t_2, t_3, \cdots, t_i$ 时,分别从取样口取出 2 份 100 mL 水样,采用重量法测定悬浮物浓度,记为 $C_1, C_2, C_3, \cdots, C_i$,在每次取样前测定并记录沉降柱内水面至取样口的高度 h,记为 $h_1, h_2, h_3, \cdots, h_i$。

五、实验数据处理

1. 实验数据记录

实验原始数据记录表如表 4-1 所示。

在原始实验数据的基础上,计算出 $t_1, t_2, t_3, \cdots, t_i$ 时的 SS 浓度及沉降速度,汇总至表4-2。

表 4-1 实验原始数据记录表

沉降柱编号		学号		姓名		日期	年	月	日
原水特征	水样名称:		水温:						
沉淀时间/h	称量瓶编号		过滤前称量瓶质量/g		过滤后称量瓶质量/g		取样体积/mL		取样前取样口至水面的高度 h/cm	
t_0	柱号-t_0-1									
	柱号-t_0-2									
t_1	柱号-t_1-1									
	柱号-t_1-2									
t_2	柱号-t_2-1									
	柱号-t_2-2									

续表

沉淀时间/h	称量瓶编号	过滤前称量瓶质量/g	过滤后称量瓶质量/g	取样体积/mL	取样前取样口至水面的高度 h/cm
t_3	柱号-t_3-1				
	柱号-t_3-2				
t_4	柱号-t_4-1				
	柱号-t_4-2				
t_5	柱号-t_5-1				
	柱号-t_5-2				
t_6	柱号-t_6-1				
	柱号-t_6-2				
指导教师签名					

表 4-2　实验数据整理表

沉降柱编号			水样名称			
沉淀时间/h	称量瓶编号	过滤前后称量瓶质量差/mg	SS/(mg/L)	SS 浓度及标准方差		沉淀速度/(m/h)
				平均浓度/(mg/L)	标准方差	
t_0	柱号-t_0-1					
	柱号-t_0-2					
t_1	柱号-t_1-1					
	柱号-t_1-2					
t_2	柱号-t_2-1					
	柱号-t_2-2					
t_3	柱号-t_3-1					
	柱号-t_3-2					
t_4	柱号-t_4-1					
	柱号-t_4-2					
t_5	柱号-t_5-1					
	柱号-t_5-2					
t_6	柱号-t_6-1					
	柱号-t_6-2					

2. 实验数据计算及汇总

（1）未被去除悬浮物所占比率为

$$p_i = C_i/C_0 \times 100 \qquad (4-1)$$

颗粒的名义去除效率为

$$E_i = (1 - C_i/C_0) \times 100 \qquad (4-2)$$

式中：C_0——原水悬浮物浓度；

C_i——不同沉淀时间时残留于水中的悬浮物浓度；

将整理后数据填入表 4-2。

（2）相应颗粒沉速（m/h）为

$$u = h/t$$

（3）计算各个不同时刻取样口断面处悬浮物的残留率（$p = C/C_0 \times 100\%$）及相应时刻所对应的沉降速度（$u = h/t$），将数据填入残留颗粒浓度、沉淀效率及沉降速度表，如表 4-3 所示。

（4）以 E 为纵坐标，以 u 及 t 为横坐标绘制 E-u 及 E-t 曲线。以 p 为纵坐标，以 u 为横坐标绘制 p-u 曲线。自主设计并确定 u_0 取值，并进一步计算获得 E_T-u 及 E_T-t。

表 4-3　残留颗粒浓度、沉淀效率及沉降速度表

沉降柱编号		水样名称				
沉淀时间/h	SS 浓度及标准方差		残留颗粒所占分率 p/%	去除效率/%		沉淀速度/(m/h)
	平均浓度/(mg/L)	标准方差		E	E_T^*	
t_0						
t_1						
t_2						
t_3						
t_4						
t_5						
t_6						
* 注：自主设计并确定 u_0 取值，并进一步计算获得 E_T-u 及 E_T-t。						

【注意事项】实验报告撰写内容及要求：

（1）实验报告正文中应绘制以 p 为纵坐标，以 u 为横坐标的 p-u 曲线；

（2）实验报告正文中应绘制以 E 为纵坐标，以 u 及 t 为横坐标的 E-u 及 E-t 曲线。基于 p-u 曲线，采用 Camp 图解积分法，进一步计算 E_T，并绘制 E_T-u 及 E_T-t 曲线（应将 E-t 及 E_T-t、E-u 及 E_T-u 分别绘制在同一图中）。

（3）重量数据单位为 g，按实际测量方法保留有效数字；其他计算结果数据均按修约规则保留有效数字；建议采用 Excel（或 Origin）计算数据；注意数据处理过程中的单位转换。

六、注意事项

（1）在沉降柱进水时，应确保进水速度适中，既要快速完成进水，防止进水过程中一些较重颗粒沉降，又要防止速度过快造成水体紊动，影响沉淀效果。

（2）取样时要先排出取水口管内积水后再取样，减少误差。

七、思考题

（1）如何根据自由沉淀沉速计算公式，推算颗粒的粒径？

（2）如何测量水中絮凝体的沉降速度？并与相近粒径石英砂颗粒沉速进行对比说明。

实验 41　氧转移系数测定实验

一、实验意义和目的

（1）设计鼓风曝气实验，进一步理解不同扩散器（大气泡、中气泡、小气泡）对溶解氧饱和时间及氧的总转移系数（K_{La}）的影响。

（2）设计鼓风曝气实验，进一步理解水温或水质对氧的饱和溶解度（C_S）及 K_{La} 的影响，掌握 K_{La} 的温度修正方法（温度修正系数取 1.02）及 C_S 的温度修正方法（温度修正系数取 1.0214）；通过实验确定实验水质条件下，K_{La} 的水质修正系数（α）及 C_S 的水质修正系数（β）。

（3）设计机械曝气实验，进一步理解机械曝气搅拌强度对氧的转移速率的影响。

二、实验原理

在污水处理的好氧活性污工艺中，常采用鼓风曝气（或机械曝气、射流曝气）的方式，将空气中的氧溶解到混合液中。空气中的氧向混合液中的转移速率既取决于设备的性能，也受水温、水质的影响。通常通过测定清水（或污水）中氧的总转移系数表征空气中的氧向水相中的转移速率。

空气中的氧向水相转移的机理常用双膜理论来解释。当气、液两相作相对运动时，其接触界面两侧分别存在着气膜和液膜。氧在气、液双膜进行分子扩散并在膜外进行对流扩散。当液体中的氧未达到饱和时，气体分子会从气相转移至液相。这时，对于微溶的气体，阻力主要来自液膜；对于易溶的气体，阻力主要来自气膜；对于中等程度溶解的气体，气膜及液膜都有相当的阻力。对于氧气向水中溶解而言，由于氧的溶解度低（即微溶），其阻力主要来自液膜。氧的转移速率可表示为

$$\frac{\mathrm{d}c}{\mathrm{d}t} = K_{La}(C_S - C) \tag{4-3}$$

当 $t=0$ 时，水中溶解氧浓度为 C_0，当 $t=t$ 时，水中溶解氧浓度为 C_t 时，整理式（4-3）得

$$\int_{C_0}^{C_t} \frac{1}{C_S - C}\mathrm{d}c = \int_0^t K_{La}\,\mathrm{d}t \tag{4-4}$$

将式（4-4）积分得

$$(\ln C_S - C)\Big|_{C_0}^{C_t} = K_{La}t\,\Big|_0^t \tag{4-5}$$

$$\ln \frac{C_S - C_0}{C_S - C_t} = K_{La}t \tag{4-6}$$

式中：K_{La}——氧的总转移系数，h^{-1}；

　　　C_S——饱和的溶解氧浓度，mg/L；

　　　C——水中溶解氧的实际浓度，mg/L；

　　　t——充氧时间或 $t=0\sim t$ 的时段长度，时间单位；

　　　C_0、C_t——$t=0$ 及 $t=t$ 时水相中溶解氧浓度，mg/L。

在实验数据中，任选多组（或一组）起始时间（即 $t=0$，相应水中溶解氧浓度为 C_0）及截止时间（$t=t$，相应水中溶解氧浓度为 C_t），以 C 为纵轴，以时间 t 为横轴，对实验数据作图。所得

数据进行线性拟合,所得斜率即为氧的总转移系数 K_{La} 值。

三、实验仪器、设备和材料

1. 试剂和材料

(1)亚硫酸钠。

(2)氧化钴。

2. 仪器和设备

(1)溶解氧测定仪。

(2)温度计。

(3)常用玻璃仪器。

在不同鼓风曝气及机械曝气条件下,测定总转移系数,实验装置示意图如图 4 - 2 所示。

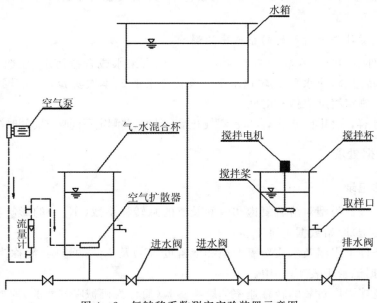

图 4 - 2 氧转移系数测定实验装置示意图

四、实验内容和步骤

1. 前期准备工作

(1)校准溶解氧测定仪,掌握使用方法。

(2)测定实验用水中氧的饱和溶解度(C_S):在向实验用水(自来水及含盐污水)加入脱氧剂之前,取适量水样(1 L 左右),充分曝气,直至溶解氧不再增加,测定溶解氧浓度即为该实验用水中氧的饱和溶解度(C_S)(在测定温度、水深及大气压条件下)。

(3)制备脱氧水:在实验用水(自来水及含盐污水)中加入亚硫酸钠,使水相中亚硫酸钠浓度与实验用水起始溶解氧的摩尔比为 1.0～1.05,即每毫克溶解氧加入亚硫酸钠的量为 7.9～8.3 mg。为加速脱氧反应,加入适量氯化钴作为催化剂。通常采用质量浓度为 5%～10%的亚硫酸钠溶液,当实验用水中加入已知浓度的亚硫酸钠溶液后,轻轻搅拌(避免空气混入),反应 10 min 左右,测定 DO。当 DO 为零或接近零,即得到脱氧水。

2. 氧转移系数测定

1)鼓风曝气扩散器类型对溶解氧饱和时间及氧的总转移系数(K_{La})的影响

(1)室温条件下,在气-水混合杯中注入用自来水或含盐污水制备的脱氧水 1.0 L,采用大气泡、中气泡及小气泡空气扩散器,在空气流量为 0.15~0.3 L/min 的条件下,测定溶解氧饱和时间及相应的氧的饱和溶解度(C_s)。

(2)取平行水样,在相同工况下,自鼓风曝气开始时计时,并测定不同曝气时间下的溶解氧浓度值。

2)鼓风曝气条件下水温及水质对氧的饱和溶解度(C_s)及 K_{La} 的影响

(1)分别改变水温及水质,自主选定空气扩散器的类型。

(2)在空气流量为 0.15~0.3 L/min 的条件下,自鼓风曝气开始时计时,并测定不同曝气时间下的溶解氧浓度值。

3)机械曝气搅拌强度对氧的转移速率的影响

(1)室温条件下,在气-水混合杯中注入 1.0 L 用自来水或含盐污水(任选一种)制备的脱氧水,采用不同转速(转速水平 1、转速水平 2 及转速水平 3;本次实验采用不同转速水平,模拟不同搅拌强度),测定溶解氧饱和时间。

(2)取平行水样,在相同工况下,自机械曝气开始时计时,并测定不同曝气时间时溶解氧浓度值。

五、实验数据处理

1. 实验数据记录

鼓风曝气扩散器类型对溶解氧饱和时间及氧的总转移系数(K_{La})的影响实验(简称为鼓风曝气扩散器类型)原始数据记录于表 4-4 中。

鼓风曝气条件下水温及水质对氧的饱和溶解度(C_s)及 K_{La} 的影响(简称为温度及水质影响实验)原始数据记录于表 4-5 中。

机械曝气搅拌强度对氧的转移速率的影响实验(简称为机械曝气实验)原始数据记录于见表 4-6。

表 4-4　鼓风曝气扩散器类型实验原始数据记录表

学号		姓名			日期	年　月　日	
原水特征		水样名称:　　水温:					
曝气量			L/min	大气压			kPa
饱和溶解氧浓度(C_s)							mg/L
大气泡扩散器		中气泡扩散器		小气泡扩散器			
测定时间/min	DO 浓度/(mg/L)	测定时间/min	DO 浓度/(mg/L)	测定时间/min	DO 浓度/(mg/L)		
0		0		0			

测定时间/min	DO 浓度/(mg/L)	测定时间/min	DO 浓度/(mg/L)	测定时间/min	DO 浓度/(mg/L)
指导教师签字					

表 4-5 温度及水质影响实验原始数据记录表

原水特征		水样名称：	水温：		
曝气量		L/min	大气压		kPa
空气扩散器类型					
饱和溶解氧浓度(C_s)					mg/L
测定时间/min	DO 浓度/(mg/L)	测定时间/min	DO 浓度/(mg/L)	测定时间/min	DO 浓度/(mg/L)
原水特征		水样名称：	水温：		
曝气量		L/min	大气压		kPa
饱和溶解氧浓度(C_s)					mg/L
测定时间（min）	DO 浓度/(mg/L)	测定时间（min）	DO 浓度/(mg/L)	测定时间/(min)	DO 浓度/(mg/L)
指导教师签名					

表 4 - 6 机械曝气实验原始数据记录表

学号		姓名		日期	年 月 日
原水特征	水样名称：		水温：		
设备结构形式	淹没式机械搅拌		大气压		kPa
饱和溶解氧浓度(C_s)					mg/L
水平 1(搅拌强度较弱)		水平 2(搅拌强度中等)		水平 3(搅拌强度较大)	
0		0		0	
指导教师签字					

2. 实验数据计算及汇总

1) K_{La} 计算

根据实验结果,取任意一个或多个时间段,读取所取时间段起始($t=0$)及截止($t=t$)时的溶解氧浓度,利用式(4-6)进行计算。

亦可采用 Excel,对基于式(4-3)进行积分,求出 C_t 的表达式,采用 Excel(或 Origin)拟合即可得到 K_{La}。

2) K_{La} 及 C_s 的温度修正方法

取 K_{La} 的温度修正系数为 1.02,不同水温条件下, K_{La} 可按式(4-7)进行修正:

$$K_{La}(T,水温) = K_{La}(20\ ℃) \cdot 1.02^{T-20} \tag{4-7}$$

同理,可将不同水温条件下获得的 K_{La} 换算为 20 ℃的数值。

本次实验用自来水 C_S 的温度修正系数为 1.0214,不同水温条件下,可按下式(4-8)进行修正:

$$C_S(T,水温) = C_S(20\ ℃) \cdot 1.0214^{20-T} \tag{4-8}$$

同理,可将不同水温条件下获得的 C_S 换算为 20 ℃的数值。

3) K_{La} 及 C_S 的水质修正系数计算方法

将同一温度(20 ℃)不同水质(污水与自来水)条件下获得的 K_{La} 数值进行比值,即可得到 K_{La} 的水质修正系数(α)。

将同一温度(20 ℃)不同水质(污水与自来水)条件下获得的 C_S 数值进行比值,即可得到 C_S 的水质修正系数(β)。

六、注意事项

（1）实验前、实验过程中（改变工艺条件时）及实验后应对溶解氧测定仪进行的校准。

（2）在鼓风曝气时，应避免气泡直接接触溶解氧电极，以免引起测定误差；在测定过程中，应适当晃动溶解氧电极，以避免 DO 电极选择性透过膜表面出现过大传质阻力。

（3）在机械曝气时，应避免搅拌桨与 DO 电极发生碰撞。

（4）所有电源开关及线路切勿与水接触，以防触电。

七、思考题

（1）氧总转移系数 K_{La} 的物理意义是什么？

（2）废水的 α 和 β 值的物理意义是什么？

（3）试论述 K_{La} 与各变量（搅拌强度、曝气量、温度等）之间的关系。

实验 42　混凝-气浮实验

一、实验意义和目的

（1）设计不同混凝条件，包括混凝药剂种类、混凝药剂投加量或凝聚剂-絮凝剂组合方式等，进一步理解所选工艺条件对混凝效果的影响，掌握凝聚及絮凝所需混合、反应条件。

（2）设计混凝-沉淀实验，根据固液分离效果，确定混凝的最佳工艺条件。

（3）设计实验，进一步理解混凝对压力溶气气浮工艺分离效果的影响；设计不同溶气水/原水比例（其数值可以换算为气/固比），根据溶气水投加量与目标污染物的特征关系，确定压力溶气气浮的最佳溶气水/原水比例。

（4）根据实验结果，确定适宜于实验用水的混凝-固液分离工艺的流程及相应的工艺条件。

二、实验原理

废水中常含有一些粒径在 1 nm 和 2～3 μm 的颗粒，其在重力或浮力作用下难以实现固液分离，且在工程可接受的时间内无法实现固液分离。其原因在于：对于粒径在 1～100 nm 的颗粒（即胶体），由于其表面带有电荷而长期处于分散而稳定的状态；对于粒径在 100 nm 和 2～3 μm 的颗粒，依靠其自身的沉淀或浮上速度，需要很长时间才能实现固液分离。当向水中投加一些无机化学药剂或有机高分子药剂时，可改变这些胶体颗粒表面的荷电特征，破坏其稳定性，使胶体颗粒脱稳并聚集，且颗粒变大。上述过程称为混凝，投加的化学药品称为混凝剂。根据混凝剂作用机理不同，可将混凝剂分为凝聚剂和絮凝剂。除原水水质外，混凝效果取决于混凝药剂种类、混凝药剂投加量及凝聚剂-絮凝剂组合方式等工艺条件。

根据脱稳颗粒或聚集后粒径增大的颗粒与水的密度差异，可采用重力沉淀或浮力浮上工艺，实现固液分离。

对于密度小于水，但浮上速度过小（或一些密度略大于水、沉淀速度过小的颗粒）可进一步采用压力溶气气浮工艺，在工程可接受的时间内实现固液分离。根据空气在水中的溶解度与压力成正比的原理，将空气加压通入水中并停留一定时间，形成溶气水；当减压后，溶解在水中的空气以微气泡的形式释放出来。将这种富含微小气泡的溶气水与污水中悬浮颗粒混合,形成水-气-颗粒三相混合体系,微气泡附聚在颗粒表面,使颗粒的浮上速度增加。请混合体系在一定时间内上浮至水面,形成浮渣层,从而实现从废水中浮上分离悬浮固体的目的。

三、实验仪器、设备和材料

混凝采用六联搅拌器,实验装置示意图如图4-3所示。

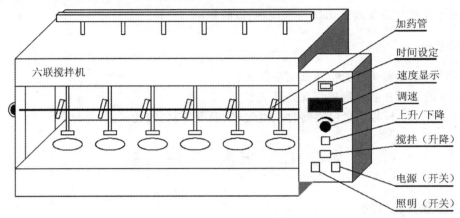

图 4-3　混凝用六联搅拌器示意图
(六联搅拌器编号:A、B、C、D、E、F、G,共7套)

压力溶气气浮采用溶气-气浮一体化设备,实验装置示意图如图4-4所示。

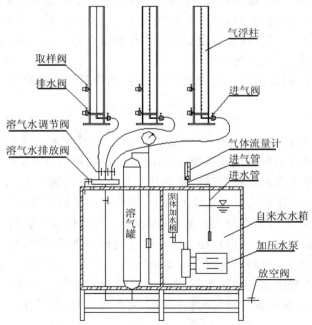

图 4-4　溶气-气浮一体化设备示意图
(溶气-气浮一体化设备编号:H、I共2套;气浮柱:6根)

实验所需主要仪器及用品包括激光粒度分析仪、Zeta 电位仪、光电式浊度仪、pH 计、混凝反应杯、1000 mL 量筒及常用玻璃仪器、凝聚剂、絮凝剂等。

四、实验内容和步骤

1. 前期准备工作

(1)确定拟采用的混凝剂种类：本次实验准备了氯化铁（FC，分子式为 $FeCl_3$，含水率 5%）、硫酸铝［AS，分子式为 $Al_2(SO_4)_3 \cdot 18H_2O$］、聚合氯化铝（PAC，铝含量为 14%）、聚合氯化铁（PFC，铁含量为 14%）、阳离子型 PAM（PAM^+）及阴离子型 PAM（PAM^-），可自主选择混凝剂的种类。

(2)配置混凝剂溶液：无机凝聚剂配制浓度为 1%（质量浓度，以铁或铝计），有机高分子絮凝剂配制浓度为 1‰（质量浓度，以 PAM 质量计）。

(3)熟悉并掌握实验设备的使用：熟悉六联搅拌机的使用，掌握时间及转速的设定方法、平均速度梯度与转速的关系；掌握溶气-气浮一体化设备的操作，包括开机、进水、进气、释放溶气水等操作。

(4)熟悉并掌握实验仪器的使用：掌握浊度仪及 pH 计的标定和使用方法。

2. 混凝-气浮实验

(1)在六联搅拌机的混凝反应杯内加入原水（1000 mL），根据混合、反应所需平均速度梯度和时间条件，自主设定搅拌器的转速和时间。

(2)根据自主选定的混凝剂种类、投加量及凝聚剂-絮凝剂的组合方式，在加药器内分别注入相应种类和投加量的药剂（凝聚剂或絮凝剂）。

(3)开机，在设定的时间和转速条件下，向原水中分别加入不同量的凝聚剂和絮凝剂。

(4)固液分离工艺之一：混凝-沉淀。

自主设计最小速度（其数值等于沉淀池的水力表面负荷，建议值：0.6～1.5 $m^3/m^2 \cdot h$）和固液分离时间（其数值等于沉淀时间，建议值：1.5～4.0 h），测定沉淀出水的浊度，判断混凝效果。根据混凝效果决定最佳混凝工艺条件（混凝剂种类、数量及加药量）。

(5)固液分离工艺之二：混凝-气浮。

在上步所确定的最佳混凝条件下，进行混凝。混凝后的脱稳颗粒采用压力溶气气浮工艺进行固液分离。自主设计浮上速度（其数值等于气浮池的水力表面负荷，建议值：5～10 $m^3/m^2 \cdot h$）和固液分离时间（其数值等于浮上时间，建议值：0.25～0.5 h）。设计不同溶气水/原水比例（其数值可以转化为气/固比），将不同量的溶气水与混凝后的污水混合后，进行浮上分离。测定气浮出水的浊度，判断气浮效果。确定压力溶气气浮的最佳溶气水/原水比例。

(6)根据实验结果，确定适宜于该种污水的混凝工艺条件、固液分离工艺及相应的工艺条件。

五、实验数据处理

1. 实验数据记录

混凝-沉淀实验原始数据记录表如表 4-7 所示。混凝-气浮实验原始数据记录表如表 4-8 所示。

表 4-7 混凝-沉淀实验原始数据记录表

学号			姓名			日期	年 月 日
原水特征				水样名称：	水温：		
快速搅拌速度			r/min	快速搅拌时间			min
快速搅拌（混合）平均速度梯度/S⁻¹							
慢速搅拌速度			r/min	慢速搅拌时间			min
慢速搅拌（反应）平均速度梯度/S⁻¹							
最小沉速取值		m/h	沉淀时间取值		h	混凝杯沉淀时间	min

设备编号	混凝杯编号	凝聚剂名称及投量		絮凝剂名称及投量		浊度（NTU）	Zeta 电位/mV	pH
		名称 浓度/%	加药量/mL	名称 浓度/%	加药量/mL			
原水	0	—	—	—	—			
	1							
	2							
	3							
	4							
	5							
	6							
其他:测定粒度分布 *（请选择一种）		取 0# 和最佳混凝-沉淀条件的出水				指导教师签字		
		取 0# 和最佳混凝-气浮条件下出水						

表 4-8　混凝-气浮实验原始数据记录表

学号			姓名			日期	年　月　日	
原水特征			水样名称:原水及混凝出水					
溶气压力			kPa	气浮柱原水体积				mL
浮上速度取值		m/h	浮上时间取值		h	气浮柱浮上时间		min
设备编号	气浮柱编号	溶气水投量/mL					浊度(NTU)	pH
		实验设计值			实际投加量			
其他:测定粒度分布 *		取 0# 和最佳混凝-沉淀条件的出水					指导教师签字	
		取 0# 和最佳混凝-气浮条件下出水						

2. 实验数据计算及汇总

(1)$\overline{G} \cdot t$ 计算及混凝条件的判断。

计算平均速度梯度($\overline{G}$)与混合(反应)时间(t)的乘积。当 $\overline{G} \cdot t$ 乘积的值在 $10^4 \sim 10^5$ 范围内,即可认为混凝条件符合要求。

(2)胶体及细小悬浮固体去除率的计算可按下式进行

$$E_i = (1 - C_i/C_0) \times 100\% \tag{4-9}$$

式中:C_0—原水悬浮固体浓度;

C_i—不同混凝-气浮条件下残留于水中的悬浮固体浓度。

注:本次实验用水的浊度与悬浮固体浓度呈线性相关,可直接采用浊度值及其去除率计算悬浮固体的去除率。

(3)溶气水/原水体积比可按下式计算:

$$气水比 = 溶气水体积/原水体积 \times 100\%$$

注意:实验报告撰写内容要求。

(1)实验报告正文中应绘制混凝种类(或混凝剂投量)(X 坐标)与悬浮固体浓度及去除率的曲线(Y 坐标)(建议 Y 轴采用双坐标,主坐标为悬浮固体浓度,次坐标为悬浮固体去除率),并对实验结果进行分析、讨论,确定最佳混凝工艺条件。

(2)实验报告正文中应绘制混凝种类(或混凝剂投量)(X 坐标)与 pH 的曲线(Y 坐标),以表达不同混凝条件下 pH 的变化特征,并对实验结果进行分析、讨论。

(3)实验报告正文中应绘制气水比(X 坐标)与悬浮固体浓度及去除率的曲线(Y 坐标)(建议 Y 轴采用双坐标,主坐标为悬浮固体浓度,次坐标为悬浮固体去除率),并对实验结果进行分析、讨论,确定最佳气浮工艺条件(给出最佳汽水比即可)。

六、注意事项

(1)从混凝杯或气浮柱取水样时,以免扰动已沉降(或浮上)的絮凝体;测定时,需将水样混合均匀,以避免在等待样品测定过程中发生固液分离而产生测定误差。

(2)在搅拌混合、反应、静止沉降(浮上)过程中,注意观察絮凝体的形成过程、粒径及沉淀(浮上)速度的变化。

(3)注意读取气浮柱内液体的体积及加入设定的溶气水后的体积;取样后,气浮柱内的废水必须倒入指定的容器内。

(4)压力溶气气浮实验的溶气罐压力容器的外排水阀门必须处于开启状态,以免水泵负荷过大受到损坏。注意观察外排阀门出水情况,一旦无水排出,应该立即关闭电源,向水泵中加入少量引水后再开启。

(5)所有电源开关及线路切勿与水接触,以防触电。

七、思考题

(1)简述混凝处理工艺与气浮处理废水工艺的异同之处。

(2)如果过量投加混凝剂(即最大量远大于最佳投药量)后,混凝效果为什么会变差?

实验 43　活性炭吸附实验

一、实验目的

(1)加深理解吸附的基本原理。

(2)通过实验进一步了解活性炭吸附的工艺及性能,熟悉实验过程的操作。

(3)掌握用间歇法、连续流法确定活性炭处理污水的设计参数及活性炭吸附公式中的常数。

二、实验原理

固体表面的分子或原子因受力不均衡而具有剩余的表面能,当某些物质碰撞固体表面时,会受到这些不平衡力的吸引而停留在固体表面上,这就是吸附。这里的固体称为吸附剂,被固体吸附的物质称为吸附质。吸附的结果是吸附质在吸附剂上聚集,吸附剂的表面能降低。吸附可分为物理吸附、化学吸附、交换吸附三种基本类型。

活性炭水中所含杂质的吸附既有物理吸附现象,也有化学吸附作用。有一些被吸附物质先在活性炭表面上积聚浓缩,继而进入固体晶格原子或分子之间被吸附,还有一些特殊物质则与活性炭分子结合而被吸附。

当活性炭吸附水中所含杂质时,水中的溶解性杂质在活性炭表面积聚而被吸附,同时也有一些被吸附物质由于分子运动而离开活性炭表面,重新进入水中,即同时发生解吸现象。当吸附和解吸处于动态平衡时,即单位时间内活性炭吸附的数量等于解吸的数量时,被吸附物质在溶液中的浓度和在活性炭表面的浓度均不再变化,达到了平衡,称为吸附平衡。这时活性炭和水(即固相和液相)之间的溶质浓度,具有一定的分布比值。如果在一定压力和温度条件下,用 m g 活性炭吸附溶液中的溶质,被吸附的溶质为 x mg,单位重量的活性炭吸附溶质的数量为 q_e,吸附容量(平衡吸附量,mg/g)可按式(4-10)计算:

$$q_e = \frac{V(c_0 - c_e)}{m} = \frac{x}{m} \tag{4-10}$$

式中:V——溶液体积,L;

　　c_0——溶质的初始浓度,mg/L;

　　c_e——溶质的平衡浓度,mg/L;

　　m——吸附剂量(活性炭投加量),g;

　　x——被吸附物质重量,mg。

显然,平衡吸附量越大,单位吸附剂处理的水量越大,吸附周期越长,运转管理费用越少。q_e 大小除了决定于活性炭的品种外,还与被吸附物质的性质、浓度、水的温度以及 pH 值有关。一般来说,当被吸附的物质能够与活性炭发生结合反应、被吸附物质又不容易溶解于水而受到水的排斥作用,且活性炭对被吸附物质的亲和作用力强,被吸附物质的浓度又较大时,q_e 值就比较大。

在温度一定的条件下,活性炭的吸附量随被吸附物质平衡浓度的提高而提高,两者之间的变化曲线称为吸附等温线,即将平衡吸附量 q_e 与相对应的平衡浓度 c_e 作图可得吸附等温线,描述吸附等温线的数学表达式称为吸附等温式。常用的吸附等温式有 Langmuir 等温式、B. E. T. 等温式和 Freundlich 等温式。在水和污水处理中通常用 Freundlich 等温式即式(4-11)来比较不同温度和不同溶液浓度时的活性炭的吸附容量,即

$$q_e = kc_e^{\frac{1}{n}} \tag{4-11}$$

式中:q_e——吸附容量,mg/g;

　　k——Freundlich 吸附系数,与吸附比表面积、温度有关;

　　n——与温度有关的常数,$n>1$;

　　c_e——被吸附物质平衡浓度,mg/L。

将 q_e、c_e 相应值点绘在双对数坐标纸上,所得直线的斜率为 $1/n$,截距为 k。$1/n$ 的值越小,活性炭吸附性能越好。一般认为当 $1/n = 0.1 \sim 0.5$ 时,水中欲去除杂质易被吸附;当 $1/n > 2$ 时,则难于吸附。当 $1/n$ 较小时,多采用间歇式活性炭吸附操作;当 $1/n$ 较大时,适宜采用连续式活性炭吸附操作。

连续式活性炭的吸附过程同间歇式吸附有所不同,这主要是因为前者被吸附的杂质来不及达到平衡浓度 c_e,因此不能直接应用上述公式。这时应对吸附柱进行被吸附杂质泄露和活性炭耗竭过程实验,也可简单地采用勃哈特和亚当斯所提出的 Bohart-Adams 关系式,即

$$\ln\left(\frac{c_0}{c_B} - 1\right) = \ln\left[\exp\left(\frac{KN_0 H}{v} - 1\right)\right] - Kc_0 t \tag{4-12a}$$

$$t = \frac{N_0}{c_0 v} H - \frac{1}{c_0 K} \ln\left(\frac{c_0}{c_B} - 1\right) \tag{4-12b}$$

式中:t——工作时间,h;

　　v——吸附柱中流速,m/h;

H——活性炭层厚度,m;

K——流速常数,L/mg·h;

N_0——吸附容量,即达到饱和时被吸附物质的吸附量,mg/L;

c_0—入流溶质浓度,mg/L;

c_B—出流溶质浓度,mg/L。

根据入流、出流溶质浓度可用式(4-13)估算活性炭柱吸附层的临界厚度,即当 $t=0$ 时,能保持出流溶质浓度不超过 c_B 的炭层理论厚度,即

$$H_0 = \frac{v}{KN_0}\ln(\frac{c_0}{c_B} - 1) \tag{4-13}$$

式中:H_0——临界厚度;

其余符号同上。

三、实验仪器、设备和材料

(1)间歇式吸附采用三角烧杯内装入活性炭和水样进行振荡的方法。

药品:活性炭、次甲基蓝。

器皿:50 mL 具塞三角瓶 24 个(分 4 组),100 mL 烧杯 24 个,过滤漏斗 24 个,10 mL 具塞刻度试管 24 支,振荡器 THZ-82 型 1 台,分光光度计 1 台。

(2)连续式采用有机玻璃柱内装活性炭、水流自上而下连续进出的方法,实验装置如图 4-5 所示。

药品:活性炭、次甲基蓝。

器皿:蠕动泵、分光光度计各 1 台,∅18 单孔橡皮塞 24 个,10 mL 具塞刻度试管 16 支,10 mL 试管架 8 个,1000 mL 烧杯 8 个,100 mL 烧杯 8 个,50 mL 烧杯 8 个,200 mL 容量瓶 8 个,10 mL 比色管 16 支,20 mL、10 mL、5 mL、2 mL、1 mL 移液管各 8 支。

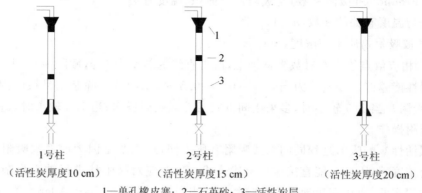

1号柱　　　　　　　　2号柱　　　　　　　　3号柱

(活性炭厚度10 cm)　　(活性炭厚度15 cm)　　(活性炭厚度20 cm)

1—单孔橡皮塞;2—石英砂;3—活性炭层。

图 4-5　活性炭连续流吸附实验装置示意图

四、实验内容和步骤

1. 溶液配制

(1)配置有色水样,使其含次甲基蓝 200 mg/L。

（2）绘制次甲基蓝标准曲线。

①配置次甲基蓝标准溶液：称取 0.2g 次甲基蓝，用蒸馏水溶解后移入 1000 mL 容量瓶中，并稀释至标线，此时溶液浓度为 200 mg/L。

②绘制标准曲线：根据需求用移液管分别吸取一定体积的次甲基蓝标准溶液，置于 25 mL 比色管中，配置浓度分别为 20 mg/L、16 mg/L、12 mg/L、8 mg/L、6 mg/L、1 mg/L、0 mg/L 的标准曲线溶液，摇匀，以水为参比，在波长 668 nm 处，用 10 mm 比色皿测定吸光度（20 mg/L、16 mg/L、12 mg/L 需稀释 4 倍后测定），绘出标准曲线。

2. 间歇式吸附实验

（1）配制水样 1 L，使次甲基蓝含量为 100 mg/L。

（2）在 6 个具塞三角烧瓶中分别加入 0.2 g 活性炭粉末，配置甲基蓝浓度分别为 0 mg/L、5 mg/L、10 mg/L、15 mg/L、20 mg/L、25 mg/L 的 50 mL 水样，放入振荡器振荡 15 min。

（3）过滤各三角烧瓶中的水样，并测定浓度，计算吸附量，记入表 4-9。

3. 连续流吸附

（1）配制水样，使次甲基蓝含量为 200 mg/L。

（2）在 3 个活性炭吸附柱中，装入炭层厚度分别为 10 cm、15 cm、20 cm 的活性炭。

（3）启动蠕动泵，将配制好的水样连续不断地从活性炭吸附柱顶部送入，并控制流量为 16 mL/min 左右。

（4）当水样流出时取第一个水样，然后每隔 6 min 取 1 个样，连续取 4 个样，测定并记录各水样的溶质浓度，将结果记录在表 4-10 中。

五、实验数据处理

1. 实验数据记录整理

1）间歇式吸附实验结果整理

（1）各三角烧杯中水样过滤后测定结果记录于表 4-9。

（2）按式（43-1）计算吸附量 q_e，记录于表 4-9。

（3）以 $\lg[(c_0 - c_e)/m]$ 为纵坐标，$\lg c_e$ 为横坐标绘 Freundlich 吸附等温线，直线斜率为 $1/m$、截距为 K，记录于表 4-9。

（4）根据标准曲线图计算 K、m 值，代入式（4-8），求出吸附等温式，结果记录于表 4-9。

2）连续流吸附实验结果整理

（1）将实验测定结果记录于表 4-10。

（2）由实验数据，根据表 4-10 中 $t-c$ 关系，选取某一出水浓度 c_x（该浓度一定要在 3 个活性炭柱所测浓度的范围内），确定该浓度下，各柱的工作时间 t_1、t_2、t_3，并记录于表 4-10。

表 4 - 9　　间歇式吸附实验记录表

振荡时间＿＿＿＿ min;水样体积＿＿＿＿ mL;活性炭加入量＝＿＿＿＿ mg;温度:＿＿＿＿ ℃

水样浓度 c_0 /(mg/L)	吸附平衡 吸光值	吸附平衡 浓度 c_e /(mg/L)	吸附平衡 吸附量 q_e /(mg/g)	lg q_e	lg c_e	lg[$(c_0 - c_e)$/m]	K	m
0								
5								
10								
15								
20								
25								
Freundlich 吸附等温式								

表 4 - 10　　连续流吸附实验记录表

原水浓度 c_0＿＿＿＿ mg/L;滤速 v(m/h)＝＿＿＿＿;炭柱厚(m)H_1＝＿＿＿＿;H_2＝＿＿＿＿;H_3＝＿＿＿＿

实验 结果	工作时间 t/h	1 号柱 c_{B1} /(mg/L)	2 号柱 c_{B2} /(mg/L)	3 号柱 c_{B3} /(mg/L)
	0			
	0.1			
	0.2			
	0.3			

流速常数及吸附容量	选取的出水浓度 c_x /(mg/L)	各柱的工作时间 t/h			求得的流速 常数 K	求得的吸附 容量 N_0
		t_1	t_2	t_3		

炭柱炭层临界厚度	当出水浓度为初始浓度的 10%,即 20 mg/L 时	活性炭柱炭层的临界厚度 H_0/m

　　(3)根据表 4 - 10 中 3 个活性炭柱的厚度 H_1、H_2、H_3 及各柱的工作时间 t_1、t_2、t_3,按照式(4 - 10),以时间 t 为纵坐标,以炭层厚度 H 为横坐标,点绘 t - H 值,直线截距为 ln[(c_0/c_B) - 1]/(Kc_0),斜率为 N_0/($c_0 v$)。将已知 c_0、c_B、v 等数值代入,求出流速常数 K 和吸附容量 N_0 值,并记录于表 4 - 10 中。活性炭容重 r＝0.7 g/cm³左右。

　　(4)根据式(4 - 9),如果出流溶质浓度为初始浓度的 10%,即 0.1c_0,求出活性炭柱炭层的临界厚度 H_0,并记录于表 4 - 10。

六、注意事项

　　(1)间歇式吸附实验所求得的 q_e 如果出现负值,则说明活性炭明显地吸附了溶剂,此时应调换活性炭或调换水样。

（2）连续流吸附试验时，如果第一个活性炭吸附柱出水中溶质浓度值很小，则可增大进水流量或停止第 2、3 个活性炭柱进水，只用一个炭柱。反之，如果第一个炭柱进出水溶质浓度相差无几，则可减少进水量。

（3）进入活性炭柱内的水的浑浊度较高时，应进行过滤以去除杂质。

七、思考题

（1）间歇吸附与连续流吸附相比，吸附容量 q_e 和 N_0 是否相等？怎样通过实验求出 N_0 值？

（2）通过实验，对活性炭吸附有什么结论性意见？如何进一步改进？

实验 44　水中重金属离子的土壤吸附等温线测定

一、实验意义和目的

自然界中广泛分布的土壤具有吸附 K^+、Na^+、H^+、PO_4^{3-}、SO_4^{2-} 等可交换离子的能力（如图 4-6 所示）。土壤中可交换离子容量大小直接与其水化、膨胀、带电性相关，是表征、判断土壤性质、用途的重要指标。不同的产地和不同种类的土壤矿物，因成矿环境的不同，四面体片和八面体片的堆叠方式、数量以及低价离子的取代量均不同，离子交换容量也不同。

本实验的目的为：

（1）了解重金属吸附原理。

（2）掌握吸附等温线测定方法。

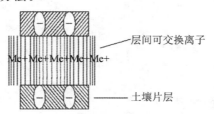

图 4-6　土壤的吸附作用原理

二、实验原理

在溶液土壤体系中，高价离子易将低价离子交换出来，高浓度离子易把低浓度离子交换出来；同价离子中，离子半径小的离子因水化层较厚，其交换能力低于离子半径大的离子。本实验通过测定改性土壤对铬离子的交换吸附等温线，计算土壤的离子吸附能力，进一步理解土壤对无机离子的吸附性能。

Freundlich 等温吸附模型的方程及该方程的线性表述形式如下：

$$G = k\rho^{\frac{1}{n}} \tag{4-14a}$$

$$\lg G = \lg k + \frac{1}{n}\lg \rho \tag{4-14b}$$

式中：G——颗粒物表面上的吸附量；

ρ——溶液中溶质平衡浓度；

k、n——常数。

由上式可知，$\lg G$ 与 $\lg \rho$ 之间存在线性关系。通过该直线的截距和斜率，即可以求得该吸附方程中的常数 k 和 n。其中，k 表示吸附能力的强弱，$\dfrac{1}{n}$ 表示吸附量随浓度增长的强度。

三、实验仪器、设备和材料

1. 试剂和材料

(1)铬标准溶液，$\rho = 100.0\ \mu g/mL$：准确称取基准重铬酸钾 $0.2829\ g$ 置于烧杯中用水溶解，$1\ L$ 容量瓶定容配置。

(2)显色剂：溶解 $0.20\ g$ 二苯碳酰二肼置于 95% 乙醇 $100\ mL$ 中，边搅拌边加入($1+9$)硫酸 $400\ mL$。存放于冰箱，可用一个月。使用时，加入显色剂后要立即摇匀，以免六价铬可能被乙醇还原。

(3)改性黏土。

2. 仪器和设备

(1)$10\ mL$ 和 $50\ mL$ 比色管，$1.00\ mL$、$5.00\ mL$ 和 $10.00\ mL$ 移液管。

(2)$0.45\ \mu m$ 微孔过滤头，$5\ mL$ 注射器。

(3)$250\ mL$ 锥形瓶。

(4)$50\ mL$ 容量瓶。

(5)分析天平。

(6)分光光度计。

(7)恒温振荡器。

四、实验内容和步骤

1. 工作曲线和平衡溶液的配置

分别在 5 个 $50\ mL$ 的容量瓶或 $50\ mL$ 比色管中，移入 $0.20\ mL$、$0.40\ mL$、$0.60\ mL$、$0.80\ mL$ 和 $1.00\ mL$ 的铬标准溶液($\rho = 100.0\ \mu g/mL$)。定容后摇匀，得到不同浓度的铬离子溶液系列 M(浓度记为 ρ_0，$\mu g/mL$)。

M 系列溶液吸光度值 A_0 的测定：取 5 支 $10\ mL$ 比色管，准确依次对应加入 $5\ mL$ 上述 M 系列铬离子溶液，另取一支做空白实验。并准确加入 $1.0\ mL$ 二苯碳酰二肼显色剂，充分摇匀，静置 $10\ min$ 后，以水为参比，测定相应的吸光度值 A，并作标准工作曲线(比色条件：$10\ mm$ 比色皿，$540\ nm$ 波长)。根据以上数据，以铬离子溶液的浓度为横坐标，对应的吸光度值为纵坐标，计算铬离子溶液的消光系数。

另外称取 5 份 $0.5\ g$(精确到 $0.001\ g$)改性黏土，分别放入 5 个 $250\ mL$ 锥形瓶中，使用 $50\ mL$ 量筒从已配制好的 5 个不同浓度的 M 系列铬离子溶液中分别吸取 $40\ mL$ 溶液，对应放入上述含有改性黏土的 $250\ mL$ 锥形瓶中，充分摇匀后，将这些锥形瓶放置在振荡器中震荡 $0.5\ h$ 或 $1\ h$。

2. 吸附等温线的测量

停止震荡后,静置 10 min。取上层清液进行膜过滤(5 mL 一次性注射器,水膜孔径 0.45 μm),滤液加入至比色管 5 mL 刻线处,并加入 1.0 mL 二苯碳酰二肼显色剂,充分摇匀,静置 10 min 后,以水为参比,测定平衡溶液的吸光值记为 A_{eq}。并根据工作曲线,计算相应的平衡溶液浓度 ρ。

根据平衡前后溶液中铬离子溶液的浓度,以平衡后溶液的浓度 $\rho(\mu g/mL)$ 为横坐标,以该平衡溶液对应的每克黏土对铬离子吸附量 $G(\mu g/g)$ 为纵坐标,绘制吸附等温线。

以平衡后溶液浓度的对数 $\lg \rho$ 为横坐标,以该平衡溶液对应的铬离子吸附量的对数 $\lg G$ 为纵坐标,考察对应的点是否存在直线关系。如果存在,请根据 Freundlich 等温吸附方程,计算该吸附方程中的常数 k 和 n。

五、实验数据处理

实验记录分析表见表 4-11。

表 4-11 实验记录分析表

实验条件:铬标准液 ρ:100.0 $\mu g/mL$;λ:540 nm;水为参比;10 mm 比色皿。				
1. 六价铬离子消光系数 ε 的测定				
M 系列	取铬标准液体积/mL	定容后铬离子浓度 $\rho_0/(\mu g/mL)$	(平衡前)溶液吸光值 A_0	$\varepsilon_{540\ nm}$
1#	0.20			
2#	0.40			
3#	0.60			
4#	0.80			
5#	1.00			
线性回归方程:			决定系数 R^2:	
y:($A-A_0$)是标准溶液吸光度(A)与试剂空白液吸光度(A_0)之差;x:铬离子浓度 $\rho(\mu g/mL)$				
2. 吸附平衡参数的测定				
对应于 M 系列	平衡后溶液吸光值 A_{eq}	平衡后铬离子浓度 $\rho(\mu g/mL)$	$\lg \rho$	每克黏土对铬离子吸附量 $G(\mu g/g)$	$\lg G$
1#					
2#					
3#					
4#					
5#					
结论:Freundlich 等温吸附方程:		k:		n:

绘图区	
吸附等温线: $G - \rho$	吸附方程 $\lg G - \lg \rho$

六、思考题

(1)黏土为何具有吸附铬离子的功能?

(2)该实验得到的吸附等温线是否满足 Freundlich 等温吸附方程? 如果满足,则铬离子在该黏土上的吸附常数 k 和 n 各为多少?

实验 45　偶氮染料的自由基高级氧化反应动力学参数的测定

一、实验意义和目的

自由基的存活时间很短且极不稳定,具有很高的氧化电位,可以有效地将烃类、卤代有机物、表面活性剂、染料、农药、酚类、芳烃类等有机污染物氧化,矿化为二氧化碳(CO_2)和水(H_2O)。污染物中含有的卤原子、硫原子、磷原子和氮原子等则分别转化为 X^-、SO_4^{2-}、PO_4^{3-}、NH_4^+、NO_3^- 等离子。

光催化诱导可以在常温常压下发生自由基氧化,无二次试剂污染。

本实验采用自主研发的多通道、敞开式、可视性的光催化氧化反应器装置,以小功率 10 W 的 UV-A(365 nm)或 UV-C(254 nm)为紫外光源,可满足 500 mL 容量,多参数设计的偶氮染料反应动力学参数的测定。

本实验的目的为:

(1)了解半导体粒子的光催化自由基氧化作用。

(2)掌握偶氮染料反应动力学参数的测定。

二、实验原理

光催化自由基氧化是以半导体(如 TiO_2、ZnO、CdS、Fe_2O_3、WO_3、SnO_2、ZnS、$SrTiO_3$、$CdSe$、$CdTe$、In_2O_3、FeS_2、$GaAs$、GaP、SiC、MoS_2 等)作催化剂,在一定波长的紫外光的照射下($E_{hv} > E_g$),半导体的价带电子会跃迁到导带,进而形成电子-空穴对。当光生电子和空穴迁移到纳

米催化剂表面时,与其周围的水分子及溶解氧等进一步反应,诱导生成氧化活性的超氧基($\cdot O_2^-$)及羟基($\cdot OH$)自由基等(如图 4－7 所示)。通过自由基氧化偶氮染料及其褪色的比较分析,测定该反应动力学的速率常数和反应级数。

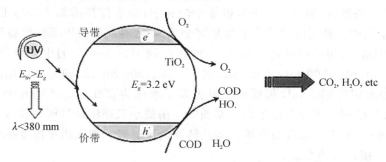

图 4－7　半导体光催化自由基原理

三、实验仪器、设备和材料

1. 试剂和材料

(1)商品 TiO_2(P25)。

(2)偶氮染料(甲基橙 λ_{max} 为 460 nm)。

2. 仪器和设备

(1)实验装置:如图 4－8 所示的 M－4 型多通道光催化自由基氧化实验装置是将光源套管直接插入反应器(500 mL 量筒)中,通过时间控制的 10 W 紫外光照射和气动悬浮催化剂实施完成。

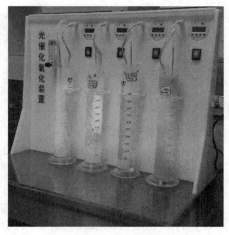

图 4－8　光催化自由基氧化反应器装置

(2)分光光度计。

(3)分析天平。

(4)50 mL 和 500 mL 容量瓶,250 mL 锥形瓶,5 mL 一次性注射器,针式微孔滤膜(孔径 0.45 μm,水膜),100 mL 量筒,50 mL、500 mL 烧杯各一支,50 mL、25 mL 移液管各一支,

10 mL比色管若干(具有 5 mL 刻线)。

四、实验内容和步骤

(1)甲基橙储备液:称取 0.5 g 甲基橙置于烧杯中,加水搅拌溶解。并将上层清液不断移入 500 mL 容量瓶中。必要时可将烧杯加热完全溶解,定容后制得甲基橙储备液。

甲基橙使用液:将甲基橙储备液稀释 100 倍,得到 10.0 mg/L 的甲基橙使用液。据此分取 0.00 mL、0.50 mL、1.00 mL、2.00 mL、3.00 mL、4.00 mL、5.00 mL 使用液,置于 10 mL 比色管中,并加水定容到 5 mL 刻线处。以去离子水作为参比,在 460 nm 波长处比色测定(10 mm比色皿),绘制吸光度与浓度的关系曲线。用最小二乘法计算回归曲线方程。

(2)调节 M－4 型多通道自由基氧化实验装置的定时器。加入指定浓度称取的催化剂量,并检查光源的连接及气动系统。

(3)向两个 500 mL 量筒反应器中分别加入 5 mL 甲基橙储备液,并加水至 500 mL 刻线处。测定初始反应液的吸光度值 A_0(比色条件:10 mm 比色皿,以水为参比)。向其中一只加入 TiO_2 0.50～1.00 g,鼓气进行光催化反应;另一只则不加催化剂,做比较相同功率和光照波长的光化学对照实验。

(4)按反应实验要求的间隔时间,对上述 2 个反应器分别用注射器取样 3 mL,经水系针头滤器过滤到 10 mm 比色皿中,直接读取相应的吸光度 A。测试后的样液返回反应器。

(5)实验记录第 0 min、5 min、10 min、20 min、30 min、40 min、50 min、60 min、70 min、80 min、90 min 时刻,溶液在 λ_{max} 处的吸光度值。可据工作曲线计算出甲基橙相应的浓度 ρ。

五、实验数据处理

1. 样品吸收曲线的绘制与最大吸收波长的测定

取甲基橙使用液加入 10 mm 比色皿中,以去离子水为参比,测定样品的吸光度,记录于表 4－12。每次改变波长,需要参比调零。在吸光度的极值附近,前后紧密测量并绘制坐标图,从吸收曲线上查找最大吸收波长 λ_{max}。

2. 绘制标准工作曲线

选择 λ_{max} 处为测定波长,将所测得的标准系列的吸光度记录于表 4－13,并绘制标准工作曲线。

3. 自由基氧化偶氮染料反应动力学参数的测定

将不同反应时刻溶液在 λ_{max} 处的吸光度值记录于表 4－14,分别计算出对照实验和光催化实验的动力学参数。

4. 结果分析

(1)根据实验数据,用 Excel 软件画出溶液的浓度与光照时间的关系曲线图 $\ln(\rho_0/\rho)-t$。

(2)自由基氧化降解偶氮染料的反应是一级反应,即 $\ln(\rho_0/\rho)=kt+常数$,其中 k 表示速率常数。按实验数据采用最小二乘法计算回归方程,依据线性相关系数判断反应级数。

表 4－12　吸收曲线测定

λ/nm	350	400	450	460	470	480	500	550	600
A									

表 4－13　标准工作曲线

比色管号	1	2	3	4	5	6	7
甲基橙使用液/mL	0.00	0.50	1.00	2.00	3.00	4.00	5.00
定容	加水到 5 mL 刻线处						
A							
ρ							
标准曲线方程$(A-\rho)$：				决定系数 R^2：			

表 4－14　偶氮染料的自由基氧化反应

实验条件：TiO_2：(　) g/L　　　　　UV：(　)nm　　　　　$P=10W$						
光照时间/min	染料（对照实验）(k_1)			染料＋$TiO_2$$(k_2)$		
	A（吸光度）	ρ	$\ln(A_0/A)$	A（吸光度）	ρ	$\ln(A_0/A)$
0	A_0：	ρ_0：		A_0：	ρ_0：	
5						
10						
20						
30						
40						
50						
60						
70						
80						
90						
决定系数 R^2						
光催化反应的动力学方程：			速率常数：		反应级数：	

六、思考题

(1)对照实验的结果说明了什么问题？

(2)实验中 $\ln(\rho_0/\rho)$ 值可以用 $\ln(A_0/A)$ 代替吗？

实验 46 含酚工业废水芬顿氧化反应速率常数的测定

一、实验意义和目的

1893 年，化学家 Fenton H. J. (中文译为芬顿)发现过氧化氢(H_2O_2)与二价铁离子的混合溶液具有强氧化性，可以将有机化合物氧化为无机态。

芬顿氧化法作为一种高级氧化技术(Advanced Oxidation Process, AOP)，具有启动快、反应在酸性的环境中进行、常温常压、条件温和，且不需要设计复杂的反应系统，设备简单、能耗小等优点。反应过程中，氧化剂 H_2O_2 可以将污染物彻底地无害化，自身也不留残余。而铁离子又起到良好的絮凝作用。如今，芬顿试剂已在去除难降解的印染废水、含油废水、含酚废水、焦化废水、垃圾渗滤液、含硝基苯废水、二苯胺废水以及氰化物等工业废水中发挥了很好的功用。但在具体实施中，也存在着过氧化氢成本高，操作难度大；投加的硫酸亚铁需是固体，造成污泥量增加；过氧化氢与硫酸亚铁的比例不当，将导致废水呈现出微黄色或黄褐色等实际问题。

本实验的目的为：

(1)学习芬顿(Fenton)试剂催化氧化机理及影响因素。

(2)掌握难降解含酚废水的化学氧化动力学参数的测定。

二、实验原理

在室温、pH＝3～6 和 $FeSO_4$ 催化剂存在的情况下，H_2O_2 生成强氧化性的羟基自由基，其氧化电势高达 2.73 V。在水溶液中，可快速将苯环分裂为二元酸，最后生成 CO_2 和 H_2O，反应式为

$$Fe^{2+} + H_2O_2 \longrightarrow Fe^{3+} + OH^- + \cdot OH$$

三、实验仪器、设备和材料

1. 试剂和材料

(1)H_2O_2(30%)。

(2)NaOH 标准溶液(0.5 mol/L)。

(3)稀 H_2SO_4(0.5 mol/L)。

(4)硫酸亚铁($FeSO_4 \cdot 7H_2O$)。

(5)苯酚及相关测定试剂(见实验18"挥发酚的测定")。

2. 仪器和设备

(1)紫外-可见分光光度计(10 mm 石英比色皿、20 mm 玻璃比色皿)。

(2)酸度计。

(3)六联搅拌器。

(4)0.45 μm 针头滤器(水系)。

四、实验内容和步骤

1. 苯酚的测定方法选择

（1）4 -氨基安替比林分光光度法

在 8 只 50 mL 比色管中,将配制的苯酚中间液 $\rho(C_6H_5OH)=10.0$ mg/L(见实验 18"挥发酚的测定"),分别加入 0.00 mL、0.25 mL、0.50 mL、1.00 mL、3.00 mL、5.00 mL、7.00 mL 和 10.00 mL 后,定容。然后依次加入 0.5 mL 缓冲溶液,混匀,此时 pH 为（10.0±0.2）;加 1.0 mL 4 -氨基安替比林溶液,混匀;再加入 1.0 mL 铁氰化钾溶液,充分混匀后,密塞,放置 10 min。于 510 nm 波长,用光程为 20 mm 的比色皿,以水为参比,于 30 min 内测定溶液的吸光度值。用校准吸光度值对酚含量(μg 或 mg)作回归曲线。

样品澄清后,取试液 50 mL 同上述步骤操作,由标准曲线法直接测定。

（2）紫外吸收直接光度法

对于清洁水样或实验配制样液,根据苯酚的吸收光谱,可以采用紫外光度法直接测定。

测定波长的选择:以配制的含苯酚试样,在紫外区范围（200～350 nm）以去离子水为参比,采用 10 mm 石英比色皿,10 nm 间隔,制作 $A-\lambda$ 光谱曲线,获取试样在最大紫外吸光度处相应的波长(λ_{max}),并以此为测定波长。

工作曲线的测定:在 8 只 50 mL 比色管中,分别加入配制的苯酚中间液 $\rho(C_6H_5OH)=10.0$ mg/L(见实验 18"挥发酚的测定")0.00 mL、0.25 mL、0.50 mL、1.00 mL、3.00 mL、5.00 mL、7.00 mL 和 10.00 mL 后,定容。于 λ_{max} 波长处,用光程为 10 mm 的石英比色皿,以水为参比,测定溶液的吸光度值。用校准吸光度值对酚含量(μg 或 mg)作回归曲线。

取过滤后的试液 50 mL 同上述步骤操作,由标准曲线法直接测定,得到样品含量 ρ(mg/L)。

2. 过氧化氢与硫酸亚铁的配比实验

室温下,取 2 份 200 mL 苯酚中间液做试样平行试验。按照表 4 - 15,加入不同配比的过氧化氢与硫酸亚铁。用酸碱调节反应的 pH＝4,在搅拌器上反应 30 min 后,取上层清液 3 mL,过滤到 10 mm 石英比色皿中,在紫外 λ_{max} 处直接测定吸光度值或按照 4 -氨基安替比林分光光度法测定。根据工作曲线得出样品含量 ρ(mg/L)。ρ_0 是试样的初始浓度值。据此,计算氧化反应的去除率,填入条件参数实验表 4 - 15 中。

选取最大去除率的反应条件作为最佳的实验参数。

3. 芬顿试剂氧化苯酚的反应动力学参数

室温下,取试样 200 mL,按照上述的优化条件反应,加入相应的过氧化氢与硫酸亚铁,控制反应在 pH＝4 测定不同反应时间下苯酚的含量。分别取样液 3 mL,过滤到 10mm 石英比色皿中,直接测定 λ_{max} 处的吸光度值或按照 4 -氨基安替比林分光光度法测定。依照工作曲线得出试样 ρ(mg/L)。按照一级反应满足 $\ln(\rho_0/\rho) = kt +$ 常数,计算回归方程 $\ln(\rho_0/\rho)-t$。根据相关系数判断是否符合相应反应级数。

五、实验数据处理

1. 数据记录

过氧化氢与硫酸亚铁的配比实验结果及去除率计算结果填入表 4 - 15。芬顿试剂氧化苯酚的反应动力学参数计算结果填入表 4 - 16。

表 4 - 15　反应条件参数选择

过氧化氢 /mL	硫酸亚铁 /g	$A(\lambda_{max})$		$\rho/(mg/L)$			去除率/% $(\rho_0 - \rho)/\rho_0$
		$1^\#$	$2^\#$	$1^\#$	$2^\#$	均值	
2	0.5						
2	1.0						
2	1.5						
2	2.0						

表 4 - 16　反应动力学参数

反应时间 t/min	$A(\lambda_{max})$	$\rho/(mg/L)$	$\ln(\rho_0/\rho)$
0		ρ_0:	
15			
30			
45			
60			
$\ln(\rho_0/\rho)-t$:		反应速率常数：	反应级数：

2. 结果分析

(1)根据实验数据,用 Excel 软件画出溶液的浓度与反应时间的关系曲线图 $\ln(\rho_0/\rho)-t$。

(2)芬顿氧化污染物反应是一级反应,即 $\ln(\rho_0/\rho) = kt +$ 常数,其中 k 表示速率常数。按实验数据采用最小二乘法计算回归方程。依据线性相关系数判断反应级数。

六、思考题

(1)为保证 Fe^{2+} 的催化作用,在芬顿试剂中,为何 H_2O_2 的浓度不能过高?

(2)在芬顿试剂的氧化体系中,为保证羟基自由基的电位优势,Fe^{2+} 过量投加,有何弊端?

实验 47　超滤法废水处理实验

一、实验意义和目的

膜分离技术是指在分子水平上,不同粒径分子通过膜实现选择性分离、纯化、浓缩的过程。这是一种物理过程,不需发生相的变化和添加助剂。根据膜孔径的大小,膜可以分为微滤膜(MF)、超滤膜(UF)、纳滤膜(NF)、反渗透膜(RO)等。微滤应用于一般料液的澄清、保安过滤、空气除菌,其价格便宜,可用作精细过滤前的预处理。超滤膜的孔隙远小于细菌、胶体、蛋白等大分子有机物,超滤后的饮用水既可保证无菌,又保持着有益的矿物质离子。比超滤膜孔径更小的反渗透技术是水处理领域最高端的单项处理技术,其半透膜能够阻挡所有的溶解性盐类物质。

超滤膜技术应用广泛,如用于酒类和饮料的除菌与除浊、药品的除热源、食品和药物浓缩等。在现代给水处理方面,超滤技术作为反渗透的预处理,与其共同组成了双膜法。在污水处理和水资源再利用领域,膜生物反应器(又称 MBR)新型水处理技术,将活性污泥法与膜分离技术相结合,实现了水力停留时间(HRT)与污泥停留时间(SRT)的完全分离,进一步提高了生化反应速率,使污水处理技术趋于装备的程序化自动控制。

本实验的目的为:

(1)了解废水中污染物的存在形态及特征。

(2)熟悉超滤工艺流程及操作方法,了解和掌握采用超滤时水中污染物截留效率的计算,理解反冲洗操作的必要性和作用。

(3)掌握超滤法分离废水中污染物的特性与规律,理解超滤与其他膜分离技术的异同点。

二、实验原理

超滤(UF)是介于微滤和纳滤之间的一种膜过程,膜孔径在 $0.05~\mu m$ 至 1 nm 之间。通常切割分子范围在 $1000\sim300000$ Da(道尔顿),能对大分子有机物(如蛋白质、细菌)、胶体、悬浮固体等进行分离。制成中空纤维的超滤膜丝每米管壁上约有 60 亿个 $0.01~\mu m$ 的微孔,可阻挡最小的细菌(尺寸为 $0.2~\mu m$),只允许水分子和其中的矿物质和微量元素通过。其操作压力低($0.05\sim0.2$ Mpa),水的通量大,利用率高,节能环保。超滤膜的最高运行温度为 45 ℃,适宜的 pH 值范围为 $1.5\sim13.0$。超滤膜受到膜污染或结垢时,可采用过氧化氢或次氯酸钠溶液清洗。

一般认为超滤是一种筛分过程,其原理如图 4-9 所示。超滤膜对溶质的分离过程主要有:膜表面的孔内吸附(一次吸附),在孔中停留而被去除(阻塞),在膜表面的机械截留(筛分)。

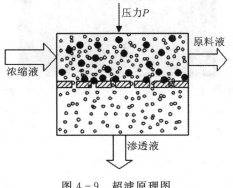

图 4-9　超滤原理图

三、实验仪器、设备和材料

1. 试剂和材料

(1)高岭土。

（2）碳素墨水、红墨水（或蓝墨水）

2. 仪器和设备

（1）A-8 型膜过滤分离实验装置（如图 7-9 和图 7-10 所示）。

（2）浊度仪，电导仪，分光光度计。

（3）蠕动泵，自吸式隔膜泵。

（4）250 mL 量筒，称量瓶，10L 水桶。

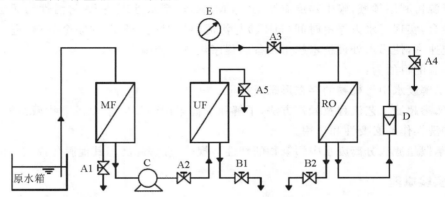

A1—MF出水或UF进水；A2—UF进水；A3—RO进水；A4—RO出水；

A5—UF出水或RO进水；B1—UF清洗排放阀；B2—RO的浓盐排水阀；C—流量计；D—压力表。

图 4-10 膜过滤分离实验流程示意图

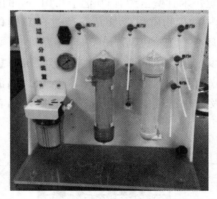

图 4-11 A-8 型膜过滤分离实验的实物装置

四、实验内容和步骤

1. 前期准备工作

参照流程图 4-9，将蠕动泵（或自吸式隔膜泵）与 MF 和 UF 膜前后连接，并与流量计、膜的进出水及各开关、管路快插连接。以自来水为原水，试运行 5 min，检查各部件、接头是否工作正常。注意启动电源后，RO 膜的出水开关应处于开启状态，以保证系统安全的工作压力。

2. UF 与 MF 膜对浊度物质的分离效果

（1）配水：以自来水配制高岭土浊度饱和液（NTU 约为 10）为 1# 样品试液。

（2）1[#]样品实验：将配好的水样加入 10 L 水桶,按照膜过滤分离实验装置的流程,将进水置于 1[#]样品中,运行 3～5 min。分别测定流路中 MF 的进水(即配制的原水水质)和出水以及 UF 膜进水(同 MF 出水)和出水(此时关闭 UF 的冲洗阀开关,开启 UF 出水开关)中相应的浊度和电导率值。将实验数据填入表 4-17。根据膜的孔径分离原理,说明 MF、UF 膜对高岭土浊度液的分离效果。

（3）MF、UF 膜冲洗维护：在 1[#]样品实验结束后,打开 UF 膜的冲洗开关(关闭 UF 的出水)。运行系统,接取并观察比较 UF 冲洗水的颜色。关闭电源,以自来水为进水系统运行,直到冲洗水完全清澈。了解中空纤维超滤膜的阻滤结构和膜丝表面再清洗作用。

3. UF 与 MF 膜对颜料物质的分离效果

（1）配水：向 1 个盛有自来水的 10 L 桶中加入数滴碳素墨水,混匀配制成 2[#]样品水样。碳素墨水属于极细的颜料,粒径大于 0.01 μm(分子量大于 1000 Da)。

（2）2[#]样品实验：按照装置流程使自吸式隔膜泵(或蠕动泵)的进水管置于 2[#]样品中,关闭 UF 的冲洗阀开关,分别开启 MF 和 UF 出水开关,通电运行 3～5 min。观察比较处理前后溶液的颜色。并取水测试 MF 和 UF 膜前后的出水浊度、电导率值。实验完毕,关闭电源开关。将实验数据记录于表 4-17。

（3）MF、UF 膜冲洗维护：同上述步骤冲洗 MF、UF 膜。

4. UF 与 RO 膜对染料和颜料试液的分离效果比较

（1）配水：向 1 个盛有自来水的 10 L 桶中加入数滴红墨水,混匀制成 3[#]样品水样。红墨水属于溶解性染料,分子量小于 1000 Da。

（2）3[#]样品实验：调整实验装置,关闭 UF 膜的冲洗开关,打开 UF 的出水,将泵的进水管放入 3[#]染料样品中,并启动运行 3～5 min。因溶解态的染料试液的分子量小于 1000 Da,将会直接透过 MF/UF 膜滤孔流出,在中空纤维超滤膜 UF 上不被截止。目视观察说明实验结果,并记录于表 4-18。

继续操作,观察 3[#]样品在 RO 膜(MW～100 Da)上的截留效果。将实验数据记录于表 4-19。

（3）MF、UF、RO 膜冲洗维护：同上述步骤冲洗 MF、UF、RO 膜。

五、实验数据处理

将实验结果填入表 4-17 至表 4-19。

表 4-17　MF 与 UF 膜对浊度物质的分离实验数据

样品	指标	原水	MF		UF		RO	
			出水	去除率/%	出水	出除率%	纯水	去除率/%
1[#]	浊度/NTU							
	电导率/μs/cm							
2[#]	浊度/NTU							
	电导率/(μs/cm)							

表 4 - 18　UF 膜对染料与颜料试液的分离效果

样品	描述			1000 Da 分子量切割	与 0.01 μm 膜孔径比较
	进水	出水	去除效果		
碳素颜料（2# 样品）				□大于,□小于	□大于,□小于
染料墨水（3# 样品）				□大于,□小于	□大于,□小于

表 4 - 19　RO 膜对染料试液的分离效果

样品	描述			100 Da 分子量切割	与 0.01 μm 膜孔径比较
	进水	纯水	去除效果		
染料墨水（3# 样品）				□大于,□小于	□大于,□小于

六、思考题

（1）列表比较 MF、UF、RO 的膜孔径,说明各自分离的物质种类、分子量范围及膜的工作压力。

（2）设计一套家用饮用水机的工艺流程,并说明制水中矿物质的存在特点。

（3）当研究环境水体中含有的微量腐殖酸（HA）时,因 HA 分子量小于 UF 膜的截留尺寸,大于 RO 膜的截留尺寸（如同本实验中的染料样品）,试分析如何利用膜技术富集制得 HA 样品。

实验 48　光催化氧化脱色实验

一、实验目的

（1）了解光催化氧化的基本原理。

（2）熟悉光催化氧化过程及操作方法。

（3）掌握光催化氧化脱色实验特性及影响因素。

二、实验原理

光催化是利用半导体材料在紫外光照射下,将光能转化为化学能,并促进有机物的合成与分解的过程。光催化氧化的深度水处理,无须添加化学试剂,是目前绿色和环境友好型的新技术之一。

光催化剂包括二氧化钛（TiO_2）、氧化锌（ZnO）、氧化锡（SnO_2）、二氧化锆（ZrO_2）、硫化镉（CdS）等半导体。其中 TiO_2 的反应条件温和,光解迅速,包括烃、醇、醛、酮、氨等 3000 多种有机物都能被其降解清除,产物为二氧化碳（CO_2）和水（H_2O）或其他元素的高价态矿化产物,成为目前所知的最有应用价值的光催化材料。实验发现,在低光强下降解速率与光强正相关,而强光下会增加载流子的复合以及自由基的其他内耗淬灭。温度对光催化的影响不敏感。溶液的透光性对光催化有直接影响。另有报道指出,光强较小时,高 pH 会大大增加反应速率。目前,人们试图采用元素掺杂、复合半导体以及光敏化等手段拓展光催化材料的光催化活性至可见光响应范围,以提高太阳能利用率,并通过在催化剂表面沉积贵金属纳米颗粒来阻止电子-空穴对的耦合,以提高量子转换效率。但目前的技术仍不足以指导光催化技术的大规模工业化应用。

当光能等于或超过半导体材料的禁带能量时,电子从价带(VB)激发到导带(CB)形成光生载流子(电子 e^- -空穴 h^+ 对)。分散在材料表面的空穴 h^+ 可与表面吸附的 OH^- 和 H_2O 等生成具有很高活性的羟基自由基・OH(氧化电位 2.80V)、超氧基(・O_2^-)或其他活性氧物质(・O,H_2O_2),进而发生氧化分解作用。价带空穴是强氧化剂,而导带电子是强还原剂,二者的一部分将会复合以热的形式耗散。而纳米级的光催化材料因具有较高的表面能,其尺寸的量子化增加了电荷的迁移速率,进而,就大大降低了载流子的复合概率,使光催化氧化得以发生。光催化反应机理如图 4 - 12 所示。

TiO$_2$ 作为一种半导体氧化物,其化学稳定性好(耐酸、碱和光化学腐蚀),无毒,廉价,来源丰富。锐钛型 TiO$_2$ 的禁带宽度为 3.2 eV,对应于 387.5 nm 的波长。受更低波长的紫外光激发后,与其表面的水反应,因产生的羟基自由基(・OH)具有 120 kJ/mol 的反应能,高于有机物中的各类化学键能,如 C—C (83 kJ/mol)、C—H (99 kJ/mol)、C—N(73 kJ/mol)、C—O(84 kJ/mol)、H—O(111 kJ/mol)、N—H(93 kJ/mol),因而理论上可以氧

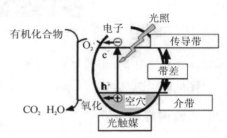

图 4 - 12　光催化反应机理和实验实物装置图

化分解水或气体中的有机物和构成细菌的有机结构。

三、实验仪器、设备和材料

1. 试剂和材料

(1)纳米 TiO$_2$(锐钛型混晶)。

(2)甲基橙、苯酚、苯二甲酸氢钾、二甲基乙酰胺。

2. 仪器和设备

(1)M - 4 型多通道光催化氧化实验装置(如图 4 - 13 和图 4 - 14 所示)。

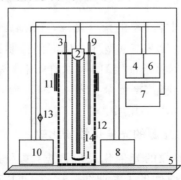

1—反应器；2—光源；3—气路插针；4—控制器；5—T形板面；
6—开关；7—电源；8—磁力排液泵；9—吸管；10—隔膜空气泵；
11—固定夹；12—反应池；13—转子流量计；14—玻璃或石英套管。

图 4 - 13　多参数光催化实验装置结构图

图4-14　M-4型光催化氧化实验实物装置

（2）分光光度计，分析天平。

（3）容量瓶、比色管、0.22 μm 水系针头过滤器等。

四、实验内容和步骤

1. 前期准备工作

在 M-4 型光催化氧化实验装置中的 4 个反应器（500 mL 玻璃量筒）中分别装入 500 mL 指定量的化合物，如甲基橙～10×10^{-6}（或 A_{460}：0.5～1.0）。插入装有光源灯管的石英套管以及用于搅拌的气针。光源选择为 UV-A（365 nm）或 UV-C（254 nm）；功率为 10 W。

2. 光催化发生条件的确定

选择 $1^\#$ 反应器，点亮 10 W 光源 UV-A 或 UV-C。判断光化学（光解反应）作用，不加催化剂。$2^\#$ 反应器为暗反应，判断吸附作用（气动混合流量：1 L/min），仅加入催化剂（TiO_2：2.0 g/L），无光照条件下测定。读取试液样品的吸光度 A_0。启动实验后，每隔 15 min 取样，经针头滤器过滤后，读取相应的吸光度值（测定后的试液，返回反应器），计算累计去除率，列于表 4-20。并在同一坐标系绘制光化学和暗反应的反应时间曲线，比较光催化作用。

3. 光催化反应及其条件优化

选择 $3^\#$、$4^\#$ 光催化反应器，以同样功率的紫外光源，在读取试液样品的吸光度 A_0 后，分别加入 TiO_2 催化剂，使其浓度为 1.0 g/L 和 2.0 g/L。以时间控制器同步启动气搅拌和光源，进行光催化反应。每 15 min（或根据实验条件定）间隔取样，用针头滤器过滤后，测定反应液的 A 值（测定后的试液，返回反应器）。将数据记录于表 4-21。当 $A<0.01$ 时，通常认为已反应完全。半衰期 $t_{1/2}$（min）计为 $A=1/2A_0$ 的用时。

4. 不同波长（UV-A、UV-C）光源的光催化性能比较

选择不同光源，记录相同实验参数的光催化反应数据，填入表 4-22。根据实验数据，回归溶液的光催化氧化去除率与光照时间的关系曲线。比较不同波长光源的处理效果。

五、实验数据处理

（1）将实验数据测量值填入记录表 4-20 至表 4-22 中。

表 4 - 20　光催化发生条件实验结果

反应类型	1# 反应器(光解反应)						2# 反应器(气动混合吸附)					
光催化时间/min	0	15	30	45	60	90	0	15	30	45	60	90
溶液的吸光度 A	A_0						A_0					
去除率/% $(A_0 - A)/A_0$												

注:化合物的最大吸收波长 λ_{max},可选:刚果红 498 nm;甲基橙 460 nm;亚甲基蓝 664 nm;苯二甲酸氢钾 230 nm 等。

表 4 - 21　光催化反应的条件实验优化　　　　　　光源:10 W/(　　)nm

	3# 反应器						4# 反应器					
TiO_2/(g/L)	1.0						2.0					
光催化时间/min	0	15	30	45	60	90	0	15	30	45	60	90
溶液的吸光度 A	A_0						A_0					
去除率/% $(A_0 - A)/A_0$												

表 4 - 22　不同波长(UV-A、UV-C)光源的光催化性能比较　　　　　　光源:10 W

光源	TiO_2 催化剂/(g/L)	气动反应时间/min	溶液的吸光度 A	累积去除率/% $(A_0 - A)/A_0$
UV－A	2.0	0		
		15		
		30		
		45		
UV－C	2.0	0		
		15		
		30		
		45		

(2)由上述实验,绘制样品的光催化降解曲线($A - t$ 图)于同一张图中,说明催化剂用量对反应的影响,并计算光催化反应的半衰期 $t_{1/2}$。

六、注意事项

(1)为避免取样后悬浮催化剂对测定影响,取样前,可静止 2 min,将上清液通过 0.22 μm 针头滤器过滤后直接比色测定。

(2)若是无色化合物的光催化氧化,需以紫外-可见分光光度计扫描后,选择波长甄别。

七、思考题

(1)小功率、敞开式的光催化氧化装置实施的特点是什么？

(2)如何降低光催化作用中空穴、电子的自复合作用？

(3)实验说明 UV－A 和 UV－C 所对应的最佳催化剂用量是否相同？为什么？

实验 49 含铬废水的离子交换法处理实验

一、实验意义和目的

早在 1850 年，土壤吸收铵盐时的离子交换现象就已被发现，但离子交换作为一种现代分离手段，是在 20 世纪 40 年代人工合成离子交换树脂后的技术手段。离子交换的选择性较高，更适用于高纯度的分离和净化，但不适于大部分有机物或微生物的去除；而微生物可附着在树脂上，并以树脂作为培养基，快速生长，这是设计使用中需要考虑的。目前，离子交换多用于水处理（软化和纯化），溶液（如糖液）的精制和脱色，从矿物浸出液中提取铀和稀有金属，从发酵液中提取抗生素以及从工业废水中回收贵金属等工艺。

离子交换分离常在柱式设备中进行。将离子交换树脂装入交换柱中，含有被分离物质的溶液由柱顶加入，随着样品的移动，溶液自交换柱顶端开始发生交换吸附，随后，可用另一种溶液（淋洗剂）连续流过交换柱，样品中的目标离子在柱中被多次交换吸附和解吸，最后达到不同离子间的交换分离。

本实验的目的为：

(1)掌握离子交换法处理含铬废水的特性与规律。

(2)熟悉离子交换法处理含铬废水的工艺流程及装置。

二、实验原理

在离子交换法中，固相离子交换树脂上的功能基团所带的可交换离子与所接触溶液中带相同电性的离子进行交换反应，从而达到离子置换、分离、去除、浓缩等目的。离子交换是可逆的等当量交换反应。交换树脂中交换基团的性质、交联度、粒度和交换容量的大小，对交换过程有重要的影响。稀溶液中离子的交换顺序将取决于其半径、价态和浓度等。向溶液中加入络合剂可提高离子交换法的选择性，以获得更加良好的分离效果。

例如：六价铬的交换与再生选择阴离子交换树脂（ROH），其交换基团为 OH^-。六价铬以阴离子含氧酸根的形式交换到树脂骨架上成为 R_2CrO_4。到再生环节，高浓度的氢氧根又可逆地将其交换下来，树脂骨架恢复为 ROH。

阴离子交换：$\begin{cases} 2ROH + CrO_4^{2-} =\!=\!= R_2CrO_4 + 2OH^- \\ 2ROH + Cr_2O_7^{2-} =\!=\!= R_2Cr_2O_7 + 2OH^- \end{cases}$

再生：$\begin{cases} R_2Cr_2O_7 + 2NaOH =\!=\!= R_2CrO_4 + Na_2CrO_4 + H_2O \\ R_2CrO_4 + 2NaOH =\!=\!= 2ROH + Na_2CrO_4 \end{cases}$

阳离子交换（回用）：$4RH + 2Na_2CrO_4 =\!=\!= 4RNa + H_2Cr_2O_7 + H_2O$

三、实验仪器、设备和材料

1.试剂和材料

(1)盐酸(3%):由浓盐酸稀释配制。

(2)氢氧化钠(5%):称取 50 g NaOH 置于 1 L 烧杯中,用量筒加入 1000 mL 水溶解。

(3)pH 试纸。

(4)Cr^{6+} 试液及其测试包(见本实验"七、清洁水样中六价铬的测定")。

2.仪器和设备

(1)台式离子交换实验装置如图 4-15 所示,包括耐酸碱的亚克力主体框架,阳离子交换树脂柱,阴离子交换树脂柱,管流路,流量计,蠕动泵,开关阀门,10 L 水槽(4 个),10 L 废液桶(2 个),弹簧夹等。

(2)分光光度计,10 mm 比色皿,10 mL 比色管。

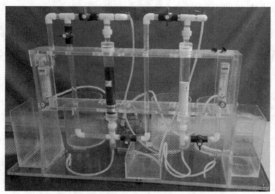

图 4-15　离子交换实验实物装置

树脂交换、再生工艺流程示意图如图 4-16 所示。

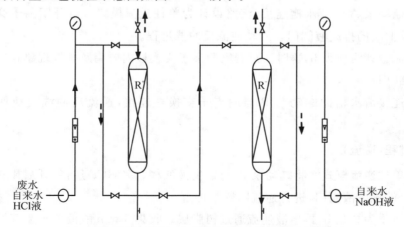

图 4-16　自上给样、逆流冲洗、再生的实验装置流程

四、实验内容和步骤

离子交换实验分为交换、反冲洗、再生、清洗 4 个过程。实验开始之前,通过打开交换柱上部的排气管,用自来水或逆流上下调节使树脂床处于满流且密实无气泡的状态,否则会影响树脂的交换效能。

1. 预备工作

(1)水样料液:直接取工厂车间的排放口或用自来水加化学试剂配制浓度小于 10 ppm Cr^{6+} 料液。将水样置于设备的水槽中。

(2)再生液:阳树脂再生液为 3% HCl 溶液;阴树脂再生液为 5% NaOH 溶液,将再生液分别加入专用酸液水槽和专用碱液水槽中。

(3)反冲洗与冲洗水:采用自来水。

2. 交换过程(自上而下)

(1)使用蠕动泵 A 将含铬料液的废水槽与阳离子交换柱进水口管路连接。开、关系统各调节阀门,使整个流路畅通出水。打开交换柱的上进水阀门,启动蠕动泵 A,缓慢调节流量计流量为 5 L/h,稳定运行 5 min,并保证整个系统处于满流状态。

(2)保持流量 5 L/h,以每 5 min 间隔取阴离子交换柱出水 10 mL(比色管)待分析。同时测定阳离子交换柱和阴离子交换柱出水的 pH。连续取 5~8 个水样(或阴离子交换柱出水接近饱和容量)时,停止交换过程,关闭所有阀门。

关闭蠕动泵 A 电源,使其与清水桶连接,沿上述流路再运行 10 min,将冲洗管路中的剩余料液完全流入阴离子交换树脂柱床。

分析所取水样中的六价铬,并与原水中的铬含量(1 mL 取样)比较。

3. 反冲洗过程(逆流)

(1)保持蠕动泵 A 与清水槽连接,流路设计为单柱逆流模式。打开阳离子交换柱下端的进水阀门以及上端的排废液阀门。启动逆流反冲洗过程。

(2)调节流量计为 5 L/h,这时注意观察阳离子交换柱内树脂及排气现象,5~10 min 后结束,关闭所有阀门。

同时,将连接清水槽的蠕动泵 B 与阴离子交换柱连接,逆流反冲洗交换使用过的阴离子柱。

4. 再生过程(逆流)

(1)保持单柱逆流模式。将蠕动泵 A 与再生液酸槽(3% HCl)连接,开启阳柱下端进水口阀门和阳柱上端排废液阀门,进行逆流阳树脂再生。

(2)调节流量为 3 L/h,再生液逆流通过树脂层。收集 5 min 酸液置于废液桶 1(分析该溶液的主要成分)。

(3)同理,设计单柱逆流模式。以蠕动泵 B 将再生液碱槽(5% NaOH)与阴离子交换柱进水口连接。打开其下端进水口阀门和上端的排废液阀门,逆流再生。

（4）调节流量为 3 L/h，再生液逆流通过树脂层后，碱液收于废液桶 2（分析该溶液的主要成分，注意保存）。再生时，注意控制流量，观察树脂层颜色变化。稳定进行 10 min 后（或取样调节 pH 值，检测直到无 Cr^{6+} 流出为止）。关闭泵电源及所有阀门。

5. 清洗过程（逆流）

（1）保持单柱逆流模式，分别将蠕动泵 A、B 连接到清水槽。

（2）启动泵 A/B，分别调节流量计为 5 L/h，进行逆流清洗（在清洗过程中，注意观察树脂层变化），流出液收集于废液桶 1（分析该溶液的主要成分）。稳定运行 10～15 min，当两柱出水 pH 值接近中性时，关闭水泵电源及所有阀门，保持树脂柱中的液位。结束实验。

五、实验数据处理

（1）将实验数据记录于表 4 - 23 中。

表 4 - 23　实验数据记录表

柱子直径/cm	阳树脂层高度/cm		阴树脂层高度/cm			Cr^{6+} : ρ_0/(mg/L)		废水 pH
2.0								
交换数据						再生数据		
水样序号	1	2	3	4	5	6	HCl 浓度/%	
取样时间/min							阳柱　流量/(L/h)	
流量/(L/h)							再生时间/min	
样品吸光度 A_{540}							清洗到 pH	
出水浓度 ρ/(mg/L)							NaOH 浓度/%	
阳柱出水 pH 值							阴柱　流量/(L/h)	
阴柱出水 pH 值							再生时间/min	
备注							清洗到 pH	

注：离子交换树脂具有较大的交换容量，在实验学时范围，通常不会穿透，可以方便地在比色管中加好显色剂，随时接取试液显色检验。

（2）计算并绘图说明穿透曲线（ρ/ρ_0 与时间 t 的关系），说明树脂的交换解析能力。

六、注意事项

（1）实验中用到含铬料液以及强酸强碱，在各个泵流过程开始前，注意检查所有阀门以及管路连接是否安全、正确，以免发生意外。

（2）实验运行过程中，注意观察交换柱内液位变化，运行中柱内应充满溶液，不能留有空气层，一旦出现随时排气，以免影响交换柱的效果。

七、清洁水样中六价铬的测定

1. 原理

六价铬（Cr^{6+}）离子在酸性条件下与二苯碳酰二肼反应，生成紫红色络合物，在 540 nm 处有最大吸收峰。

2. 测定步骤

(1)铬标准储备液,$\rho=100.0$ mg/L:准确称取基准重铬酸钾 0.2829 g,置于烧杯中用水溶解,用 1 L 容量瓶定容。

(2)铬标准使用液,$\rho=1.00$ mg/L:使用时,由铬标准储备液稀释配制。

(3)显色剂:溶解 0.20 g 二苯碳酰二肼置于 100 mL 的 95%乙醇中,边搅拌边加入(1+9)硫酸 400 mL。存放于冰箱,可用一个月。使用时,加入显色剂后要立即摇匀,以免六价铬可能被乙醇还原。该方法适合于清洁水样的测定。

(4)标准曲线的绘制。

分别取 0 mL、0.50 mL、1.00 mL、2.00 mL、3.00 mL、4.00 mL、5.00 mL 铬标准使用液($\rho=1.00$ mg/L)置于 7 支 10 mL 比色管中,加水至 10 mL 刻度线,准确加入 0.5 mL 二苯碳酰二肼的乙醇液显色剂,充分摇匀,静置 10 min 后,以水为参比,测定相应的吸光度值 A。

比色条件:20 mm 比色皿,540 nm 波长($5\mu g$ Cr^{6+}:$A_{540}\sim 0.8$)。

用 Excel 绘制吸光度($A-A_0$)与铬含量的标准工作曲线,并获得线性回归方程,记录于表 4-24。

表 4-24 标准工作曲线的制作

NO.	1	2	3	4	5	6	7	样品
铬标准使用液/mL	0.00	0.50	1.00	2.00	3.00	4.00	5.00	
A	A_0:							
$A-A_0$								
铬含量/μg								
方法参数:$\lambda=$			线性回归方程:			决定系数 R^2:		

(5)水样测定。

准确吸取适量水样置于 10 mL 比色管中,其余步骤同标准曲线,测定样品显色的吸光度并计算。

3. 计算

$$Cr^{6+}(mg/L)=\frac{含铬量(\mu g)}{水样体积(mL)} \tag{4-15}$$

八、思考题

(1)本实验生成的含铬废液应存放于哪个废液桶?

(2)比较离子交换与电渗析处理工艺的异同之处。

实验 50 高盐度水的电渗析处理技术

一、实验意义和目的

电渗析是一种以电位差为推动力,利用离子交换膜的选择透过性,从溶液中脱除或富集电解质的膜分离技术。为提高工作效率,一台电渗析器膜组件由 100 对,甚至几百对交换膜组成。其操作压力通常在 0.5～3.0 kg/cm² 范围,操作电压 100～250 V,电流 1～3 A。每吨淡水需要 0.2°～2.0° 耗电量。其中电极和膜组成的隔室称为极室,阳极室内发生氧化反应,阳极水呈酸性,所以,阳极本身容易被腐蚀。阴极室内发生还原反应,阴极水呈碱性,阴极上容易结垢。采用自动控制频繁倒极的电渗析技术(EDR),运行管理更加方便,原水的利用率可达80%,一般原水的回收率在 45%～70%。电渗析主要用于水的初级脱盐,脱盐率在 45%～90%。新开发的荷电膜具有更高的选择性、更低的膜电阻、更好的热稳定性、相化学稳定性以及更高的机械强度,使其在电子、医药、化工、火力发电、食品、啤酒、饮料、印染及涂装等行业的给水处理以及物料的浓缩、提纯、分离等物理化学过程得到广泛应用。该技术可实现从电镀废水中回收重金属离子,从合成纤维废水中回收硫酸盐,从纸浆废液中回收亚硫酸盐等过程。电渗析与反渗透(RO)相比,它的价格便宜,但脱盐率较低。

本实验的目的为:

(1)掌握电渗析法处理含盐废水的特性与规律。

(2)熟悉电渗析法处理废水的工艺流程及操作方法。

二、实验原理

电渗析过程是电化学过程和渗析扩散过程的结合,在外加直流电场的驱动下,利用离子交换膜的选择透过性(即阳离子可以透过阳离子交换膜,阴离子可以透过阴离子交换膜),阴、阳离子分别向阳极和阴极移动,从而实现溶液淡化、浓缩、精制或纯化等目的。与离子交换树脂不同,离子交换膜不需要再生。电渗析的工作原理如图 4－17 所示,离子交换膜的结构如图 4－18 所示。

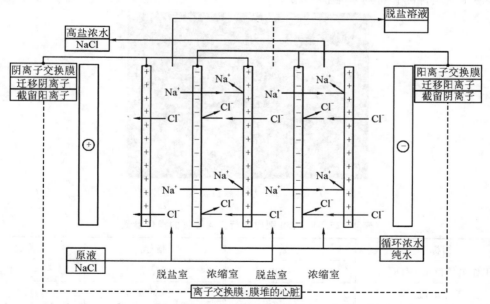

图 4－17　电渗析的工作原理

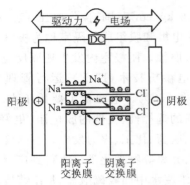

图 4－18　离子交换膜结构

三、实验仪器、设备和材料

（1）电渗析实验装置。

V－100 型电渗析实验实物装置（如图 4－19 所示）分别由电控系统、电渗析膜组件、压力泵、流量指示和储水箱 5 个部分组成。面板操作的电控系统经整流输出 0～100 VDC 的直流可控调节电压。实验中，在储水箱中完成的配水经过压力泵输入电渗析膜组件。获得的浓水和淡水通过流量计指示，取样测定之后，可返回水箱。台式设计的 V－100 型电渗析实验装置，更适于教学实验和循环使用。V－100 型电渗析实验装置的操作参数如表 4－25 所示。该设计方便于膜组件的日常通水维护和保养。

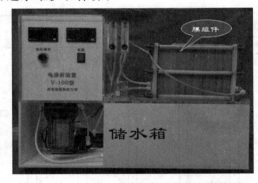

图 4－19　V－100 型电渗析实验实物装置

表 4－25　V－100 型电渗析实验装置的操作参数

指标	参数	指标	参数
工作电压范围/VDC	30～100	级、段	一级一段
工作电流	～1 A	膜对数	120
进水流量/（L/h）	50	原水电导	～1.0 mS/cm
制水流量/（L/h）	25	脱盐率/％	～90
尺寸（长×宽×高）/cm	80×30×60	膜面积/cm	20×15
泵压力/（kg/cm²）	0.5～3.0	功率/W	80

（2）电导仪。

（3）酸度计。

（4）烧杯、直尺等。

四、实验内容和步骤

（1）水样：可采用工厂排出的高盐水，也可用自来水加化学试剂配制实验用水（电导率小于 1 mS/cm）。以电导仪测定后，将实验用水预先加入储水箱中。

（2）检查流路各快插连接。启动水泵后，调节进水流量计旋钮，使原水流量为 50 L/h（此时的淡室水量约为 25 L/h）。待设备运行至浓室、淡室 2 个出水口均有出水后，打开整流器直流电源，缓慢升高电压，1～2 min 将电压升至 30 V，稳定运行 5 min 后，取浓室、淡室的出水水样，测定相应的电导值。同时测定出水 pH，并将电压 V、电流 A 记录于表 4-26。

（3）依次调节电压为 30 V、50 V、70 V、100 V。每次运行 5 min，分别取淡水和浓水，测定其相应的电导值及 pH，并记录实施的电压 V 和相应的电流 A。

（4）在最后一次取样后，实验结束。这时可逐步降低电压至零（注意此过程一定要缓慢！），关闭整流器直流电源和水泵电源。

五、实验数据处理

（1）将实验数据及膜组件尺寸等物理量测量值填入记录表 4-26 中。

表 4-26　实验数据记录表

隔板尺寸/cm（长×宽×厚）	隔板流程长度/cm		膜对数	实验用水电导率/(μS/cm)	实验用水 pH 值
×　　×0.2					
膜组装形式	浓室流量/(L/h)		淡室流量/(L/h)	极限电压/V	极限电流/A
1 级 1 段				100	

序号	电压/V	电流/A	出水 pH 值		出水电导率			电流密度 $I/(mA/cm^2)$	膜对电压/mV
			浓室	淡室	浓室	淡室	去除率 $E/\%$		
1									
2									
3									

（2）依电导率值，绘制出水的脱盐效率与电流密度的关系曲线（E-I），分析说明。

六、注意事项

（1）本实验一定要遵循"先通水，后通电"的原则。

（2）电渗析器在运行过程中，出水带电，需随时注意安全。

（3）电渗析的膜组件需要定期通水维护，以免膜片因干裂变形损坏。

七、思考题

（1）比较电渗析与离子交换树脂的工作原理。
（2）相同条件下，为何原水的盐浓度越高极限电流越大？

实验 51　正向渗透膜技术与非常规水资源利用实验

一、实验意义和目的

正渗透（Forward Osmosis，FO）又称渗透，是近年来发展起来的一种浓度驱动的新型膜分离技术，相对于压力驱动的膜分离过程如微滤、超滤和反渗透技术，正渗透以其选择性渗透膜两侧的渗透压差为驱动力，自发实现水传递的膜分离过程，是目前膜分离研究的热点之一。因是自然渗透现象，这一技术从过程本质上讲具有许多独特的优点，如低压甚至无压操作，所以能耗较低；对许多污染物几乎完全截留，适于纳米级别的组分（水分子等）分离或浓缩，去除病原体和微污染物的效果很好；低膜污染特征又使膜过程和设备简单。在许多领域，特别是在海水淡化中可实现零排放，是环境友好型技术。另外，应用于饮用水处理、热敏物质和高附加值中间体的浓缩（牛奶、植物提取、生物制药）以及非常规水资源的利用，其独到的功效，都表现出很好的应用前景。

本实验的目的为：
（1）学习正渗透膜的工作原理和优势特点。
（2）实验了解正渗透膜运行工况流程。
（3）掌握正渗透技术低能耗、低污染、零排放的环境应用。

二、实验原理

正向渗透是描述植物从土壤中汲取水分的生物学术语。水处理中的正渗透过程是高浓度盐水从较低浓度盐水中汲取水分子的自然过程。当原水（Feed Solution）流过活化层一侧，渗透压远高于原水的汲取液（Draw Solution）同时流过正向渗透膜的支撑层一侧，水分子自发的由原水侧向汲取液侧不断渗透流过，而原水中的盐分和其他污染物等被正向渗透膜截留不能通过，这样，原水中的溶质被浓缩，同时汲取液则被透过正向渗透膜的水分子稀释。渗透压与盐浓度关系如图 4-20 所示。

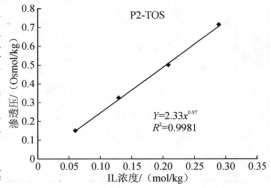

图 4-20　渗透压与盐浓度的关系图

如图 4-21 所示。在 RO 过程中，水在外加压力作用下从低化学势侧通过渗透膜扩散至高化学势侧溶液中（$\Delta\pi<\Delta P$），达到脱盐目的。正渗透过程刚好相反，水在渗透压作用下从化学势高的一侧自发扩散到化学势低的一侧溶液。而减压渗透可认为是反渗透和正渗透的中间

过程,水压作用于渗透压梯度的反方向,水的净通量仍然是向浓缩液方向。这三个过程可以用下式来描述:$J_w = A(\sigma\Delta\pi - \Delta P)$。式中:$J_w$——水通量;$A$——膜的水渗透性常数;$\sigma$——反扩散系数;$\Delta\pi$——膜两侧的渗透压差;$\Delta P$——膜两侧的压力差。

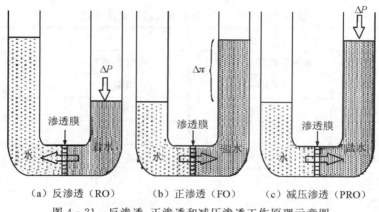

(a) 反渗透（RO）　　　　(b) 正渗透（FO）　　　(c) 减压渗透（PRO）

图 4-21　反渗透、正渗透和减压渗透工作原理示意图

正渗透膜组件形式主要有平板膜板框式、平板膜卷式和中空纤维等几种形式。其中板框式组件的有效利用率比较高,但装填密度较低。中空纤维膜组件的装填密度最高,可以进一步节省空间。汲取液对于正渗透应用极为关键,直接影响着水处理效率,及汲取液再生过程的能量消耗。汲取液应具有:能产生较高的渗透压驱动力、具有较低的黏度、具有极低的反向透过正渗透膜的速度、较高的扩散系数、无毒、物理化学性质稳定、不与膜发生化学反应、不改变膜材料的性能和结构、能够通过简单经济的方法与水分离、能够重复使用。

三、实验仪器、设备和材料

正渗透 FO 平板式膜组件(如图 4-22 所示)、反渗透 RO 膜组件、蠕动泵、原料液定量容器、汲取液定量容器、电子天平(±0.01 g)、电导仪、TDS 测定仪、磁力搅拌器、光度计、流量计、压力表、氯化钠、颜料指示剂、植物提取物、热敏物质中间体、量筒(500 mL)、烧杯常用玻璃器皿等

图 4-22　正向渗透膜组件(平板式)

四、装置参数

表 4-27 是 FR-125 型正渗透实验装置参数

表 4-27　FR-125 型正渗透实验装置参数

设备	参数	设备	参数
膜片类型	聚酰胺涂层的复酰胺	有效膜面积	50×100(mm)
膜通量	25 L/m²h	横截面	50×3(mm)
膜厚度	150±15(μm)	原液流量	27 L/h
汲取液	1 M NaCl	汲取液流量	13 L/h
原液膜面流速	5 cm/s	水通量	0.125 L/h
反向 NaCl 通量	<0.5 g/L	耐受压力	0～4 bar
运行 pH 范围	2～11	膜组件材料	不锈钢或亚克力

五、实验内容和步骤

1. 前期准备工作

参照流程图 4-23 识别 FR-125 型正渗透实验装置结构中的蠕动泵、FO 膜组件、RO 膜组件、流量计、电导仪、光度计、天平以及流路系统。配制原水和汲取液,检查各部件、接头连接部工作正常。

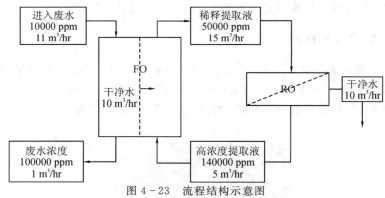

图 4-23　流程结构示意图

2. 实验样品

实验样品可以是染料废水、垃圾渗滤液、农药生产废水、植物提取物、热敏物质中间体等需要浓缩的目的试液(废液或试样)。

本实验以二级或三级处理的污水处理厂出水作为原料液,以海水作为汲取液。水分子的输送将自然地从进料端缓慢抽到汲取端,而颗粒、病原体和其他污染物将保留在进料侧。海水在这个循环过程中会被水分子稀释。稀释的海水用反渗透脱盐,降低了压力和能耗。反渗透的浓盐水用于汲取液。

3. 实验步骤

(1)按照 FR-125 型正渗透实验装置参数,检测运行 3～5 min。

（2）参数测定：原料液和汲取液的重量或体积、电导值、吸光值（对于染料废水）等。

（3）运行 1～2 h，共采集 3～4 个时间点数据。比较各参数值，说明膜分离效果。

六、实验数据处理

（1）将选择的原料液和汲取液随实验时间的改变，记录于表 4-28。

表 4-28 数据记录表

取样时间/min	原料液			汲取液		
	重量（体积）	电导值	吸光度	重量（体积）	电导值	吸光度
0						
30						
60						
90						

（2）以汲取液绘制水透过量的时间曲线。

七、结果与讨论

（1）由实验所得数据，计算本实验装置的实际膜水通量 L/h。

（2）实验体会与合理化建议。

八、思考题

（1）与其他膜材料比较正渗透技术的特点有哪些？

（2）正渗透应用场景中最能够发挥其优势的一类应用是独立正渗透过程，不需要辅以汲取液再生，该过程充分利用渗透压驱动，以最低的能耗完成对高渗透压流体的稀释或低渗透压流体的浓缩。在下列正渗透应用中找出汲取液，并说明实现的效果。

①内装糖分、矿物质、无机盐等的应急净水包。

②生活污水或工业污水实现的高浓度的肥料液灌溉应用。

③垃圾渗滤液高难废水处理。

④海水淡化。

实验 52 城市污水处理前后三维荧光光谱特征分析

一、实验意义和目的

城市污水中的有机物种类十分复杂并且不同种类物质的浓度差异巨大。人类生活产生和排放的有机物是城市污水中主要的污染物。蛋白质、碳水化合物、脂肪类等有机物贡献了城市污水中 40%～60% 的 COD，此外，还有表面活性剂、类腐殖质物质及其他种类尚不明确的有机物。对于蛋白质等已知种类的有机物可以采用明确的分析方法进行靶向测定，其余有机质的检测有很大不确定性。

一般而言，有机物分子具有丰富的光谱信息。其中，荧光光谱提供了具有荧光基团的有机物分子的激发波长和发射波长信息,比紫外-可见光谱具有更高的选择性,可以提供有机物的指纹信息。近年来,荧光光谱已广泛用于城市污水处理过程有机物转化的相关研究,提供了丰富的指纹性信息。如图 4 - 24 所示,光谱为某城市污水处理厂原污水及二级出水三维荧光光谱。其中,处理后光谱中出现了位于激发 250 nm 发射 380 nm 的特征峰,表明处理过程产生了新的类富里酸物质。

本实验的目的为:

（1）了解荧光光谱的基本概念。

（2）掌握三维荧光光谱采集的样品准备方法及光谱采集方法。

（3）通过对城市污水处理前后水荧光光谱的变化了相关有机物的变化趋势。

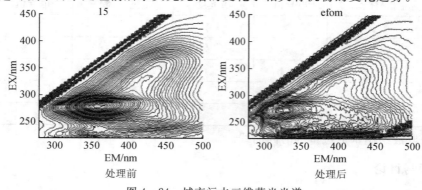

图 4 - 24　城市污水三维荧光光谱

二、实验原理

有机物光谱分析的基本原理可简要表述为有机分子吸收一定频率的光或电磁波的照射后由基态转变为激发态进而得到相应的谱学特征。不同于紫外光谱,有机物分子吸收紫外和可见光谱区的辐射后,其电子能级跃迁到激发态,再以辐射跃迁的方式回到基态,发出一定波长的光,这就是荧光产生的过程。能产生荧光的有机物分子中必须有共轭 π 键结构。如图 4 - 25 所示的荧光光谱采集方式,激发波长和发射波长是有机物分子荧光特征的基本要素。描述荧光强度同时随激发波长和发射波长变化的图谱,即为三维荧光光谱。

根据有机物的基本组成特征,污水三维荧光光谱通常划分为不同区域,各个区域中的荧光峰代表一定类型的有机物。如图 4 - 26 所示,380 nm 发射波长为基准,小于 380 nm 区域的荧光峰代表蛋白类或类蛋白有机物,大于 380 nm 区域荧光峰代表类腐殖质物质,并进一步分为类腐殖酸及类富里酸物质。

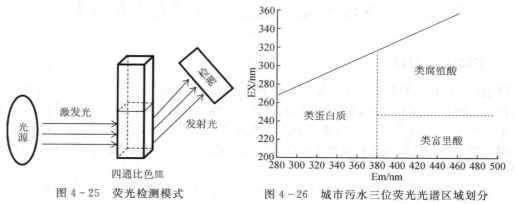

图 4 - 25　荧光检测模式　　　　图 4 - 26　城市污水三位荧光光谱区域划分

三、实验仪器、设备和材料

1. 试剂和材料

(1)取自城市污水处理厂进水及二级生化案处理后出水分别作为一般城市污水原水及二级处理水的样品。水样经 0.45 μm 滤膜过滤后采用玻璃样品瓶盛装带回实验室,4 ℃保存待用。

(2)超纯水。

2. 仪器和设备

(1)紫外-可见分光光度计及 1 cm 光程两通石英比色皿。

(2)荧光分光光度计(日立 F7000)及 1 cm 光程四通石英比色皿。

四、实验方法和步骤

1. 样品的稀释

为防止样品中有机物浓度过高导致荧光光谱采集时发生荧光内滤效应,首先使用紫外-可见分光光度计测定污水及处理水在 254 nm 波长的吸光度。若吸光度大于 0.1 cm^{-1},采用超纯水对水样进行稀释,至 254 nm 波长的吸光度小于于 0.1 cm^{-1}。

2. 三维荧光光谱的采集

(1)荧光分光光度计参数的设定。

①分析模式(Measurement type):3-D 扫描。

②激发光起始波长(EX Start WL):200.0 nm 激发光终止波长(EX End WL):450.0 nm。

③激发光采集步进(EX Sampling interval):5.0 nm。

④发射光起始波长(EM Start WL):220.0 nm 发射光终止波长(EM End WL):500.0 nm。

⑤发射光采集步进(EM Sampling interval):2.0 nm。

⑥扫描速度(Scan speed):12000 nm/min。

⑦激发光狭缝宽度(EX Slit):5.0 nm 发射光狭缝宽度(EM Slit):2.5 nm。

⑧光电倍增管电压(PMT Voltage):400 V。

⑨响应灵敏度(Response):Auto(自动调节)。

(2)光谱采集。

使用四通石英比色皿在完成参数设置的荧光分光光度计进行样品光谱采集。

五、实验数据处理

使用 Origin 软件将获得的光谱原始数据绘制成等高线图得到三维光谱。根据谱图中的特征峰位置判定样品中包含哪类荧光物质。

六、思考题

(1)采集荧光光谱为什么要用四通比色皿?

(2)城市污水在二级处理前后三维荧光光谱有何不同?

第三部分

大气污染控制实验

第5章 大气污染实验技术及污染物处理

实验 53 光化学烟雾模拟实验

一、实验意义和目的

光化学烟雾是工业化导致的一种对人类健康和环境危害很大的大气污染现象。随着汽车消费的普及,相对集中的城市大气特征由煤烟型污染转为汽车尾气型污染。数据表明,拥有100万辆汽车的城市,每天空气中将增加 2100 t 一氧化碳(CO)、620 t 的碳氢化合物(HC)、110 t 氮氧化物(NO)的排放量。排入大气的碳氢化合物(HC)和氮氧化物(NO_x)等一次污染物,在阳光(紫外线)作用下,进一步生成带有二次污染的浅蓝色有害烟雾。研究表明,光化学烟雾中臭氧约占 85%,过氧乙酰硝酸酯约占 10%;具有持久性、无疆域的特性,会导致许多已知和未知的健康危害。1943 年,发生在美国洛杉矶的光化学烟雾事件,致使城市四分之三人口患病,800 多人死亡。近年,在我国的兰州等城市也曾频频发生光化学烟雾事件。光化学烟雾随气流可漂移数百公里,大大降低了能见度而影响出行,并使远离城市的农作物、动植物等受到损害,对建筑材料亦会产生影响。

光化学烟雾与雾霾是大气污染的两种主要形式,光化学烟雾产生的 O_3 具有强氧化性,会氧化大气中的 SO_2 和 NO_2,并凝结为颗粒形成霾,因此光化学烟雾也是雾霾的一个成因。

光化学烟雾的形成有 3 个必不可少的条件。首先,产生光化学烟雾的大气必须稳定,整个大气没有强烈的对流,也没有风的扰动,不利于污染物的扩散;其次,大气中必须具有相对高浓度的氮氧化物和碳氢化合物;最后,必须有足够的光照和紫外线。这种大气气溶胶状态的规律受气象因素影响,持续时间周期长,条件多变化。采用烟雾箱实验大气环境化学及其反应机理的条件,可隔离某一种特定的物质或者控制反应状态,模拟某个可控的外环境来研究大气二次污染物的形成和演化。使其适于大气环境多来源、多组分、多过程的状况。

本实验的目的为:

(1)认识大气光化学烟雾污染的危害。

(2)以烟雾箱模拟技术认识学习复杂问题。

(3)把握污染机理,提出保护建议。

二、实验原理

光化学烟雾形成的过程如图 5-1 所示。起始反应是大气污染物 NO_2 光解生成臭氧 O_3,即

$$NO_2 + h\nu(\lambda < 420 \text{ nm}) \longrightarrow NO + O\cdot$$

$$O\cdot + O_2 + M \longrightarrow O_3 + M$$

$$O_3 + NO \longrightarrow NO_2 + O_2$$

由上述 3 步反应可见,二氧化氮的光解是循环过程,不会造成臭氧在大气中的积累。但实验研究发现空气中的 VOCₛ(可挥发性有机物)将促成光化学烟雾的产生。

因相同的条件下,大气中的羟基自由基 OH· 能够氧化碳氢化合物生成活性更强的过氧自由基,其中的 RO_2· 和 HO_2· 可迅速将上述链式反应中的 NO 转化为 NO_2 等,完成了 NO →NO_2 的循环,最终导致 O_3 积累,其反应方程如下,以 RH 表示碳氢化合物:

$$RH + OH \cdot \longrightarrow RO_2 \cdot + H_2O$$
$$RO_2 \cdot + NO \longrightarrow RCHO + HO_2 \cdot + NO_2$$
$$HO_2 \cdot + NO \longrightarrow OH \cdot + NO_2$$

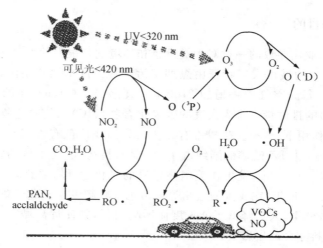

图 5-1　光化学烟雾形成过程

反应生成的醛、酮类成分会进一步氧化为危害性更大的过氧酰基硝酸酯(PAN)系列:

$$RO_2 \cdot + NO \longrightarrow NO_2 + RO \longrightarrow RONO_2$$
$$RCHO + NO_2 \longrightarrow PAN$$

光化学反应中生成的臭氧、醛、酮、醇、PAN 等统称为光化学氧化剂,以臭氧为代表,所以光化学烟雾污染的标志是臭氧浓度的升高。

三、实验仪器、设备和材料

立方体的 V-35 型光化学烟雾箱(专利号:ZL20161055146505)的外观尺寸为 700 mm× 700 mm×700 mm,约为 1/3 m³,占用实验台面 0.5 m²。烟雾箱装置结构如图 5-2 所示。烟雾箱结构采用化学惰性的 PMMA 材质(8~10 mm)黏合加工制造。依托箱仓框架,整体式布置了左侧的源气配制发生系统 1-1、内置的光源系统 2-1、顶部的在线检测系统 3-1、右侧的动力换气系统 5-1 以及电控箱 6-1。其中:

(1)配气。气源钢瓶(10 MPa,2 L)分别储备浓度为 600 ppm 的 NO_2、C_3H_6 等反应气体。该系统利用钢瓶气减压阀与分压阀间的管路死体积单元,通过错位开合钢瓶总阀和分压阀,以死体积的单元倍数释放,配制需要的气体量,导入烟雾箱。

(2)光源。V-35 教学用烟雾箱为框架刚性箱体结构,采用内置式的光源设计,与太阳紫外光谱接近的黑光灯发射光波为 330～400 nm(以 368nm 代表,15 W),实现了无光损失的光化学效应,使较小空间舱容积有足够的光照强度且一致均匀。同样,小功率光源实验温差小,免除了温控系统,使整体设计节能高效。

(3)检测。V‐35 型烟雾箱分别以电化学和 PID 传感器的在线探头直读 NO_2、O_3、TVOC、NO 等的浓度值,值域范围为 0～10 ppm,最小读数为 0.001 ppm。满足大气环境模拟的气体浓度范畴。数据可实现无线传输,并存储记录。置于顶部的在线分析仪表可实时显示指标状况。该设备还可判断初始反应的配气水平、反应过程响应、净化空气的置换效果等。

(4)箱体。V‐35 型烟雾箱选择适合的光化学反应空间,并将相关的系统组成有机整合,以教学用烟雾箱独到的一体式呈现,充分发挥小空间的实验效果匹配优势。在气体混合平衡、检测灵敏度、均匀光强效率、尾气排放量等方面符合实验教学的特点要求,方便高效。

(5)其他。动力换气装置设有风机进气扇与排气扇,通过置换导出烟雾箱内原有反应气体,实现箱体的条件配气转换。置于面板的电控箱可方便地启闭管理换气装置、光源以及检测系统等。

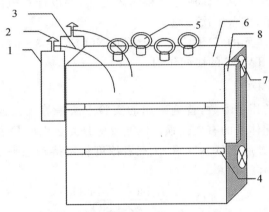

1—气瓶;2—减压阀;3—导气管;4—光源;
5—检测器;6—烟雾箱;7—换气扇;8—电控箱。

图 5‐2 烟雾箱模拟实验装置

四、实验内容和步骤

1. 一般性操作

(1)检查电器电路、光源选择连接以及配气系统的减压阀流路密闭等系统保障。

(2)将检测仪表探头分别安装在烟雾箱顶部,直观直读相应的指标示数。确认烟雾箱的执行状态背景值。

(3)打开风机排风挡板,启动排气开关,使用洁净空气排空烟雾箱(以在线监测值判断)。

(4)关闭风机及挡板,以气源钢瓶的二级减压阀(总阀:右旋为关;分压阀:左旋为关;反之为开启)间的死体积为 1 个单元量,将配气导入烟雾箱。

(5)根据实验设计要求,选择光源、气体。启动实验,记录不同时刻(分钟)相应 NO_2、O_3、TVOC 等气体成分的浓度值,并用 Excel 软件绘图说明。

(6)实验完毕后,打开排风挡板,启动排气开关,将反应气导出。同时,清洁烟雾箱(以在线监测值判断）。

（7）关闭风机挡板，准备下次实验。

2. 光化学烟雾模拟

按照一般性操作准备，并将数据记录于表 5-1 中。

（1）环境背景实验。采用自然光源，实时采集 30～60 min 箱体大气环境中 NO_2、O_3、TVOC 等气体成分的持续浓度值，并以计算机回归处理。实验完毕后，使用洁净空气排空烟雾箱，准备下次实验。

（2）臭氧生成实验。将 1 个单元的 NO_2 配气导入后，打开 368 nm UVA 黑光灯，实时采集 30～60 min NO_2、O_3、TVOC 等气体成分的持续浓度值，并以计算机回归处理。实验完毕后，使用洁净空气排空烟雾箱，准备下次实验。

（3）NO_2-C_3H_6-air 体系的配比实验。

①导入 1 个单元的 TVOC（C_3H_6）及 NO_2（$K_1=1$），打开 368 nm UVA 黑光灯，实时采集 30～60 min NO_2、O_3、TVOC 等气体成分的持续浓度值，并以计算机回归处理。实验完毕后，使用洁净空气排空烟雾箱，准备下次实验。

②连续导入 3～5 个单元的 TVOC 及 1 个单元 NO_2（$K_2=3～5$），打开 368 nm UVA 黑光灯，重复上述操作。判断 TVOC 的协同作用。

3. 光源有效光强的测定

光强是光化学反应的指示参数，普遍采用的实验方法是等效光强法，即用 NO_2 的光解速率 $J(NO_2)$ 来衡量光氧化体系的有效光强。链式反应是光解生成 O_3 的起始步，在 NO_2-air 体系中反应非常迅速，几分钟后 NO、NO_2 和 O_3 三者浓度将维持动态平衡，即光稳定状态。产物间关系可用式（5-1）表示：

$$[O_3] \cong \frac{J(NO_2) \times [NO_2]}{k \times [NO]} \tag{5-1}$$

温度为 298 K 时，反应速率常数 $k = 1.73 \times 10^{-14} \, cm^3 \cdot (molecules \cdot s)^{-1}$，将实验数据代入式（5-1）计算 $J(NO_2)$。即得到 V-35 教学用光化学烟雾箱反应时的有效光强。

4. 边壁效应实验

封闭体系中的光化学反应会受到烟雾箱边壁对各组成成分的物理化学作用。烟雾箱实验中，通常 VOC 对于箱体材质的活性很低，典型的关键活性物种是 O_3、NO_2 等。将边壁效应反应作为一级反应处理，其反应动力学方程可表示为

$$c = c_0 e^{-k_w t} \tag{5-2}$$

式中：c 为 O_3、NO_2、TVOC 的浓度。

通过对上述实验数据的拟合，可得出各物种的壁损失速率常数 k_w。对于 VOC-NO_2 反应体系，O_3 与 NO_2 的壁损失影响可以忽略。通过 V-35 烟雾箱在线检测系统可知，任何释放气体浓度的快速平衡可反映分子扩散运动是主因素。

五、实验数据处理

(1)将实验数据记录于表 5-1 中。

表 5-1　光化学烟雾箱中各组成的条件实验记录表

实验条件	时间：		温度/K：			湿度/%：			气压：		
反应条件	环境大气 (自然光照)		1 单元,二氧化氮气体 $K_1=1,K=(RH)/(NO_2)$ (15 W,368 nm)			$K_2=3\sim5,K=(RH)/(NO_2)$ (15 W,368 nm)					
ppb　　　　min	NO_2	TVOC	O_3	NO_2	TVOC	O_3	NO_2	TVOC	O_3	NO_2	TVOC	O_3
	未检出	测定	测定	测定	测定	测定	测定	测定	测定	测定	测定	测定
0												
1												
5												
10												
15												
20												
25												
30												
生成曲线	O_3(ppb)$\sim t$(min)；　　　NO_2(ppb)$\sim t$(min)；　　　TVOC(ppb)$\sim t$(min)；											

六、注意事项

(1)V-35 型烟雾箱实验系统可以控制且能重复特定条件下单纯的大气化学过程模拟,具有实验教学设备的特点,高效环保。

(2)烟雾箱光化学反应以密闭空间的非连续性源释放,验证不同设计条件下大气光化学反应的过程机理。

(3)借助烟雾箱,进一步开展对大气环境污染多尺度、多组分、多过程及多效应的研究。

七、思考题

(1)哪个季节什么时候的什么地方,最容易发生光化学烟雾污染?

(2)如何解释一定条件下绿色植被也会促使光化学烟雾的形成?

(3)如何降低大气环境中的光化学烟雾污染?

实验 54　粉尘真密度测定

一、实验意义和目的

(1)了解测定粉尘真密度的原理,掌握真空法测定粉尘真密度的方法。

（2）了解引起真密度测量误差的因素及消除方法，进一步提高实验技能。

二、实验原理

粉尘的真密度是指将粉尘颗粒表面及其内部的空气排出后测得的粉尘自身的密度。真密度对于以重力沉降、惯性沉降和离心沉降为主要除尘机制的除尘装置的除尘性能影响很大，是进行除尘理论计算和除尘器选型的重要参数。测定粉尘真密度，可为除尘器的选择和除尘系统的设计提供必要的参数。

粉尘的真密度是指粉尘的干燥质量与其真体积（总体积与其中空隙所占体积之差）的比值，单位为 g/cm^3。

在自然状态下，粉尘颗粒之间存在着空隙，有些种类粉尘的尘粒具有微孔，另外由于吸附作用，使得尘粒表面被一层空气所包围。在此状态下测出的粉尘体积，空气体积占了相当的比例，因而并不是粉尘自身的真实体积，根据这个体积数值计算出来的密度也不是粉尘的真密度，而是堆积密度。

用真空法测定粉尘的真密度，是将装有一定量粉尘的比重瓶内造成一定的真空度，从而除去了粒子间及粒子本体吸附的空气，用一种已知真密度的液体充填粒子间的空隙，通过称量，计算出真密度的方法。称量过程中的数量关系如图 5-3 所示。

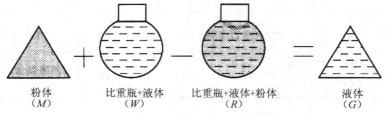

粉体　　　　比重瓶+液体　　比重瓶+液体+粉体　　液体
（M）　　　　　（W）　　　　　　（R）　　　　　　（G）

图 5-3　粉尘真密度测定中的数量关系

实验用粉尘真密度的计算公式为：

$$\rho_p = \frac{M}{V} = \frac{M}{\dfrac{G}{\rho_L}} = \frac{M}{\dfrac{M+W-R}{\rho_L}} = \frac{M\rho_L}{M+W-R} \tag{5-3}$$

式中：M——粉尘尘样的质量，g；

　　　W——比重瓶＋液体的总质量，g；

　　　R——比重瓶＋剩余液体＋粉尘的总质量，g；

　　　G——排出液体的质量，g；

　　　V——粉尘的真体积，cm^3；

　　　ρ_L——液体的密度，g/cm^3；

　　　ρ_p——粉尘的真密度，g/cm^3。

三、实验仪器、设备和材料

1. 试剂和材料

（1）六偏磷酸钠水溶液，浓度为 0.003 mol/L。它适用于大多数的无机粉尘。六偏磷酸钠分子式为（$NaPO_3$）$_6$，相对分子质量为 611.8。

（2）本实验所用粉尘采用滑石粉。

2. 仪器和设备

抽真空装置、比重瓶、恒温水浴、烘箱、干燥器等。

真空法测定粉尘真密度装置如图 5 - 4 所示。

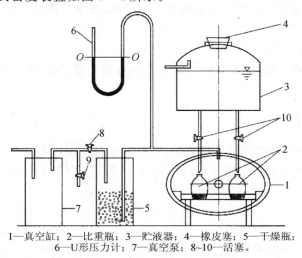

1—真空缸；2—比重瓶；3—贮液器；4—橡皮塞；5—干燥瓶；
6—U形压力计；7—真空泵；8~10—活塞。

图 5 - 4　真空法测定粉尘真密度装置示意图

四、实验内容和步骤

（1）把比重瓶清洗干净，放入电烘箱内烘干，然后在干燥器中自然冷却至室温。

（2）取有代表性粉尘试样 40～80 g，放入电烘箱内，在（110±5）℃下烘 1 h 或至恒重，然后在干燥器中自然冷却至室温。

（3）取 3～4 个干燥过的比重瓶，分别放在天平上称量，以 M_1 表示。

（4）在每个比重瓶中放入 5～10 g 的干燥粉尘，分别在天平上称量，以 M_2 表示。$M_2-M_1=M$，M 为粉尘试样的质量。

（5）如图 5 - 4 所示，连接抽真空装置。开泵抽真空，观察真空装置的剩余压力（绝对压力）。当剩余压力小于 20 mmHg（1 mmHg ＝ 133.322 Pa，下同）时，方可进行下一步操作，否则应找出原因，直至使剩余压力小于 20 mm 汞柱为止。

（6）把装有粉尘的比重瓶放入真空缸（或真空箱）内，将比重瓶口对准注液管，向贮液器注入 900 mL 浓度为 0.003 mol/L 的六偏磷酸钠水溶液。关闭图 5 - 4 中的活塞 9、10，打开活塞 8，开动真空泵，当真空缸内的剩余压力达到 20 mm 汞柱以下时，再继续抽气 20 min。

（7）关闭活塞 8，开启活塞 9，关闭真空泵。

（8）依次打开活塞 10，分别向比重瓶中注水溶液，大约为比重瓶容积的 3/4 时停止注液。静置 5～10 min，当液面上没有粉尘飘浮时，再注液至低于瓶口 12～15 mm。从真空缸中拿出比重瓶，慢慢地盖上瓶塞，使瓶内及瓶塞的毛细管中无气泡。

（9）把比重瓶放入恒温水浴中，使恒温水浴水面低于比重瓶口 10 mm 左右，在（20±0.5）℃的温度下恒温 30～40 min。然后，拿出比重瓶，用滤纸吸掉比重瓶塞毛细管口上高出的一滴液体（但切勿将毛细管中液体吸出），仔细擦干比重瓶的外部，并立即称量，准确到 0.0001 g，其质

量以 R 表示。

（10）把比重瓶中液体倒掉，清洗干净，再用六偏磷酸钠水溶液冲洗几次。然后把比重瓶放入真空缸中，对准注液管，开启活塞 10，向比重瓶中注入水溶液，使液面低于瓶口 12～15 mm，盖上瓶塞。

（11）把装满水溶液的比重瓶放入恒温水浴中恒温，按本步骤（9）进行操作，最后称出比重瓶加水溶液的质量，以 W 表示。

（12）计算粉尘的真密度。

（13）取 3 个试样的实验结果的平均值作为粉尘真密度的报告值，数值取至小数点后第 2 位。

五、实验数据处理

完成实验记录表 5-2，并用下式计算误差，要求平行测定误差 $\sigma < 0.2\%$。若平行测定误差 $\sigma > 0.2\%$，则应检查记录和测定装置，找出原因。若不是计算错误，则应重做实验。平行测定误差计算公式为：

$$\sigma = \frac{\rho_P - \bar{\rho}_P}{\rho_P} \quad\quad (5-4)$$

试样名称：_____，溶液名称：_____，溶质分子式及相对分子质量：_____，
溶液浓度：_____mol/L，液真密度：_____g/cm³，室内温度：_____℃，
大气压力：_____Pa，真空装置的真空度：_____Pa，真空装置的剩余压力：____Pa。
测定人员：_____　　测定日期：_____

表 5-2　真空法测定粉尘真密度记录表

比重瓶编号	比重瓶质量 M_1/g	比重瓶加试样质量 M_2/g	试样质量 $M = M_2 - M_1$ /g	比重瓶加溶液质量 W/g	比重瓶加溶液和试样质量 R/g	真密度 $r_P = \dfrac{M\rho_L}{M+W-R}$ /(g/cm³)	误差 $\dfrac{r_P - \bar{r}_P}{\bar{r}_P} \times 100\%$
1#							
2#							
3#							
平均值							

六、思考题（讨论结果写入实验报告）

（1）对实验用浸液有哪些要求？为什么？

（2）浸液为什么要抽真空脱气？

（3）粉尘真密度的测定误差主要来源于哪些实验操作或步骤？

（4）你认为实验中还存哪些问题，应如何改进？

实验 55　粉尘粒径分布的测定

一、实验意义和目的

掌握液体重力沉降法（移液管法）测定粉体粒径分布的方法。

二、实验原理

液体重力沉降法是根据不同大小粒子在重力作用下，在液体中的沉降速度各不相同这一原理而进行实验的。粒子在液体（或气体）介质中做等速自然沉降时所具有的速度，称为沉降速度，其大小可以用斯托克斯公式表示，即

$$v_t = \frac{(\rho_P - \rho_L)gd_P^2}{18\mu} \qquad (5-5)$$

式中：v_t——粒子的沉降速度，cm/s；

　　　μ——液体的动力黏度，g/(cm·s)；

　　　ρ_P——粒子的真密度，g/cm³；

　　　ρ_L——液体的真密度，g/cm³；

　　　g——重力加速度，cm/s²；

　　　d_P——粒子的直径，cm。

由式(5-5)可得：

$$d_P = \sqrt{\frac{18\mu v_t}{(\rho_P - \rho_L)g}} \qquad (5-6)$$

这样粒径便可以根据其沉降速度求得，沉降速度是沉降高度与沉降时间的比值，以此替代沉降速度，使上式变为

$$d_P = \sqrt{\frac{18\mu H}{(\rho_P - \rho_L)gt}} \qquad (5-7a)$$

或

$$t = \frac{18\mu H}{(\rho_P - \rho_L)gd_P^2} \qquad (5-7b)$$

式中：H——粒子的沉降高度，cm；

　　　t——粒子的沉降时间，s。

粒子在液体中沉降情况可用图 5-5 表示。粉样放入玻璃瓶内的某种液体介质中，经搅拌后，使粉样均匀地扩散在整个液体中，如图 5-5 中状态甲。经过 t_1 后，因重力作用，悬浮体由状态甲变为状态乙。在状态乙中，直径为 d_1 的粒子全部沉降到虚线以下，由状态甲变到状态乙，所需时间为 t_1。根据式(5-6)有

$$t_1 = \frac{18\mu H}{(\rho_P - \rho_L)gd_1^2} \qquad (5-8)$$

同理，直径为 d_2 的粒子全部沉降到虚线以下（即到达状态丙）所需时间为

$$t_2 = \frac{18\mu H}{(\rho_P - \rho_L)gd_2^2} \qquad (5-9)$$

直径为 d_3 的粒子全部沉降到虚线以下(即到达状态丁)所需时间为

$$t_3 = \frac{18\mu H}{(\rho_P - \rho_L)gd_3^2} \tag{5-10}$$

根据上述关系,将粉体试样放在一定液体介质中自然沉降,经过一定时间后,不同直径的粒子将分布在不同高度的液体介质中。根据这种情况,在不同沉降时间,从不同沉降高度取出一定量的液体,称量出所含有的粉体质量,便可以测定出粉体的粒径分布。

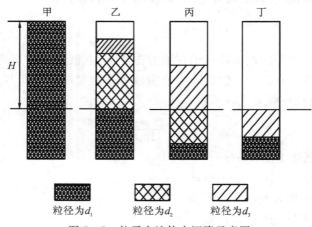

图 5-5　粒子在液体中沉降示意图

三、实验仪器、设备和材料

1.试剂和材料

(1)分散液:六偏磷酸钠水溶液,浓度为 0.003 mol/L。根据粉体种类不同,所用的分散液也不同,可参考表 5-3 选用。

表 5-3　各种粉尘常用的分散液和分散剂

粉尘名称		分散液	分散剂
金属	铜	环乙醇	
		丁醇	
	锌	环乙醇	
		水	0.2%六偏磷酸钠
	铝	环乙醇	
		水	0.2%油酸钠
	铁	豆油+丙酮(1:1)	
	铅	环乙醇	

粉尘名称		分散液	分散剂
金属氧化物	氧化铜(CuO)	水	0.2%六偏磷酸钠
	氧化锌(ZnO)	水	0.2%六偏磷酸钠
	三氧化二铝(Al₂O₃)	水	0.2%六偏磷酸钠
	二氧化硅(SiO₂)	水	0.2%六偏磷酸钠
	氧化铅(PbO)	水	0.2%六偏磷酸钠
	铅丹(Pb₂O₃)	水	0.2%六偏磷酸钠
		环乙醇	
	三氧化二铁(Fe₂O₃)	水	0.2%六偏磷酸钠
		水	0.03 mol/L 焦磷酸钠
	氧化钙(CaO)	乙二醇	
盐类	碳酸钙	水	0.2%六偏磷酸钠
	碳酸锰	水	0.2%六偏磷酸钠
	磷酸钙	水	焦磷酸钠
	氯化汞	环乙醇	
无机物	玻璃	水	0.2%六偏磷酸钠
	萤石	水	0.2%六偏磷酸钠
	石灰石	水	
	菱镁矿	水	
	陶土	水	
	石棉	甘油+水(1:4)	
	滑石粉	水	0.02 mol/L 六偏磷酸钠
		煤油	0.006 mol/L 油酸
	水泥	乙二醇	
		酒精	0.05%氯化钠
有机物	煤灰	酒精或煤油	
	焦炭	丁醇	
	煤	乙醇	
	纤维素	苯或轻酒精	
	塑料粉尘	水	阴离子活性剂
	淀粉	水或异丁醇	
	蔗糖	异戊醇·异丁醇	
	石墨	水+亚油酸钠	

(2)粉体:本实验的粉体采用滑石粉。

2. 仪器和设备

实验装置示意图如图 5-6 所示。

(1)液体重力沉降瓶 1 套,包括沉降瓶,移液管,带三通活塞的 10 mL 梨形瓶。

(2)灌肠注射器 1 支。

(3)称量瓶 8 个。

(4)分析天平 1 台:感量值为 0.0001 g。

(5)水银温度计 1 支:温度范围为 0~50 ℃,分度值为 0.5 ℃。

(6)透明恒温水槽 1 个。

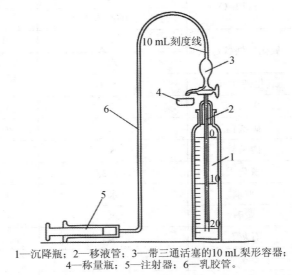

1—沉降瓶;2—移液管;3—带三通活塞的 10 mL 梨形容器;
4—称量瓶;5—注射器;6—乳胶管。

图 5-6 液体重力沉降法测定粉体粒径分布装置示意图

四、实验内容和步骤

1. 准备工作

(1)把所需玻璃仪器清洗干净,放入电烘箱内干燥,然后在干燥器中自然冷却至室温。

(2)取有代表性的粉体试样 30~40 g(如有较大颗粒需用 250 目的筛子筛分,除去 86 μm 以上的大颗粒),放入电烘箱中,在(110±5)℃的温度下干燥 1 h 或至恒重,然后在干燥器中自然冷却至室温。

(3)配制浓度为 0.003 mol/L 的六偏磷酸钠水溶液,作为分散液(解凝液),数量可根据需要定。

(4)把干燥过的称量瓶分别编号、称量。

(5)测定沉降瓶的有效容积,将水充满到沉降瓶的零刻度线(即 600 mL)处,用标准量筒测定水的体积。

(6)读出移液管底部刻度数值,测定移液管(长、中、短)的长度,然后把自来水注入沉降瓶中直至零刻度线(即 600 mL)处,每吸 10 mL 溶液,测定液面下降高度。

(7)将粉样按粒径大小分组(如 40~30 μm、30~20 μm、20~10 μm、10~5 μm、5~2 μm),计算出每组内最大粉粒由液面沉降到移液管底部所需的时间,即为该粒径的预定吸液时间,并填入记录表内。

(8)调节透明恒温水槽中的水温,保持与计算沉降时间所采用一致温度。如无透明恒水槽,可在室温下进行测定。下面仅按无透明恒温水槽的情况进行操作。

(9)在一烧杯中装满蒸馏水,准备用其冲洗每次吸液后附在容器壁上的粉粒。

2. 粉尘测定

(1)称取 6～10 g 干燥过的粉体,精确至 1/10000 g,放入烧杯中,先向烧杯中加入 50～100 mL 的分散液,使粉体全部润湿后,再加液到 300 mL 左右。

(2)把悬浮液搅拌 15 min 左右,倒入沉降瓶中,把移液管插入沉降瓶中,然后由通气孔继续加分散液直到零刻度线(即 600 mL)为止。

(3)将沉降瓶上下转动,摇晃数次,使粉粒在分散液中分散均匀,停止摇晃后,开始用秒表计时,作为起始沉降时间,同时记下室温。

(4)按计算出的预定吸液时间进行吸液。匀速向外拉注射器,液体沿移液管缓缓上升,当吸到 10 mL 刻度线时,立即关闭活塞,使 10 mL 液体和排液管相通,匀速向里推注射器,使 10 mL 液体被压入已称重的称量瓶内。然后由排液管吸蒸馏水冲洗 10 mL 容器,冲洗水排入称量瓶中,冲洗进行 2～3 次。

按上述步骤根据计算的预定吸液时间依次进行操作,直到满足所要求的最小粒径为止。同时记下室温。

(5)将全部称量瓶放入电烘箱中,在小于 100 ℃的温度下进行烘干,待水分全部蒸发后,再在(110±5) ℃的温度烘 1 h 或至恒重。然后在干燥器内自然冷却至室温,取出称量。

3. 吸液应注意的问题

(1)每次吸 10 mL 样品要在 15 s 左右完成,则开始吸液时间应比计算的预定吸液时间提前 $1/2 \times 15 = 7.5$ s。

(2)每次吸液应力求为 10 mL,太多或太少的样品应作废。

(3)吸液应匀速,不允许移液管中液体倒流。

(4)向称量瓶中排液时,应防止液体溅出。

五、实验数据处理

将有关实验数据和计算结果填记录表 5 - 4 中。

(1)粒径小于 d_i 的粉体的质量(在 10 mL 吸液中)为

$$m_i = m_1 - m_2 - m_3 \tag{5-11}$$

式中:m_1——烘干后称量瓶和剩余物(小于 d_i 的粉体)的质量,g;

m_2——称量瓶的质量,g;

m_3——10 mL 分散液中含分散剂的质量,g。

$$m_3 = 611.8 \times 0.003 \times 10/1000 = 0.0183(g)$$

(2)粒径为 d_i 的粉体的筛下累计分布为

$$D_i = \frac{m_i}{m_0} \times 100\% \tag{5-12}$$

式中:m_0——10 mL 原始悬浮液中(沉降时间 $t=0$)的粉体质量,g。

表 5 – 4 液体重力沉降法测定粉体粒径分布记录表

粉体名称：<u>滑石粉</u>，粉真密度：____ g/cm³，大气压力：____ Pa，室温：____ ℃，测定者：____，测定日期：____

分散剂名称：<u>六偏磷酸钠</u>，分散剂相对分子质量：____，分散液浓度：____ mol/L，分散液真密度：____ g/cm³，分散液黏度：____。

吸液管编号	吸管底部刻度 H_1 /cm	液面刻度 H_2 /cm	沉降高度 $H=H_1-H_2$ /cm	吸液初始时间 t_1 /s	吸液终止时间 t_2 /s	实际吸液时间 $t=\frac{1}{2}(t_1+t_2)$ /s	吸液中的最大粒径/μm $d_i=\sqrt{\dfrac{18\mu H}{(\rho P-\rho L)gt}}$	称量瓶编号	称量瓶烘干后质量 m_1 /g	称量瓶质量 m_2 /g	10 mL 分散液中分散剂质量 m_3 /g	10 mL 分散液中粉体质量 $m_1=(m_1-m_2-m_3)$ /g	初始时刻 10 mL 分散液中粉体质量 m_0 /g	筛下累计分布 $D_i=\dfrac{m_i}{m_0}\times100$	筛上累计分布 $R_i=100\%-D_i$

粒径范围/μm

粒径相对频数分布 $\Delta D\%$

粉体中位径 $d_{50}=$ ____ μm

如果最初加入的粉体为 6 g,则

$$m_0 = \frac{6}{600} \times 10 = 0.1(g)$$

（3）粒径为 d_i 的粉体的筛上累计分布为

$$R_i = 100\% - D_i \qquad (5-13)$$

（4）将各组粒径 d_i 的筛下累计分布 D_i（或筛上累计分布 R_i）的测定值标绘在特定的坐标线上（正态概率纸、对数正态概率纸或 R-R 分布纸），则实验点应落在一条直线上。根据该直线可以方便地求出工程上需要的粒径相对频数分布或频率分布及中位径等。

（5）粉体粒径 d_i 至 d_{i+1}（$d_i > d_{i+1}$）范围的相对频数分布为

$$\Delta D_i = D_i - D_{i+1} \qquad (5-14)$$

式中：D_i——粒径为 d_i 的粉体的筛下累计分布；

D_{i+1}——粒径为 d_{i+1} 的粉体的筛下累计分布。

（6）中位径。$R = D = 50\%$ 时的粒径 d_{50} 即为中位径。

六、思考题

（1）为什么要选择分散液和分散剂？选用时的要求有哪些？

（2）用吸收管吸液时,吸液速度过大或过小对测定结果有何影响？ 为什么吸液过程中不允许吸液管内液体倒流？

（3）在测定过程中,因故未按预定吸液时间进行某次吸液,而把用吸收管吸液时间向后延迟了数分钟,这种情况对测定结果有无影响？ 为什么？

实验 56　电除尘器电晕放电特性实验

一、实验意义和目的

（1）了解电除尘器的电极配置和供电装置。

（2）观察电晕放电的外观形态。

（3）测定管线式和板线式电除尘器电晕放电电流的电压特性。

二、实验原理

电除尘器的伏安特性是指极间电压（V）与电晕电流之间（I）的关系,以及开始产生电晕放电的起始电晕电压（V_c）和开始出现火花放电时的火花电压（V_s）。这些特性取决于放电极、集尘极的几何形状、相互距离、气体温度、压力和化学成分等因素,这些参数通常由实验测定。

三、实验仪器、设备和材料

1. 实验装置

本实验装置采用管式电除尘器,如图 5-6 所示。

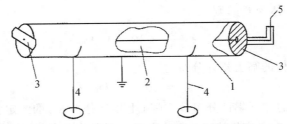

1—阳极圆管（管径300 mm）；2—阴极线（光圆线直径2 mm）；
3—阴、阳极绝缘板；4—支架；5—高压引线。

图 5-6　管式电除尘器示意图

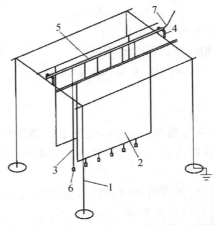

1—支架；2—阳极板（极板面积0.98 m²）；3—阴极线（光圆线直径1 mm）；
4—绝缘支架；5—电晕线吊挂钢管；6—重锤；7—高压引线。

图 5-7　板线式电除尘器示意图

2. 供电设备

本实验供电设备采用 CGD，即尘源控制高压电源，由控制器、升压变压器和高压硅整流器等组成，其供电设备结构如图 5-8 所示。

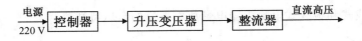

图 5-8　供电设备结构图

控制器由自耦变压器、过电流保护环节、电压表、电流表、信号灯及开关线路等组成。220 V、50 Hz 的交流电压送入控制器，经过自耦变压器后，可输出 0～220 V 的可调电压。

升压变压器和高压硅堆桥式整流器共同装在油箱中。高压升压变压器将由控制器送来的交流电压升压后，由高压硅堆桥式整流器整流，输出负的直流电压。线路原理如图 5-9 所示。

3. 实验仪表

实验仪表如图 5-9 所示，其中，A1 为 58L1 型交流输入电流表；V1 为 85L1 型交流电压表，通过变比显示高压值；A2 为毫安表；V2 为 Q4 直流静电电压表。

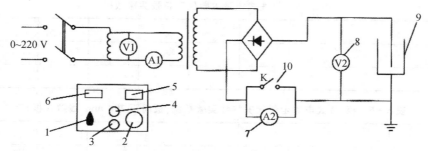

1—电源开关；2—调压器手柄；3—低压指示灯和高压关闭按钮；4—高压指示灯和高压启动按钮；
5—交流电流表；6—交流电压表；7—高压电流表；8—高压电压表；9—阳极；10—保护开关。

图 5－9　电路原理图

四、实验内容和步骤

1. 测定管式电除尘器的电压-电流特性曲线

（1）按照电路原理图连接高压引线、接地线及电压表、电流表等。检查无误后，所有人员撤到安全网外。

（2）将控制器的电流插头插入交流 220 V 插座中。将"电源开关"旋柄调至"开"的位置。控制器接通电源后，低压绿色信号灯点亮。

（3）将电压调节手柄逆时针转到零位，轻轻按动高压"启动"按钮，高压变压器输入端主回路接通电源。这时高压红色信号灯点亮，低压绿色信号灯熄灭。

（4）顺时针缓慢旋转电压调节手柄，使电压慢慢升高。待电压升至 5 kV 时，打开保护开关 K，读取并记录 u_2、I_2。读完后立即将保护开关 K 闭合，继续升压。以后每升高 5 kV 读取并记录一组数据，读数时操作方法和第一次相同，当开始出现火花时停止升压。

（5）停机时将调压手柄旋回零位，按动停止按钮，则主回路电源切断。这时高压信号灯熄灭，绿色低压信号灯点亮。再将电源"开关"关闭，即切断电源。

（6）断电后，高压部分仍有残留电荷，必须使高压部分与地短路消去残留电荷，再按要求做下一组实验。

2. 测量板式电除尘器的电压-电流特性曲线（一侧板面积为 1 m²，悬挂 3 根电晕线）

（1）将两板距离调到 20 cm，测量电压-电流的关系，方法同管式电除尘器。

（2）将两板距离调到 30 cm 和 40 cm，重复上述步骤。

3. 研究板式电除尘器电压板距一定时，电晕电流与电晕线根数的关系

（1）板间距离调到 40 cm，板中心放一根电晕线，电流测量方法同管式除尘器。将电压调到 50 kV 时测量电晕电流，记录完后将高压关掉。

（2）板间距仍保持 40 cm，将通道内的电晕线分别从 1 根调到 3 根、5 根、7 根、9 根、11 根，重复测量电压为 50 kV 时的电晕电流。

五、实验数据处理

（1）将实验数据分别记入表 5－5 至表 5－9 中。

表 5 - 5　管线式电除尘器伏安特性实验数据

u_1/kV										
u_2/kV										
I_2/mA										

表 5 - 6　板-线式电除尘器伏安特性实验数据(板间距 200 mm、线数 3 根)

u_1/kV										
u_2/kV										
I_2/mA										

表 5 - 7　板-线式电除尘器伏安特性实验数据(板间距 300 mm、线数 3 根)

u_1/kV										
u_2/kV										
I_2/mA										

表 5 - 8　板-线式电除尘器伏安特性实验数据(板间距 400 mm、线数 3 根)

u_1/kV										
u_2/kV										
I_2/mA										

表 5 - 9　固定电压、板距、电晕电流与电晕线根数不同的实验数据

电晕线根数	1	3	5	7	9	11
电晕电流						

(2)绘制管线式放电装置的伏安特性曲线。

(3)绘制板间距分别为 200 mm、300 mm、400 mm 时的板-线式放电装置的伏安特性曲线。

(4)绘制板间距为 400 mm,电压为 50 kV 时,电晕电流随电晕线根数变化的关系曲线。

六、注意事项

(1)实验准备就绪后,经指导教师检查后才能启动高压。

(2)电流表与被测点应可靠连接,严禁开路运行。

(3)实验进行时,严禁进入高压区。

七、思考题(讨论结果写入实验报告)

(1)管式电除尘器的电压-电流曲线是否符合欧姆定律? 为什么?

(2)当板式电除尘器的线距、供电电压一定时,电流怎样随板距变化?

(3)当板式电除尘器的板距和供电电压一定时,电流怎样随线距变化?

(4)影响起始电晕电压和火花电压的主要因素是什么?

(5)简述对这次实验的体会和建议。

实验 57　旋风除尘器性能实验

一、实验意义和目的

通过本实验掌握旋风除尘器性能测定的主要内容和方法，并且对影响旋风除尘器性能的主要因素有较全面的了解。

本实验的目的为：

(1)了解管道中各点流速和气体流量的测定方法。

(2)掌握旋风除尘器的压力损失和阻力系数的测定方法。

(3)掌握旋风除尘器的除尘效率的测定方法。

二、实验原理

1. 气体温度和含湿量的测定

由于除尘系统吸入的是室内空气，所以近似用空气的温度和湿度代表管道内气流的温度 t_s 和湿度 y_w。由挂在室内的干湿球温度计测量的干球温度和湿度温度，可查得空气的相对湿度 φ，由干球温度可查得相应的饱和水蒸气压力 p_v，则空气所含水蒸气的体积分数按式(5-15)计算，即

$$y_w = \varphi \frac{p_v}{p_a} \tag{5-15}$$

式中：p_v——饱和水蒸气压力，kPa；

p_a——当地大气压力，kPa。

2. 管道中各点气流速度的测定

本实验用皮托管和倾斜微压计测定管道中各测点的动压 p_K 和静压 p_s。各点的流速按式(5-16)计算，即

$$v(\text{m/s}) = K_p \sqrt{\frac{2p_K}{\rho}} \tag{5-16}$$

式中：K_p——皮托管的校正系数；

p_K——各点气流的动压，Pa；

ρ——测定断面上气流的密度，kg/m³。

气流的密度可按式(5-17)计算：

$$\rho(\text{kg/m}^3) = 2.696[1.293(1-y_w) + 0.804y_w] \frac{p'_s}{T_s} \tag{5-17}$$

式中：p'_s——测定断面上气流的平均静压(绝对压力)，$p'_s = p_s + p_a$，kPa；

p_s——气流的平均静压(相对压力)，kPa；

T_s——气体(即室内空气)温度，K。

3. 管道中气体流量的测定

(1)根据断面平均流速计算。

根据各点流速可求出断面平均流速 $\bar{v}$，则气体流量按式(5-18)计算，即

$$Q(\mathrm{m^3/s}) = A\,\overline{v} \tag{5-18}$$

式中：A——管道横断面积，$\mathrm{m^2}$。

（2）用静压法测定。

根据测得的吸气均流管入口处的平均静压的绝对值$|p_s|$，按式（5-19）算出气体流量，即

$$Q(m^3/s) = \varphi A \sqrt{\frac{2|p_s|}{\rho}} \tag{5-19}$$

式中：$|p_s|$——均流管处气流平均静压的绝对值，Pa；

φ——均流管的流量系数。

标准状态下（273.15 K，101.33 kPa）的干气体流量按式（5-20）计算。

$$Q_N\,(\mathrm{m^3/s}) = 2.696Q(1 - y_w)\frac{p_s}{T_s} \tag{5-20}$$

4. 旋风除尘器压力损失和阻力系数的测定

本实验采用静压法测定旋风除尘器的压力损失。由于本实验装置中除尘器进、出口接管的断面积相等，气流动压相等，所以除尘器压力损失等于进、出口接管断面静压之差，即 $\Delta p = p_{si} - p_{s0}$。为使测定气流稳定，本实验将测定断面设在距除尘器进、出口有一定距离的 a、b 断面（如图 5-10 所示），所以除尘器的压力损失 Δp 应等于 a、b 两测定断面的静压差 Δp_{ab} 减去 a 断面至除尘器进口和除尘器出口至 b 断面之间的管道压损之和 $\sum \Delta p_i$，即

$$\Delta p(\mathrm{Pa}) = \Delta p_{ab} - \sum \Delta p_i \tag{5-21}$$

测出旋风除尘器的压力损失后，便可计算出旋风除尘器的阻力系数为

$$\xi = \frac{\Delta p}{\rho v_1^2/2} \tag{5-22}$$

式中：v_1——旋风除尘器进口风速，$\mathrm{m/s}$。

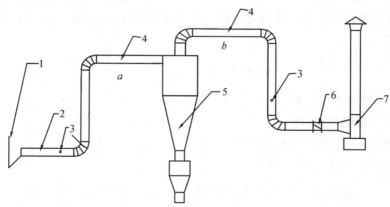

1—喇叭形入口；2—管道$\Phi294$；3—测孔；4—压损测定断面；5—旋风除尘器；6—闸板阀；7—风机。

图 5-10　旋风除尘器除尘性能试验装置（透明有机玻璃制作）

5. 除尘系统中气体含尘浓度的计算

（1）旋风除尘器入口前气体含尘浓度按式（5-23）计算，即

$$c_i = \frac{G_f}{Q_i\tau} \tag{5-23}$$

（2）旋风除尘器出口后气体含尘浓度按式（5 - 24）计算，即

$$c_0 = \frac{G_f - G_s}{Q_0 \tau} \qquad (5 - 24)$$

式中：c_i，c_0——除尘器进、出口的气体含尘浓度，g/m^3；

　　G_f，G_s——发尘量与收尘量，g；

　　Q_i，Q_0——除尘器进、出口的气体量，m^3/s；

　　τ——发尘时间，s。

6. 除尘效率的测定与计算

（1）质量法：测出同一时段进入除尘器的粉尘质量 G_f（g）和除尘捕集的粉尘质量 G_s（g），则除尘效率按式（5 - 25）计算，即

$$\eta = \frac{C_s}{C_f} \times 100\% \qquad (5 - 25)$$

（2）浓度法：用等速采样法测出除尘器进口和出口管道气流含尘浓度 c_i 和 c_0（mg/m^3），则除尘效率按式（5 - 26）计算，即

$$\eta = \left(1 - \frac{G_0 Q_0}{C_i Q_i}\right) \times 100\% \qquad (5 - 26)$$

7. 除尘器气体量和漏风率

除尘器处理气体量和漏风率分别按式（5 - 27）和式（5 - 28）计算，即

$$Q = \frac{1}{2}(Q_i + Q_0) \qquad (5 - 27)$$

$$\delta = \frac{Q_i + Q_0}{Q_i} \times 100\% \qquad (5 - 28)$$

三、实验仪器、设备和材料

旋风除尘器实验装置如图 5 - 10 所示。本试验采用质量法测定旋风除尘器的除尘效率。实验用仪器如下：

（1）倾斜微压计：2 台。

（2）U 形压差计：1 个。

（3）毕托管：2 支。

（4）干湿球温度计：1 支。

（5）空盒气压计：1 台。

（6）托盘天平（感度值 1 g）：1 台。

（7）秒表：2 块。

（8）钢卷尺：2 个。

四、实验内容和步骤

（1）测定室内空气干球和湿球温度、大气压力，计算空气湿度。

（2）测量管道直径，确定分环数和测点数，求出各测点距管道内壁的距离，并在皮托管和采样管上进行标识。

（3）测定各点流速和风量。用倾斜微压计和皮托管测出各气流的动压、静压以及均流管处气流的静压，求出气体的密度、各点的气流速度、除尘器前后的风量。

（4）用托盘天平称好一定量的尘样。

（5）测定除尘效率：启动风机后开始发尘，记录发尘时间和发尘量。观察除尘系统中的含尘气流和粉尘浓度的变化情况。关闭风机后，收集旋风除尘器灰斗中捕集的粉尘，然后称量，用式（5-19）计算除尘效率。

（6）改变系统风量，重复上述试验，确定旋风除尘器在各种工况下的性能。

五、实验数据处理

实验时间：　　　年　　　月　　　日。

空气干球温度（t_d）：　　　℃；空气湿球温度（t_v）：　　　℃。

空气相对湿度（φ）：　　　％；空气压力（P）：　　　Pa。

空气密度（ρ）：　　　kg/m³。

（1）计算旋风除尘器的处理气体量和漏风率，并将测定及计算结果记入表5-10。

（2）计算旋风除尘器在各种工况下的压力损失和阻力系数并记入表5-11。

（3）计算旋风除尘器在各种工况下的除尘效率并记入表5-12。

表5-10　除尘器处理风量测定结果记录表

测定次数	微压计读数			微压计倾斜角系数 K	静压/Pa $p_s = K\Delta L \cdot g$	流量系数 φ	管内流速 v/(m/s)	风管横截面积 F_1/(m/s)	风量 Q/(m³/h)	除尘器进口面积 F_2/m²	除尘器进口气速 v_2/(m/s)
	初读 l_1/mm	终读 l_2/mm	实际 $\Delta l = l_1 - l_2$/mm								
1											
2											
3											
…											

表5-11　除尘器阻力测定结果记录表

测定次数	微压计读数			微压计 K 值	a、b断面间的静压差 Δp_{ab}/Pa	比摩阻 R_L	直管长度 l/m	管内平均动压 $\overline{P_d}$/Pa	管间的总阻力系数 $\sum \xi$	管间的局部阻力 Δp_m/Pa	除尘器阻力 Δp/Pa	除尘器在标准状态下的阻力 Δp_N/Pa	除尘器进口截面处动压 p_{dl}/Pa	除尘器阻力系数 ξ
	初读 l_1/mm	终读 l_2/mm	实际 $\Delta l = l_1 - l_2$/mm											
1														
2														
3														
…														

表 5 - 12　除尘器效率测定结果记录表

测定次数	发尘量 G_f/g	发尘时间 τ/s	除尘器进口气体含尘浓度 $C_i/(g/m^3)$	收尘量 G_s/g	除尘器出口气体含尘浓度 $C_0/(g/m^3)$	除尘器效率 $\eta/\%$
1						
2						
3						
4						
...						

六、思考题

(1)用动压法和用静压法测得的气体流量是否相同,哪一种方法更准确,为什么?

(2)当用静压法测定风量时,在清洁气流中测定和含尘气流中测定的数值是否相等,哪一个数值更接近除尘器的运行工况,为什么?

(3)用质量法和采样浓度计算的除尘效率,哪一个更准确,为什么?

(4)用静压法测定和计算旋风除尘器的压力损失有何优缺点? 你能提出改进方法吗?

(5)旋风除尘器的除尘效率和压力损失随处理气体量的变化规律是什么? 它对旋风除尘器的选择和运行控制有何意义?

(6)你认为实验中还存在什么问题? 应如何改进?

实验 58　布袋除尘器性能测试实验

一、实验目的

(1)熟悉袋式除尘器的结构和除尘原理。

(2)掌握袋式除尘器主要性能的实验研究方法。

(3)了解过滤速度对袋式除尘器压力损失及除尘效率的影响。

(4)提高对除尘技术基础知识和实验技能的综合应用能力。

二、实验原理

袋式除尘器是利用纤维滤料制作的袋状过滤元件捕集含尘气体中固体颗粒物的设备,在工业废气除尘方面应用广泛,本实验主要研究这类除尘器的性能。

袋式除尘器性能与其结构、滤料种类、清灰方式、粉尘特性及其运行参数等因素有关。袋式除尘器性能测定和计算,是袋式除尘器选择、设计和运行管理的基础,是本科学生必须具备的基本能力。本实验是在除尘器结构、滤料种类、清灰方式和粉尘特性已定的前提下,测定袋式除尘器的主要性能指标,并在此基础上测定处理气体量 Q、过滤速度 v_F 对袋式除尘器压力损失(ΔP)和除尘效率(η)的影响。

1. 处理气体量和过滤速度的测定和计算

(1)动压法测定:测定袋式除尘器处理气体量(Q),应同时测出除尘器进出口连接管道中的气体流量,取其平均值作为除尘器的处理气体量,即

$$Q(\text{m}^3/\text{s}) = \frac{1}{2}(Q_1 + Q_2) \tag{5-29}$$

式中:Q_1,Q_2——分别为袋式除尘器进、出口连接管道中的气体流量,m^3/s。

除尘器漏风率(δ)按下式计算:

$$\delta = \frac{Q_1 - Q_2}{Q_1} \times 100\% \tag{5-30}$$

漏风率应测定 3 次,取其算术平均值。一般要求除尘器的漏风率小于±5%。

(2)静压法测定:采用静压法测定袋式除尘器进口气体流量(Q_1),可根据在测孔 4(如图 5-11所示)测得的系统入口均流管处的平均静压,按下式求得,即

$$Q_1(\text{m}^3/\text{s}) = \varphi_V A \sqrt{2|P_s|/\rho} \tag{5-31}$$

式中:$|P_s|$——入口均流管处气流平均静压的绝对值,Pa;

φ_V——均流管入口的流量系数;

A——除尘器进口测定断面的面积,m^2;

ρ——测定断面管道中气体密度,kg/m^3;

(3)过滤速度的计算。

若袋式除尘器总过滤面积为(F),则其过滤速度(v_F)按下式计算:

$$v_F(\text{m/min}) = \frac{60Q_1}{F} \tag{5-32}$$

2. 压力损失的测定和计算

袋式除尘器压力损失(ΔP)由除尘器结构阻力(ΔP_c)、清洁滤料的压力损失(ΔP_f)和颗粒层的压力损失(ΔP_p)组成。袋式除尘器压力损失(ΔP)为除尘器进、出口管中气流的平均全压之差。当袋式除尘器进、出口管的断面面积相等时,可采用其进、出口管中气体的平均静压之差计算,即

$$\Delta P = P_{s1} - P_{s2}, (\text{Pa}) \tag{5-33}$$

式中:P_{s1}——袋式除尘器进口管道中气体的平均静压,Pa;

P_{s2}——袋式除尘器出口管道中气体的平均静压,Pa。

袋式除尘器的压力损失与其清灰方式和清灰制度有关。当采用新滤料时,应预先发尘运行一段时间,使新滤料在反复过滤和清灰过程中,残余粉尘基本达到稳定后再开始实验。

考虑到在运行过程中,袋式除尘器的压力损失随运行时间产生一定变化。因此,在测定压力损失时,应每隔一定时间,连续测定(一般可考虑 5 次),并取其平均值作为除尘器的压力损失($\overline{\Delta P}$)。

3. 除尘效率的测定和计算

除尘效率采用质量浓度法测定,即用等速采样法同时测出除尘器进、出口管道中气流平均含尘浓度 C_1 和 C_2,按下式计算:

$$\eta = \left(1 - \frac{C_2 Q_2}{C_1 Q_1}\right) \times 100\% \tag{5-34}$$

由于袋式除尘器效率高，除尘器进、出口气体含尘浓度相差较大，为保证测定精度，可在除尘器出口采样时，适当加大采样流量。

4. 压力损失、除尘效率与过滤速度关系的分析

脉冲袋式除尘器的过滤速度一般为 $0.5 \sim 2\ \mathrm{m/min}$，可在此范围内确定 5 个值进行实验。过滤速度的调整，可通过风机变频调速实现，按静压法确定。当然，应要求在各组实验中，保持除尘器清灰制度固定，除尘器进口气体含尘浓度（C_1）基本不变。

为保持实验过程中 C_1 基本不变，可根据发尘量（S）、发尘时间（τ）和进口气体流量（Q_1），按下式估算除尘入口含尘浓度（C_1）：

$$C_1(\mathrm{g/m^3}) = \frac{S}{\tau Q_1} \qquad\qquad (5-35)$$

三、实验仪器、设备和材料

本实验系统流程如图 5-11 和图 5-12 所示。

本实验选用 CBMP36-1×1 型脉冲袋式除尘器。该除尘器共 36 条滤袋，总过滤面积为 $13.56\ \mathrm{m^2}$。实验滤料为涤纶针刺毡。

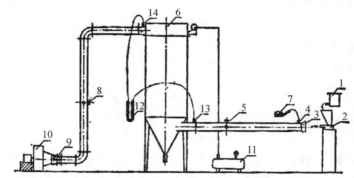

1—粉尘定量供给装置；2—粉尘分散装置；3—喇叭形均流管；4—静压测孔；
5—除尘器进口测定断面Ⅰ；6—袋式除尘器；7—倾斜式微压计；
8—除尘器出口测定断面Ⅱ；9—阀门；10—通风机；11—空气压缩机；
12—U形管压差计；13—除尘器进口静压测孔；14—除尘器出口静压测孔。

图 5-11　袋式除尘器性能实验装置流程图

图 5-12　袋式除尘器实验装置实物图

脉冲喷吹清灰是利用 $(4 \sim 7) \times 10^5$ Pa 的压缩空气进行喷吹,故配制一台小型空气压缩机 11 和 6 个 1 号脉冲阀,脉冲喷吹耗用空气量为 $0.03 \sim 0.1$ m³/min。

为在实验过程中能定量地连续供给粉尘,控制发尘浓度,实验系统设有粉尘定量供给装置 1 和粉尘分散装置 2。粉尘定量供给装置采用 PNT-T28 体积式喂料机,喂料量为 $0 \sim 150$ kg/h,通过调节电机的速度及变频器的频率变化实现除尘器进口气体含尘浓度的变化。粉尘分散装置采用压缩空气作为动力,将定量供给的粉尘分散成实验所需含尘浓度的气溶胶状态。

通风机 10 是实验系统的动力装置,本实验选用 GXF69 型离心通风机,风量 $450 \sim 2000$ m³/h,转速为 2900 r/min,全压为 2500 Pa,所配电动机功率为 3 kW。

除尘系统入口的喇叭形均流管 3 处的静压测孔 4 用于测定除尘器入口气体流量,亦可用于在实验过程中连续测定和监控除尘系统的气体流量。在实验前应预先测量确定喇叭形均流管的流量系数 (φv)。通风机为变频风机,用来调节除尘器处理气体量和过滤速度。

本实验尚需配备以下仪器:

(1)干湿球温度计:1 支。

(2)空盒式气压表:1 个。

(3)钢卷尺:2 个。

(4)U 型管压差计:1 个。

(5)倾斜式微压计:3 台。

(6)毕托管:2 支。

(7)烟尘采样管:2 支。

(8)烟尘测试仪:2 台。

(9)旋片式真空泵:2 台。

(10)秒表:2 个。

(11)光电分析天平(分度值 1/10000 g):1 台。

(12)托盘天平(分度值为 1 g):1 台。

(13)干燥器:2 个。

(14)鼓风干燥箱:1 台。

(15)超细玻璃纤维无胶滤筒:20 个。

四、实验内容和步骤

1. 实验内容

(1)室内空气环境参数测定:包括空气干球温度、湿球温度、相对湿度、当地大气压力等环境参数测定。

(2)袋式除尘器实验装置测定:固定袋式除尘器清灰制度确定,包括选择适当压力的压缩空气、适当的清灰周期和脉冲时间。测定除尘系统入口喇叭形均流管流量系数(φv)。

(3)袋式除尘器性能测定和计算:在固定袋式除尘器实验系统进口发尘浓度和清灰制度的

条件下,测定和计算袋式除尘器处理气体量(Q)、漏风率(δ)、过滤速度(v_F)、压力损失(ΔP)和除尘效率(η)。

(4)实验数据整理分析:认真记录袋式除尘器处理气体量和过滤速度、压力损失、除尘效率等性能参数,分析压力损失、除尘效率和过滤速度的关系。

2. 实验要求

(1)室内空气环境参数测定、除尘系统入口喇叭形均流管流量系数测定、风管中气体含尘浓度测定等实验方法可参照前述各实验指导书。

(2)为了求得除尘器的 v_F-η 和 v_F-ΔP 的性能曲线,应在除尘器清灰制度和进口气体含尘浓度(C_1)相同的条件下,测出除尘器在不同过滤速度(v_F)下的压力损失(ΔP)和除尘效率(η)。

(3)除尘器进、出口风管中气体含尘浓度采样过程中,要注意监控均流管 3 处的静压值,使之保持不变,并记录。考虑到出口含尘浓度较低,每次采样时间不宜少于 30 min。进、出口风管中含尘浓度可连续采样 3~4 次,并取其平均值作为其含尘浓度。

(4)在进行采样的同时,测定记录袋式除尘器的压力损失。实验时,应在除尘器处于稳定运行状态下,每间隔一定时间,连续测定并记录 5 次数据,取其平均值作为除尘器的压力损失。

(5)本实验要求每个学生综合应用前述基本知识和技能,自行编制上述各项参数的测定方案和实验步骤,经指导教师审查通过后方准予实验。

(6)本实验要求学生独立设计袋式除尘器压力损失、除尘效率与过滤速度关系的测定记录表和 v_F-Δp、v_F-η 实验性能曲线图。

五、实验数据处理

1. 处理气体量和过滤速度

按表 5-13 记录和整理数据。按式(5-29)计算除尘器处理气体量,按式(5-30)计算除尘器漏风率,按式(5-32)计算除尘器过滤速度。

2. 压力损失

按表 5-14 记录整理数据。按式(5-33)计算压力损失,并取 5 次测定数据的平均值($\overline{\Delta P}$)作为除尘器压力损失。

3. 除尘效率

除尘效率测定数据按表 5-15 记录整理。除尘效率按式(5-34)计算。

4. 压力损失、除尘效率与过滤速度的关系

继压力损失(ΔP)、除尘效率(η)和过滤速度(v_F)测定完成后,自行设计记录表,整理 5 组不同 v_F 下的 ΔP 和 η 数据,并独立设计分析图,绘制 v_F-ΔP 和 v_F-η 实验性能曲线。

表 5 - 13 袋式除尘器处理气体流量及过滤速度测定记录表

除尘器型号规格	除尘器过滤面积 A/m^2	当地大气压力 P_A/kPa	空气湿球温度 /℃	空气干球湿度 /℃	空气相对湿度 $\varphi/\%$	空气中水蒸气体积分数 $y_w/\%$	均流管流量系数 φ_v	均流管处静压 $|p_S|$ /Pa	测定日期	测定人员

测定点		除尘器进口测定断面				除尘器出口测定断面				备注
		A_1	A_2	A_3	A_4	B_1	B_2	B_3	B_4	
管道内气体动压	微压计初读值 l_0									
	微压计终读值 l									
	差值 $\Delta l = l - l_0$									
	微压计系数 K									
	各测点气体动压 P_d /Pa									
管道内气体静压	微压计初读值 l_0									
	微压计终读值 l									
	差值 $\Delta l = l - l_0$									
	微压计系数 K									
	各测点气体动压 P_S /Pa									
	测定断面气体平均静压 $\bar{P}_S$ /Pa									
毕托管系数 K_P										
管道内气体密度 $\rho/(kg/m^3)$										
各测点气体流速 $\upsilon/(m/s)$										
测定断面平均流速 $\bar{\upsilon}/(m/s)$										
测定断面面积 F/m^2										
测定断面气体流量 $Q_i/(m^3/s)$										
除尘器处理气体流量 $Q/(m^3/s)$										
除尘器过滤速度 $\upsilon_F/(m/min)$										
除尘器漏风率 $\delta/\%$										

表 5−14　袋式除尘器压力损失测定记录表

袋式除尘器			清灰制度			粉尘特性		过滤速度/ (m/min)	测定 日期	测定人
型号 规格	滤料 种类	过滤面 积/m²	喷吹压 力/Pa	脉冲周 期/min	脉冲时 间/s	种类	d_{50}/μm			

测定序号	每次间隔时间 t/min	静压差测定结果/Pa					除尘器压力损失 $\overline{\Delta P}$ /Pa
		1	2	3	4	5	
1							
2							
3							

表 5−15　袋式除尘器净化效率测定记录表

除尘 器规 格型 号	清灰制度			处理气体流量			过滤速度 u_F/(m/min)	粉尘特性		大气 压力 /kPa	测定 日期	测定 人
	喷吹压 力/Pa	脉冲 周期 /min	脉冲 时间/s	φ_V	$|P_s|$ /Pa	Q /(m³/s)		种类	d_{50}/μm			

测定点		除尘器进口测定断面				除尘器出口测定断面				备注
		A_1	A_2	A_3	A_4	B_1	B_2	B_3	B_4	
流量计读数 q_m/(m³/min)	控制值									
	实测值									
滤筒号										
采样头直径 d/mm										
采样时间 τ/min										
采样流量 V/m³										
流量计前的 气体参数	温度 t_m/ ℃									
	压力 P_m/kPa									
标准采样流量 V_{Nd}/m³										
标况下干气体采气总体积 $\sum V_{Nd}$										
捕集尘量 $\Delta G = G_2 - G_1$ /mg	滤筒初重 G_1									
	滤筒总重 G_2									
	捕集尘量 ΔG									
含尘浓度 C/(g/m³_N)										
除尘器净化效率 η/%										

六、思考题

(1)用动压法和静压法测得的气体流量是否相同？哪一种方法更准确？为什么？

(2)用发尘量求得的入口含尘浓度和用等速采样法测得的入口含尘浓度，哪个更准确？为什么？

(3)测定袋式除尘器压力损失，为什么要固定其清灰制度？为什么要在除尘器稳定运行状态下连续 5 次读数并取其平均值作为除尘器压力损失？

(4)试根据实验性能曲线 $v_F - \Delta P$、$v_F - \eta$，分析过滤速度对袋式除尘器压力损失和除尘效率的影响。

(5)总结在一次清灰周期中，压力损失、除尘效率和过滤速度随过滤时间的变化规律。

实验 59　吸收法处理含二氧化硫（SO₂）废气

一、实验意义和目的

本实验采用填料吸收塔，用 5％NaOH 或 Na_2CO_3 溶液吸收废气中的 SO_2。通过实验可进一步了解用填料塔吸收净化有害气体的方法，同时还有助于加深理解在填料塔内气液接触状况及吸收过程的基本原理。

本实验的目的为：

(1)了解吸收法净化 SO_2 的原理及系统组成。

(2)测试吸收塔净化 SO_2 的效率。

(3)了解影响吸收塔净化效率的因素。

二、实验原理

含 SO_2 的气体可采用吸收法净化。由于 SO_2 在水中溶解度不高，常采用化学吸收法。吸收 SO_2 的吸收剂种类较多，本实验采用 NaOH 或 Na_2CO_3 溶液作吸收剂，吸收过程发生的主要化学反应为

$$2NaOH + SO_2 \longrightarrow Na_2SO_3 + H_2O$$
$$Na_2CO_3 + SO_2 \longrightarrow Na_2SO_3 + CO_2$$
$$Na_2SO_3 + SO_2 + H_2O \longrightarrow 2NaHSO_3$$

实验过程中通过测定填料吸收塔进出口气体中 SO_2 的含量，即可近似计算出吸收塔的平均净化效率，进而了解吸收效果。实验中通过测量填料塔进出口气体的全压，即可计算出填料塔的压降。若填料塔的进出口管道直径相等，用 U 形管压差计测出其静压差即可求出压降。

三、实验仪器、设备和材料

1. 实验装置与流程

吸收法处理含二氧化硫（SO₂）废气实验系统如图 5-13 所示。SO_2 气体来自钢瓶，经减压阀减压后进入缓冲箱，通过变频风机调节气体流量，可配制成一定浓度的含 SO_2 气体。气体由填料塔底部进入，与上部经喷淋装置喷淋而下的吸收液进行逆流接触，SO_2 被吸收后，洁净气

体由除雾装置除去液滴经风机排放。吸收液流经填料表面,由塔下部排出,进入储液槽,后由循环泵送至塔的上部进行循环使用。

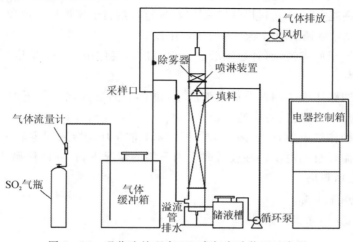

图 5-13　吸收法处理含 SO_2 废气实验装置示意图

2. 仪器设备

本实验主要仪器装置包括:

(1) SO_2 气体钢瓶 1 套,减压阀与玻璃转子流量计配合用于配制所需浓度的入口 SO_2 气体。

(2) 气体缓冲箱:将 SO_2 与空气充分混合,使输出气体中 SO_2 浓度相对稳定。

(3) 在线温度、湿度、浓度、风量风压检测系统:测压环 2 组,电化学采样头 2 组,在进出塔管段的数据采集装置进行浓度、压损的测定。

(4) 填料吸收塔:塔体为有机玻璃($D=200$ mm,$H=1500$ mm),配吸收液喷淋装置,最上部为除雾层。包括含高压离心通风机(电动机、功率 1.1 kW)1 台、防腐蚀加液水泵 1 台、液体流量计 1 个。

(5) 吸收液循环系统:包括 PVC 制作储液槽,进水口阀门;吸收液加注及维护孔;溢流口、放空口与管道和阀门组成的排液系统;不锈钢水泵(通过控制箱面板按钮控制运行)、控制阀、流量计组成的循环液系统。该系统用于制备、储存及循环吸收液。

(6) 电器控制箱:漏电保护开关、按钮开关、各种阀门、管道及不锈钢支架,用于系统的运行控制。

四、实验内容和步骤

(1) 首先检查设备系统外观和全部电气连接线有无异常(如管道设备无破损等),一切正常后开始操作。

(2) 打开电控箱总开关,合上触电保护开关。

(3) 当储液槽内无吸收液时,打开吸收塔下方储液槽进水开关,确保关闭储液箱底部的排水阀,并打开排水阀上方的溢流阀。如采用碱液吸收,则先从加料口加入一定量吸收剂的浓溶液或固体,然后通过进水阀进水稀释至适当浓度。当贮水装置水量达到总容积约 3/4 时,启动循环水泵。通过开启回水阀门可将储液箱内溶液混合均匀;通过开启上方连接流量计阀门可形成喷淋水循环,使喷淋器正常运作,通过阀门调节可控制循环液流量。待溢流口开始溢流时,关闭储液箱进水开关。

(4)通过控制面板按钮启动主风机,调节管道阀门至所需的实验风量。在风机运行的情况下,然后小心拧开 SO_2 钢瓶主阀门,再慢慢开启减压阀,通过观察转子流量计读数和入口处 SO_2 测定仪所指示的气体中 SO_2 浓度调节阀门至所需的入口浓度。

(5)调节循环液至所需流量,开始实验。入口和出口气体中的 SO_2 浓度可通过数据采集系统,在液晶屏幕读数。

(6)通过循环回路所设阀门调节循环液流量,进行不同液气比条件下的吸收试验,也可通过调节吸收液的组分和浓度进行实验。

(7)吸收实验操作结束后,先关闭 SO_2 气瓶主阀,待压力表指数回零后关闭减压阀。然后依次关闭主风机、循环泵的电源。在较长时间内不用的情况下,打开储液箱和填料塔底部的排水阀排空储液箱和填料塔。

(8)关闭控制箱主电源。

(9)检查设备状况,无误后离开。

五、实验数据处理

1. 实验数据的处理

(1)吸收塔的平均净化效率(η)可由下式近似求出:

$$\eta = (1 - \frac{c_2}{c_1}) \times 100\% \tag{5-36}$$

式中:c_1——吸收塔入口处气体中 SO_2 的浓度,ppm;

c_2——吸收塔出口处气体中 SO_2 的浓度,ppm。

(2)吸收塔压降(Δp)的计算:

$$\Delta p = p_1 - p_2 \tag{5-37}$$

式中:p_1——吸收塔入口处气体的全压或静压,Pa;

p_2——吸收塔出口处气体的全压或静压,Pa。

2. 实验基本参数记录

(1)吸收塔:直径 $D=$ _____mm,吸收塔横截面积 $F=$ ____ m^2;

(2)吸收塔填料:种类_____,形状_____;

(3)操作条件:室温____ ℃,气压____ kPa。

3. 根据表 5-16 实验结果,分析液气比对吸收效率的影响,绘制效率曲线

表 5-16　测定记录表

测定次数	风管气速/(m/s)	空气流量/(m³/h)	吸收液流量/(m³/h)	液气比 L/G/(L/m³)	吸收剂 pH	空塔气速/(m/s)	进口采样泵/(L/min)	出口采样泵/(L/min)	SO_2 流量/(L/min)	塔前 SO_2 浓度 C_1/(ppm/m³)	塔后 SO_2 浓度 C_2/(ppm/m³)	净化效率 η/%	压降 ΔP/Pa
1													
2													

续表

测定次数	风管气速/(m/s)	空气流量/(m³/h)	吸收液流量/(m³/h)	液气比L/G/(L/m³)	吸收剂/pH	空塔气速/(m/s)	进口采样泵/(L/min)	出口采样泵/(L/min)	SO₂流量/(L/min)	塔前SO₂浓度C₁/(ppm/m³)	塔后SO₂浓度C₂/(ppm/m³)	净化效率η/%	压降ΔP/Pa
3													
4													
5													
6													
7													
8													
9													
10													
...													

六、注意事项

(1)填料塔吸收循环液中不宜含有固体(不能采用钙盐吸收剂),长时间不用时需用清水洗涤。

(2)在操作过程中,控制一定的液气比及气流速度,及时检查设备运转情况,防止液泛、雾沫夹带现象发生。

七、思考题

(1)影响填料塔吸收效率的因素还有哪些?

(2)通过该实验,你认为实验中还存在什么问题?应做哪些改进?

实验 60　吸附法处理含挥发性有机物(VOCs)废气

一、实验目的和意义

本实验采用活性炭进行含 VOCs 废气的吸附净化。通过实验,使学生了解吸附系统的构成及吸附实验的操作控制,并加深对吸附原理的理解。

本实验的目的为:

(1)加深理解活性炭吸附的基本原理。

(2)熟悉工业吸附工艺的一般构成和操作。

(3)了解吸附法净化有机废气的净化效果。

二、实验原理

活性炭是一种主要由含碳材料制成的外观呈黑色，内部孔隙结构发达、比表面积大、吸附能力强的一类微晶质碳素材料。

吸附是利用多孔性固体吸附剂处理流体混合物，使其中所含的一种或几种组分浓集在固体表面，而与其他组分分开的过程。产生吸附作用的力可以是分子间的引力，也可以是表面分子与气体分子的化学键力，前者称为物理吸附，后者则称为化学吸附。

活性炭吸附气体中的有机气体是基于较大的比表面和较高的物理吸附性能。活性炭吸附有机气体是可逆过程，在一定温度和压力下达到吸附平衡，而在高温、减压下被吸附的有机气体又被解吸出来，使活性炭得到再生而能重复使用，并在一定的条件下可回收有价值的资源。

三、实验仪器、设备和材料

1. 实验装置

该实验系统主要由 4 部分构成：包括动力系统，气体发生和计量系统，吸附柱（含加热）系统，采样及分析系统等（如图 5 - 14 所示）。

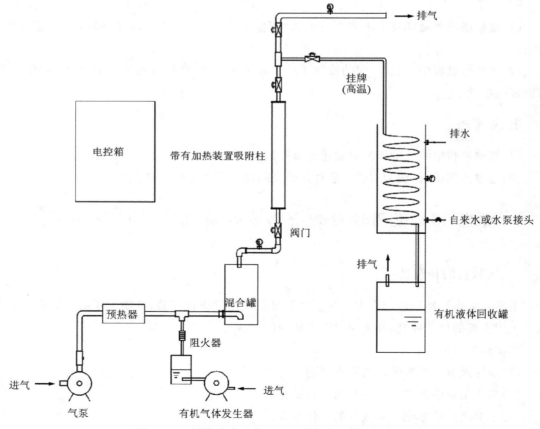

图 5 - 14　吸附法处理含 VOCs 废气实验装置示意图

(1)配气部分。

含 VOCs 废气配制采用动态法配制或鼓泡法配制。动态法配制是由钢瓶中的含 VOCs 气体通过减压阀和流量计调节到适当流量,与来自主管道的气体稀释混合配制成一定浓度的 VOCs 气体。鼓泡法配制是利用风机或压缩空气搅拌 VOCs,使之加速气化,通过流量控制配置出一定浓度的 VOCs 气体。

本实验采用鼓泡法配制 VOCs 废气,VOCs 选用毒性较低的乙醇。

(2)吸附部分。

吸附部分由吸附柱和活性炭组成。吸附柱材料为不锈钢,高度 $h=700$ mm,内径 $d=40$ mm。吸附柱外部配有加热丝和保温层,吸附柱中设有温度传感器,用来控制吸附和解吸过程中床层温度。为了便于活性炭更换,吸附柱上下分别设有活接头,方便拆卸。含 VOCs 气体通过阀门由吸附柱底部进入,经活性炭吸附净化后由吸附柱顶部排出吸附净化后的气体。

(3)取样测试部分。

本套设备为数据采集型实验设备,在吸附柱进、出风管设有微电脑浓度、风压、风速、风量采样检测系统,可在线采集数据,并在液晶屏上显示。

(4)解吸部分。

当吸附操作结束时,关闭配气系统。打开加热系统,对吸附柱进行加热实现热脱附。通过吸附柱温度控制器监控脱附阶段吸附柱温度在设置范围内。解吸后的高浓度 VOCs 气体经冷凝器冷凝回收。

2. 主要设备及参数控制指标

(1)微电脑 PID 光离子 VOCs 有机气体浓度检测仪、PID 数字温度控制系统、热电偶温度传感器各一套;

(2)微电脑在线风量风速检测系统、在线风压检测系统各 1 套;

(3)不锈钢气体预热与再生加热器 1 套;

(4)不锈钢吸附柱 1 套;

(5)配气系统 1 套(包括有机气体鼓泡发生装置 1 套、配气转子流量计 1 只、气泵 1 台);

(6)吸附与再生进气泵 1 台;

(7)取样检测气体流量计 2 个;

(8)不锈钢气体混合系统 1 套;

(9)风量调节阀 3 个,孔板流量计一个(管径 $d=16$ mm),电磁阀一个;

(10)大型可移动金属仪表控制柜 1 台。

四、实验内容和步骤

1. 实验准备

(1)按流程图连接好装置并检查气密性。

（2）将活性炭放入烘箱中，在 100 ℃以下烘 1～2 h，过筛、称量，分别向吸附柱中添加已烘干的活性炭。

2. 实验方法和步骤

1）吸附

（1）打开控制箱总电源，开启主风机开关，控制空床气速在 0.2～0.6 m/s 之间。

（2）打开吸附柱加热系统，控制床层温度在设计值。当温度达到设计值时，关闭加热系统。

（3）调节采样泵流量至合适值，开启鼓泡发生器风机，将气体浓度及流量调节至设定值。

（4）记录表 5-17 实验条件下有机废气吸附系统相关数据。

（5）当吸附效率低于设定值时，关闭鼓泡发声器风机，吸附阶段结束，准备解吸实验。

2）热解吸

（1）打开冷凝器进出口阀门，给冷凝器通入冷水。

（2）设定加热装置控制温度，启动电加热系统开始热解吸，同时记录表 40～60 min 完成（此时系统部分管线温度升高，切记勿触碰管线！）。

（3）当出口 VOCs 浓度不再变化时，解析过程结束。关闭电加热系统和循环冷水，循环通风至温度低于 30 ℃时准备下一工况实验。

（4）整个实验结束后，关闭控制箱主开关，检查设备状况，没有问题后离开。

五、实验数据的处理

1. 实验数据的处理

（1）吸附柱的平均净化效率（η）可由下式近似求出：

$$\eta = (1 - \frac{c_2}{c_1}) \times 100\% \qquad\qquad (5-38)$$

式中：c_1——吸附柱入口处气体中 VOCs 的浓度，mg/L；

　　　c_2——吸附柱出口处气体中 VOCs 的浓度，mg/L。

（2）吸附柱压降（Δp）的计算：

$$\Delta p = p_1 - p_2 \qquad\qquad (5-39)$$

式中：p_1——吸收柱入口处气体的全压或静压，Pa；

　　　p_2——吸收柱出口处气体的全压或静压，Pa。

2. 实验基本参数记录

（1）吸附柱。直径 $D=$ _____ mm，床层横截面积 $F=$ ____ m²。

（2）活性炭。种类为 _____，形状为 _____，堆积密度 _____ kg/m³。

（3）操作条件。室温 ____ ℃，气压 _____ kPa。

3. 实验结果与整理

（1）将实验条件、结果及其计算值记入表 5-17。

（2）在同一坐标下绘制不同空床气速下效率曲线，分析不同空床气速下的吸附效率和床层穿透时间。

表 5 – 17　活性炭吸附含 VOCs 气体实验记录表

测定次数	测定时间 $T/$ (min)	风管气速 $V/$ (m/s)	系统风量 $/(m^3/h)$	空床气速 $V/$ (m/s)	进口采样泵流量 $/(l/min)$	出口采样泵流量 $/(l/min)$	鼓泡发声器流量 $/(l/h)$	吸收柱温度 $/℃$	柱前 VOCs 浓度 $C_1/$ (ppm/m^3)	柱后 VOCs 浓度 $C_2/$ (ppm/m^3)	净化效率 $\eta/\%$	压降 $\Delta P/$ Pa
1												
2												
3												
4												
5												
6												
9												
10												
…												

六、思考题

(1)影响吸附操作的主要工艺参数有哪些？如何影响？

(2)若要测定希洛夫公式中的常数，以获取希洛夫方程，该如何设计实验？

实验 61　填料塔吸收混合气体中的二氧化碳

一、实验意义和目的

(1)了解填料吸收塔的结构、性能和特点，练习并掌握填料塔操作方法；通过实验测定数据的处理分析，加深对填料塔流体力学性能基本理论的理解，加深对填料塔传质性能理论的理解。

(2)掌握填料吸收塔传质能力的测定方法，练习实验数据的处理分析。

二、实验内容

(1)测定填料层压强降与操作气速的关系，确定在一定液体喷淋量下的液泛气速。

(2)固定液相流量和入塔混合气二氧化碳的浓度，进行纯水吸收二氧化碳的操作练习，同时测定填料塔液侧传质膜系数（等于液相体积总传质系数）。

三、实验原理

1. 气体通过填料层的压强降

压强降是塔设计中的重要参数，气体通过填料层压强降的大小决定了塔的动力消耗。压强降与气、液流量均有关，不同液体喷淋量下填料层的压强降 $\Delta P/Z$ 与气速 u 的关系如图 5-15 所示：

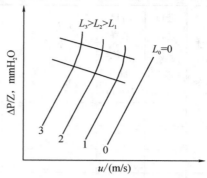

图 5-15　填料层的 $\Delta P/Z \sim u$ 关系

当液体喷淋量 $L_0 = 0$ 时，干填料的 $\Delta P/Z \sim u$ 的关系是直线，如图 5-15 中的直线 0。当有一定的喷淋量时，$\Delta P/Z \sim u$ 的关系变成折线，并存在两个转折点，下转折点称为"载点"，上转折点称为"泛点"。这两个转折点将 $\Delta P/Z \sim u$ 关系分为三个区段：既恒持液量区、载液区及液泛区。

2. 传质性能

吸收系数是决定吸收过程速率高低的重要参数，实验测定可获取吸收系数。对于相同的物系及一定的设备（填料类型与尺寸），吸收系数随着操作条件及气液接触状况的不同而变化。

二氧化碳吸收实验如下：

根据双膜模型的基本假设，气侧和液侧的吸收质 A 的传质速率方程可分别表达为：

气膜：
$$G_A = k_g A(p_A - p_{Ai}) \tag{5-40}$$

液膜：
$$G_A = k_l A(C_{Ai} - C_A) \tag{5-41}$$

式中：G_A 为 A 组分的传质速率，$kmol \cdot s^{-1}$；A 为两相接触面积，m^2；P_A 为气侧 A 组分的平均分压，Pa；P_{Ai} 为相界面上 A 组分的平均分压，Pa；C_A 为液侧 A 组分的平均浓度，$kmol \cdot m^{-3}$；C_{Ai} 为相界面上 A 组分的浓度 $kmol \cdot m^{-3}$；k_g 为以分压表达推动力的气侧传质膜系数，$kmol \cdot m^{-2} \cdot s^{-1} \cdot Pa^{-1}$；$k_l$ 为以物质的量浓度表达推动力的液侧传质膜系数，$m \cdot s^{-1}$。以气相分压或以液相浓度表示传质过程推动力的相际传质速率方程又可分别表达为：

$$G_A = K_G A(p_A - p_A^*) \tag{5-42}$$

$$G_A = K_L A(C_A^* - C_A) \tag{5-43}$$

式中：p_A^* 为液相中 A 组分的实际浓度所要求的气相平衡分压，Pa；C_A^* 为气相中 A 组分的实际分压所要求的液相平衡浓度，$kmol \cdot m^{-3}$；K_G 为以气相分压表示推动力的总传质系数或简称为气相传质总系数，$kmol \cdot m^{-2} \cdot s^{-1} \cdot Pa^{-1}$；$K_L$ 为以气相分压表示推动力的总传质系数，或简称为液相传质总系数，$m \cdot s^{-1}$。若气液相平衡关系遵循亨利定律：$C_A = Hp_A$，则：

$$\frac{1}{K_G} = \frac{1}{k_g} + \frac{1}{HK_l} \tag{5-5}$$

$$\frac{1}{K_L} = \frac{H}{k_g} + \frac{1}{k_l} \tag{5-6}$$

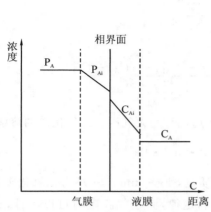

图 5-16　双膜模型的浓度分布图

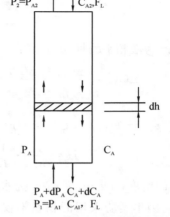

图 5-17　填料塔的物料衡算图

当气膜阻力远大于液膜阻力时,则相际传质过程式受气膜传质速率控制,此时, $K_G = k_g$;反之,当液膜阻力远大于气膜阻力时,则相际传质过程受液膜传质速率控制,此时, $K_L = k_l$ 。如图 5-17 所示,在逆流接触的填料层内,任意载取一微分段,并以此为衡算系统,则由吸收质 A 的物料衡算可得:

$$dG_A = \frac{F_L}{\rho_L}dC_A \tag{5-46}$$

式中: F_L 为液相摩尔流率,kmol·s^{-1} ; ρ_L 为液相摩尔密度,kmol·m^{-3} 。根据传质速率基本方程式,可写出该微分段的传质速率微分方程:

$$dG_A = K_L(C_A^* - C_A)aS\,dh \tag{5-47}$$

联立上两式可得:

$$dh = \frac{F_L}{K_L aS\rho_L} \cdot \frac{dC_A}{C_A^* - C_A} \tag{5-48}$$

式中: a 为气液两相接触的比表面积,m^2·m^{-1} ; S 为填料塔的横截面积,m^2 。

本实验采用水吸收纯二氧化碳,且已知二氧化碳在常温常压下溶解度较小,因此,液相摩尔流率 F_L 和摩尔密度 ρ_L 的比值,亦即液相体积流率 $(V_s)_L$ 可视为定值,且设总传质系数 K_L 和两相接触比表面积 a ,在整个填料层内为一定值,则按下列边值条件积分式(5-48),可得填料层高度的计算公式:

$$h = 0 \quad C_A = C_{A.2} \quad h = h \quad C_A = C_{A1}$$

$$h = \frac{V_{sL}}{K_L aS} \cdot \int_{C_{A2}}^{C_{A1}} \frac{dC_A}{C_A^* - C_A} \tag{5-49}$$

令: $H_L = \frac{V_{sL}}{K_L aS}$,且称 H_L 为液相传质单元高度(HTU); $N_L = \int_{C_{A2}}^{C_{A1}} \frac{dC_A}{C_A^* - C_A}$,且称 N_L 为液相传质单元数(NTU)。因此,填料层高度为传质单元高度与传质单元数之乘积,即:

$$h = H_L \times N_L \tag{5-50}$$

若气液平衡关系遵循亨利定律,即平衡曲线为直线,则式(5-49)为可用解析法解得填料层高度的计算式,亦即可采用下列平均推动力法计算填料层的高度或液相传质单元高度:

$$h = \frac{V_{sL}}{K_L aS} \cdot \frac{C_{A1} - C_{A2}}{\Delta C_{Am}} \tag{5-51}$$

$$N_L = \frac{h}{H_L} = \frac{h}{\dfrac{V_{sL}}{K_L \alpha S}} \tag{5-52}$$

式中 ΔC_{Am} 为液相平均推动力,即:

$$\Delta C_{Am} = \frac{\Delta C_{A1} - \Delta C_{A2}}{In \dfrac{\Delta C_{A1}}{\Delta C_{A2}}} == \frac{(C_{A1}^* - C_{A1}) - (C_{A2}^* - C_{A2})}{\ln \dfrac{C_{A1}^* - C_{A1}}{C_{A2}^* - C_{A2}}} \tag{5-53}$$

其中: $C_{A1}^* = H p_{A1} = H y_1 p_0$, $C_{A2}^* = H p_{A2} = H y_2 p_0$, P_0 为大气压。二氧化碳的溶解度常数:

$$H = \frac{\rho_w}{M_w} \cdot \frac{1}{E} \quad \mathrm{kmol \cdot m^{-3} \cdot Pa^{-1}} \tag{5-54}$$

式中: ρ_w 为水的密度, $\mathrm{kg \cdot m^{-3}}$; M_w 为水的摩尔质量, $\mathrm{kg \cdot kmol^{-1}}$; E 为二氧化碳在水中的亨利系数,Pa。因本实验采用的物系不仅遵循亨利定律,而且气膜阻力可以不计,在此情况下,整个传质过程阻力都集中于液膜,即属液膜控制过程,则液侧体积传质膜系数等于液相体积传质总系数,亦即

$$k_l a = K_L a = \frac{V_{sL}}{hS} \cdot \frac{C_{A1} - C_{A2}}{\Delta C_{Am}} \tag{5-55}$$

四、实验装置

1. 实验装置主要技术参数

填料塔:玻璃管内径 $D = 0.1$ m,塔高 1.20 m,内装 $\varnothing 10 \times 10$ mm 瓷拉西环;填料层高度 $Z = 0.84$ m;风机,550 W;二氧化碳钢瓶,1 个;减压阀 1 个。流量测量仪表:CO_2 转子流量计,流量范围 $0.06 \sim 0.6$ $\mathrm{m^3/h}$;空气转子流量计,流量范围 $0.25 \sim 2.5$ $\mathrm{m^3/h}$;吸收水转子流量计,流量范围 $16 \sim 160$ L/h;浓度测量:吸收塔塔底液体浓度分析采用氢氧化钡吸收滴定法;温度测量:PT100 铂电阻,用于测定测气相、液相温度。

2. 二氧化碳吸收实验装置流程示意图(见图 5-18)

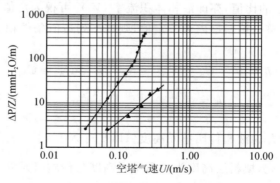

图 5-18 　二氧化碳吸收实验装置流程示意图

五、实验方法及步骤

1. 测量填料塔干填料层($\Delta P/Z$)~u 关系曲线

(1)打开空气旁路调节阀至全开,启动风机;

(2)打开空气流量计,逐渐关小阀门的开度,调节进塔的空气流量。稳定后读取填料层压降 ΔP 即 U 形管液柱压差,然后改变空气流量,空气流量从小到大共测定 12 组数据;

(3)在对实验数据进行分析处理后,在对数坐标纸上以空塔气速 u 为横坐标,单位高度的压降 $\Delta P/Z$ 为纵坐标,标绘干填料层($\Delta P/Z$)~u 关系曲线。

2. 测量填料塔在喷淋量下填料层($\Delta P/Z$)~u 关系曲线

(1)将水流量固定在 200 L/h 左右(水流量大小可自行设定);

(2)采用上面相同步骤调节空气流量,稳定后分别读取并记录填料层压降 ΔP、转子流量计读数和流量计处所显示的空气温度,操作中随时注意观察塔内现象,一旦出现液泛,立即记下对应空气转子流量计读数。

(3)根据实验数据在坐标纸上标出上述液体喷淋量时的($\Delta P/Z$)~u 关系曲线,并在图上确定液泛气速,与观察到的液泛气速相比较是否吻合。

3. 二氧化碳吸收传质系数测定

(1)将吸收塔液体喷淋量控制在 50 L/h 左右;

(2)将空气流量计 2 流量控制在 0.2 m^3/h,再开启二氧化碳气瓶罐阀门及减压阀,将二氧化碳流量计控制 0.4 m^3/h;

(3)操作达到稳定状态之后,将塔底吸收液接入盛液桶,连续反应 15 min 以后,用烧杯取 500 mL 溶液待测;

(4)二氧化碳含量测定。

用移液管吸取 $Ba(OH)_2$ 溶液 5 mL,放入三角瓶中,移取待测液 10 mL,轻微振荡,加入 2~3 滴酚酞指示剂摇匀,用 0.1 mol/L 的盐酸滴定到粉红色消失即为终点。按下式计算得出溶液中二氧化碳浓度:

$$C_{CO_2} = \frac{2C_{Ba(OH)_2}V_{Ba(OH)_2} - C_{HCl}V_{HCl}}{2V_{溶液}} \ (mol \cdot L^{-1}) \tag{5-56}$$

【实验注意事项】

(1)开启 CO_2 总阀门前,要先关闭减压阀,阀门开度不宜过大。

(2)注意解吸水箱中的液位;注意喷淋量的稳定(读数会缓慢下降,应及时调整);注意塔底吸收液,不能排空,需保持一定体积的液体,封住气体;注意空气及二氧化碳流量计读数,确保稳定。

(3)分析 CO_2 浓度操作时动作要迅速,以免 CO_2 从液体中溢出导致结果不准确。

六、实验数据记录

(1)实验装置填料塔流体力学性能测定(干填料),数据填入表5-17。

表 5 - 17　填料流体力学性能实验数据表

序号	空气转子流量计读数/(m³/h)	填料层压强降/mmH₂O
1	0.5	
2	1.0	
3	1.5	
4	2.0	
5	2.5	
6	3.0	
7	3.5	
8	4.0	
9	4.5	
10	5.0	
11	5.5	
12	6.0	

(2)填料塔流体力学性能测定,数据填入表5-18。

表 5 - 18　喷淋量下填料流体力学性能实验数据表

序号	空气转子流量计读数/m³/h	填料层压强降/mmH₂O	操作现象
1	0.5		
2	1.0		
3	1.5		
4	2.0		
5	2.5		
6	3.0		
7	3.5		
8	4.0		
9	4.5		
10	5.0		
11	5.5		
12	6.0		

（3）填料吸收塔传质实验,数据填至表 5－19。

表 5－19　传质实验数据表

被吸收的气体：纯 CO_2　吸收剂：水　塔内径：0.10m	
塔类型	吸收塔
填料种类	瓷拉西环
填料层高/m	0.84
CO_2 转子流量计读数/（m³/h）	0.40
CO_2 转子流量计处温度/℃	
空气转子流量计读数/（m³/h）	0.20
水转子流量计读数/（l/h）	50.0
中和 CO_2 用 $Ba(OH)_2$ 的体积/mL	
样品的体积/mL	10
滴定塔底吸收液用盐酸的体积/mL	
滴定空白液用盐酸的体积/mL	

（4）氢氧化钡浓度标定。

用移液管吸取 $Ba(OH)_2$ 溶液 5 mL,放入三角瓶中,加入 2～3 滴酚酞指示剂摇匀,用 0.1 mol/L 的邻苯二甲酸氢钾滴定到粉红色消失即为终点。按下式计算得出溶液中 $Ba(OH)_2$ 浓度：

$$C_{Ba(OH)_2} = \frac{C_{邻苯二甲酸氢钾} V_{邻苯二甲酸氢钾}}{2V_{Ba(OH)_2}} \quad （mol/L） \tag{5－57}$$

邻苯二甲酸氢钾用量/mL	
$Ba(OH)_2$ 体积浓度/（mol/L）	

七、实验数据处理

1. 实验数据计算及结果（以一组数据为例）

1）填料塔流体力学性能测定

转子流量计读数 0.5 m³/h;填料层压降 U 管读数 2.0 mmH₂O,则

空塔气速：$u = \dfrac{V}{3600 \times (\pi/4) \cdot D^2} = \dfrac{0.5}{3600 \times (\pi/4) \times 0.050^2} = 0.07 （m/s）$

单位填料层压降：$\dfrac{\Delta P}{Z} = 2/0.78 = 2.6 （mmH_2O/m）$

2）传质实验

CO_2 转子流量计读数 0.200（m³/h）,空气转子流量计读数 $V_{Air} = 0.500$（m³/h）,CO_2 转子流量计处温度 16.1 ℃,16.1 ℃下二氧化碳气体密度 $\rho_{CO_2} = 1.976$ kg/m³,则：

CO_2 实际流量 $V_{CO_2} = 0.200\sqrt{\dfrac{\rho_{Air}}{\rho_{CO_2}}} = \sqrt{\dfrac{1.204}{1.976}} = 0.156$（m³/h）

（1）吸收液中二氧化碳浓度计算。

吸收液消耗盐酸体积 $V_1=30.10$ mL，则吸收液浓度为：

$$C_{A1}=\frac{2C_{Ba(OH)_2}V_{Ba(OH)_2}-C_{HCl}V_{HCl}}{2V_{溶液}}$$

$$=\frac{2\times0.17982\times10-0.111\times30.1}{2\times10}=0.01277\quad(kmol/m^3)$$

（2）纯水中二氧化碳浓度计算。

因纯水中含有少量的二氧化碳，所以纯水滴定消耗盐酸体积 $V=32.3$ mL，则塔顶水中 CO_2 浓度为：

$$C_{A2}=\frac{2C_{Ba(OH)_2}V_{Ba(OH)_2}-C_{HCl}V_{HCl}}{2V_{溶液}}$$

$$=\frac{2\times0.17982\times10-0.111\times32.3}{2\times10}=0.00056(kmol/m^3)$$

（3）塔底的平衡浓度计算。

塔底液温度 $t=7.9$ ℃，由附录可查得 CO_2 亨利系数 $E=0.9735\times10^5$ kPa

则 CO_2 的溶解度常数为：

$$H=\frac{\rho_w}{M_w}\times\frac{1}{E}=\frac{1000}{18}\times\frac{1}{0.9735\times10^8}=5.706\times10^{-7}(kmol\cdot m^{-3}\cdot Pa^{-1})$$

塔底混合气中二氧化碳含量： $y_1=\frac{0.156}{0.156+0.5}=0.238$

$C_{A1}^*=H\times P_{A1}=H\times y_1\times P_0=5.7\times10^{-7}\times0.238\times101325=0.013759(kmol/m^3)$

（4）塔顶的平衡浓度计算。

由物料平衡得塔顶二氧化碳含量： $L(C_{A2}-C_{A1})=V(y_1-y_2)$

$$y_2=y_1-\frac{L\times(C_{A2}-C_{A1})}{V}=0.238-\frac{(\frac{40}{1000})\times(0.01277-0.00056)}{(\frac{0.5}{22.4})}=0.216$$

$C_{A2}^*=H\times P_{A2}=H\times y_2\times P_0=5.706\times10^{-7}\times0.2161\times101325=0.012493(kmol/m^3)$

3）液相平均推动力计算

$$\Delta C_{Am}=\frac{\Delta C_{A1}-\Delta C_{A2}}{\ln\frac{\Delta C_{A2}}{\Delta C_{A1}}}=\frac{(C_{A2}^*-C_{A2})-(C_{A1}^*-C_{A1})}{\ln\frac{C_{A2}^*-C_{A2}}{C_{A1}^*-C_{A1}}}$$

$$\frac{(0.0137-0.00056)-(0.016521-0.01277)}{\ln\frac{0.0137——0.00056}{0.01249——0.01277}}=0.0044(kmol/m^3)$$

因本实验采用的物系不仅遵循亨利定律，而且气膜阻力可以不计，在此情况下，整个传质过程阻力都集中于液膜，属液膜控制过程，则液侧体积传质膜系数等于液相体积传质总系数，即：

$$k_la=K_La=\frac{V_{sL}}{hS}\cdot\frac{C_{A1}-C_{A2}}{\Delta C_{Am}}$$

$$=\frac{40\times10^{-3}/3600}{0.8\times3.14\times(0.050)^2/4}\times\frac{(0.01277-0.00056)}{0.0049}=0.0049\ (m/s)$$

实验结果列表如表 5-20 至表 5-22 所示。

表 5 - 20　实验装置填料塔流体力学性能测定

干填料时 $\Delta P/Z \sim u$ 关系测定			
$L=0$ 填料层高度 $Z=0.78$ m　　塔径 $D=0.05$ m			
序号	填料层压强降/(mmH$_2$O)	单位高度填料层压强降/(mmH$_2$O/m)	空气转子流量计读数/(m^3/h)	空塔气速/(m/s)
1	2	2.6	0.5	0.07
2	4	5.1	1	0.14
3	7	9.0	1.5	0.21
4	13	16.7	2	0.28
5	16	20.5	2.5	0.35

表 5 - 21　实验装置填料塔流体力学性能测定

湿填料时 $\Delta P/Z \sim u$ 关系测定				
$L=160$ 填料层高度 $Z=0.78$ m　　塔径 $D=0.05$ m				
序号	填料层压强降/mmH$_2$O	单位高度填料层压强降/(mmH$_2$O/m)	空气转子流量计读数/(m^3/h)	空塔气速/(m/s)	操作现象
1	2.0	2.6	0.25	0.04	正　常
2	10.0	12.8	0.50	0.07	正　常
3	23.0	29.5	0.70	0.10	正　常
4	35.0	44.9	0.90	0.13	正　常
5	55.0	70.5	1.10	0.16	正　常
6	69.0	88.5	1.20	0.17	正　常
7	110.0	141.0	1.30	0.18	正　常
8	145.0	185.9	1.40	0.20	正　常
9	195.0	250.0	1.50	0.21	液　泛
10	260.0	333.3	1.60	0.23	液　泛
11	300.0	384.6	1.70	0.24	液　泛

表 5 - 22　实验装置填料吸收塔传质实验技术数据表

填料吸收塔传质实验数据表	
被吸收的气体:纯 CO$_2$　吸收剂:水　塔内径:50 mm	
塔类型	吸收塔
填料种类	瓷拉西环
填料层高度/m	0.80
CO$_2$ 转子流量计读数/(m^3/h)	0.200
CO$_2$ 转子流量计处温度/℃	16.1

续表

填料种类	瓷拉西环
流量计处 CO_2 的体积流量/(m^3/h)	0.156
空气转子流量计读数/(m^3/h)	0.500
水转子流量计读数/(L/h)	40.0
中和 CO_2 用 $Ba(OH)_2$ 的浓度/(mol/L)	0.17982
中和 CO_2 用 $Ba(OH)_2$ 的体积/mL	10
滴定用盐酸的浓度/(mol/L)	0.111
滴定塔底吸收液用盐酸的体积/mL	30.10
滴定空白液用盐酸的体积/mL	32.30
样品的体积/mL	10
塔底液相的温度/℃	7.9
亨利常数 $E/10^8 Pa$	0.973502
塔底液相浓度 $C_{A1}/(kmol/m^3)$	0.01277
空白液相浓度 $C_{A2}/(kmol/m^3)$	0.00056
传质单元高度 $HLE-7\ kmol/(m^3 \times Pa)$	5.70677
y_1	0.23794
平衡浓度 $C_{A1}^*/(kmol/m^3)$	0.013759
y_2	0.2161
平衡浓度 $C_{A2}^*/(kmol/m^3)$	0.012493
平均推动力 $\Delta C_{Am}/(kmolCO_2/m^3)$	0.0044
液相体积传质系数 $K_{Ya}/(m/s)$	0.0049
吸收率	0.092

2. 作图

在坐标纸上以气速 u 为横坐标，$\dfrac{\Delta P}{Z}$ 为纵坐标作图 5-19，标绘 $\dfrac{\Delta P}{Z} \sim u$ 关系曲线。

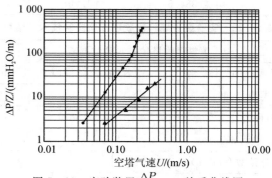

图 5-19　实验装置 $\dfrac{\Delta P}{Z} \sim u$ 关系曲线图

【附录】

二氧化碳在水中的亨利系数为 $E\times10^{-5}$，kPa。

气体	温度/℃											
	0	5	10	15	20	25	30	35	40	45	50	60
CO_2	0.738	0.888	1.05	1.24	1.44	1.66	1.88	2.12	2.36	2.60	2.87	3.46

八、思考题

(1)试分析空塔气速和喷淋密度这两个因素对吸收系数的影响。本实验中哪个因素影响更大？

(2)在不改变进气浓度的前提下，要提高吸收液的浓度可采取什么方法？会带来什么问题？

实验 62　锅炉运行负荷变化对烟气影响虚拟仿真测定

一、实验意义和目的

锅炉烟气中的烟尘浓度、烟气流量、烟气温度和湿度等参数，是设计和维护除尘系统正常运行的关键参数。本实验模拟了 300 MW 锅炉烟气除尘系统的运行状态，对锅炉运行过程的不同状态进行数值仿真，使学生了解和掌握 300 MW 机组 6# 锅炉在燃用不同煤种、不同负荷情况下变工况运行时烟气中的各项主要参数，为除尘器的正常运行和有效控制提供参考依据。

本虚拟仿真实验的模拟运行的目的是：

(1)进一步提高学生对工业锅炉燃烧过程的认识。

(2)了解燃烧机理，掌握烟气中各参数的计算和测试方法。

(3)通过实验方案设计和实验结果分析，加强对学生创新意识的培养。

二、实验原理

锅炉烟气除尘净化系统包括烟气集气系统、管道系统、除尘器系统、风机系统、烟筒排放系统、测试系统、阀门控制系统等。

燃烧是指可燃混合物的快速氧化过程，并伴随着能量（光和热）的释放，同时使燃料的组成元素转化为相应的氧化物。多数化石燃料完全燃烧的产物是二氧化碳和水蒸气。要使燃料完全燃烧，必须具备空气与燃料比、温度、时间和湍流度（燃料与空气的混合程度）4 个条件。

1. 煤的成分分析基准

基准包括收到基(ar)、空气干燥基(ad)、干燥基(d)和干燥无灰基(daf)4 种，相应的表示方法是在各成分符号右下角加角标 ar、ad、d、daf。燃料成分及各种"基"的关系如图 5 - 20 所示。

(1)收到基(ar)。

以收到状态的煤为基准计算煤中全部成分的组合称为收到基。对进厂原煤或炉前煤都应以收到基计算各项成分，其表达式如下所示：

$$C_{ar} + H_{ar} + O_{ar} + N_{ar} + S_{ar} + A_{ar} + M_{ar} = 100 \tag{5-58}$$

$$FC_{ar} + V_{ar} + A_{ar} + M_{ar} = 100 \tag{5-59}$$

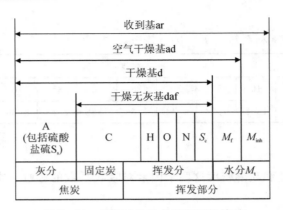

图 5 - 20　燃料成分及各种"基"的关系

（2）空气干燥基（ad）。

以与空气温度达到平衡状态的煤为基准，即供分析化验的煤样在实验室一定温度条件下，自然干燥失去外在水分，其余的成分组合即为空气干燥基，其表达式如下所示：

$$C_{ad} + H_{ad} + O_{ad} + N_{ad} + S_{ad} + A_{ad} + M_{ad} = 100 \qquad (5-60)$$

$$FC_{ad} + V_{ad} + A_{ad} + M_{ad} = 100 \qquad (5-61)$$

（3）干燥基（d）。

以假想无水状态的煤为基准，其余的成分组合便是干燥基。干燥基中因无水分，故灰分不受水分变动的影响，灰分含量百分数相对比较稳定，其表达式如下所示：

$$C_d + H_d + O_d + N_d + S_d + A_d = 100 \qquad (5-62)$$

$$FC_d + V_d + A_d = 100 \qquad (5-63)$$

（4）干燥无灰基（daf）。

以假想无水、无灰状态的煤为基准，其余成分组分即为干燥无灰基，其表达式如下所示：

$$C_{daf} + H_{daf} + O_{daf} + N_{daf} + S_{daf} = 100 \qquad (5-64)$$

$$FC_{daf} + V_{daf} = 100 \qquad (5-65)$$

由于干燥无灰基无水、无灰，故剩下的成分便不受水分、灰分变动的影响，是表示碳、氢、氧、氮、硫成分百分数最稳定的基准，常用来表示煤的挥发分含量。

2. 煤的各种分析基准的换算

实验室采用分析试样测定各种成分的含量，空气干燥基是换算其他各基准的基础。设计锅炉设备和计算煤耗，要求采用收到基来表示煤中各组成成分的百分比，使之符合锅炉实际运行情况。在研究煤的组成结构时，则要采用干燥无灰基来表示，以避免水分和灰分的干扰。

分析结果要从一种基准换算到另一种基准时，可按式（5-66）进行。

$$Y = KX_0 \qquad (5-66)$$

式中：X_0——按原基准计算的某一组成含量百分比；

　　Y ——按新基准计算的同一组成含量百分比；

　　K ——基准换算的比例系数（如表 5 - 23 所示）。

表 5 - 23　基准换算的比例系数

项目	收到基 ar	空气干燥基 ad	干燥基 d	干燥无灰基 daf
收到基 ar	1	$100-M_{ad}/100-M_{ar}$	$100/100-M_{ar}$	$100/100-M_{ar}-A_{ar}$
空气干燥基 ad	$100-M_{ar}/100-M_{ad}$	1	$100/100-M_{ad}$	$100/100-M_{ad}-A_{ad}$
干燥基 d	$100-M_{ar}/100$	$100-M_{ad}/100$	1	$100/100-A_d$
干燥无灰基 daf	$100-M_{ar}-A_{ar}/100$	$100-M_{ad}-A_{ad}/100$	$100-A_d/100$	1

按收到基计算理论空气量的方法如下所述。

1 kg 煤中所含可燃成分完成燃烧所需的理论需氧量如表 5 - 24 所示。

为了使燃料在炉内能够燃烧完全,减少不完全燃烧的热损失,实际送入炉内的空气量要比理论空气量大些,这一空气量称为实际供给空气量,用符号 V_k 表示。实际供给空气量与理论空气量之比,称为过量空气系数,即

$$\frac{V_k}{V^0} = \alpha \qquad (5-67)$$

式中:α——用于烟气量计算。

炉内过量空气系数 α 一般是指炉膛出口处的过量空气系数。过量空气系数 α 是锅炉运行的重要指标,α 太大会增大烟气体积使排烟热损失增加,α 太小则不能保证燃料完全燃烧。它的最佳值与燃料种类、燃烧方式以及燃烧设备的完善程度有关,应通过试验确定。

表 5 - 24　1 kg 煤中所含可燃成分完成燃烧所需的理论需氧量

燃料总可燃成分的质量百分数/%	燃烧反应式	理论需氧量
C_{ar}	$C+O_2 \longrightarrow CO_2$	$1.867\dfrac{C_{ar}}{100}$
H_{ar}	$2H_2+O_2 \longrightarrow 2H_2O$	$5.556\dfrac{H_{ar}}{100}$
O_{ar}	—	$-0.7\dfrac{O_{ar}}{100}$
N_{ar}	在烟气中转化为 N_2	0
S_{ar}	$S+O_2 \longrightarrow SO_2$	$0.7\dfrac{S_{ar}}{100}$
理论需氧量	$V_{O_2}^0 = 1.867\dfrac{C_{ar}}{100}+5.556\dfrac{H_{ar}}{100}+0.7\dfrac{S_{ar}}{100}-0.7\dfrac{O_{ar}}{100}$	
理论空气量 (氧气的体积含量为 20.9%, 氮气的体积含量为 79.1%)	$V^0 = \dfrac{1}{0.209}\left(1.867\dfrac{C_{ar}}{100}+5.556\dfrac{H_{ar}}{100}+0.7\dfrac{S_{ar}}{100}-0.7\dfrac{O_{ar}}{100}\right)$ $=0.0893C_{ar}+0.266H_{ar}+0.0335S_{ar}-0.0335O_{ar}$ $m^0=1.293V^0 \text{kg/kg}$	

按收到基计算烟气组成成分如表 5 - 25 所示。实际烟气体积中扣除水蒸气体积,就得到

了实际干烟气体积。

表 5 - 25　按收到基计算烟气组成成分

烟气组成成分	公式或算法
理论二氧化碳体积 V_{CO_2}	$V_{CO_2}^0 = 1.867 \dfrac{C_{ar}}{100}$
理论二氧化硫体积 V_{SO_2}	$V_{SO_2}^0 = 0.7 \dfrac{S_{ar}}{100}$
理论氮气体积 $V_{N_2}^0$	$V^0{}_{N_2} = 0.791V^\circ + \dfrac{22.4}{28} \times \dfrac{N_{ar}}{100} = 0.791V^\circ + 0.8 \dfrac{N_{ar}}{100}$
理论水蒸气体积 $V_{H_2O}^0$	燃料中氢气完全燃烧生成的水蒸气,其体积为 $11.1 \times \dfrac{H_{ar}}{100} = 0.111 H_{ar}$。 燃料中水分蒸发形成的水蒸气,其体积为 $\dfrac{22.4}{18} \times \dfrac{M_{ar}}{100} = 0.0124 M_{ar}$。 随同理论空气量 V^0 带入的水蒸气,其体积 $\dfrac{10 \times 1.293}{1000 \times 0.804} V^\circ = 0.0161 V^\circ$。 燃用液体燃料时,如果采用蒸气雾化燃油,其体积为 $\dfrac{22.4}{18} G_{wh} = 1.24 G_{wh}$,$G_{wh}$ 为雾化燃油时消耗的蒸汽量,kg/kg。 $V_{H_2O}^0 = 0.111 H_{ar} + 0.0124 M_{ar} + 0.161 V^\circ + 1.24 G_{wh}$ $m_N{}^3$/kg
理论烟气量	$V_y^0 = 1.867 \dfrac{C_{ar}}{100} + 0.7 \dfrac{S_{ar}}{100} + 0.791 V^\circ + 0.8 \dfrac{N_{ar}}{100} + 0.111 H_{ar} + 0.0124 M_{ar} + 0.0161 V^\circ + 1.24 G_{wh}$
实际烟气量	锅炉中实际的燃烧过程是在过量空气系数 $\alpha > 1$ 的条件下进行的。此时烟气体积中除理论烟气体积外,还增加了过量空气 $(\alpha - 1)V^0$ 和随同这部分过量空气带进来的水蒸气。$V_y = V_y^0 + (\alpha - 1)V^0 + 0.0161(\alpha - 1)V^0$ $m_N{}^3$/kg

三、实验仪器、设备和材料

1. 实验装置主要技术数据

1)主要设备简介

本炉系上海锅炉厂生产的 SG1025/17.5 - M886 型亚临界压力中间一次再热的自然循环汽包炉,锅炉采用单炉膛、平衡通风、四角切圆燃烧、燃烧器摆动调温、水冷连续排渣,全钢架结构,制粉系统采用中速磨冷一次风正压直吹系统。

表 5 - 26　锅炉主要技术参数(设计煤种,B-MCR 工况)

序号	名称	单位	技术参数
1	汽包工作工力	MPa	18.87
2	主蒸汽流量	t/h	1025
3	主蒸汽压力	MPa	17.5
4	主蒸汽温度	℃	541
5	再热蒸汽流量	t/h	845.8

续表

序号	名称	单位	技术参数
6	再热器进口/出口蒸汽压力	MPa	3.737/3.542
7	再热器进口/出口蒸汽温度	℃	323/541
8	给水温度	℃	281
9	排烟温度	℃	131
10	总燃料消耗量	t/h	125
11	锅炉设计热效率	%	93.0

模拟系统如图 5 - 21 所示。

图 5 - 21　模拟系统

2）煤质数据

煤质数据如表 5 - 27 所示。

表 5 - 27　煤质数据

项目名称	单位	设计煤种	校核煤种
收到基低位发热值 $Q_{net.ar}$	kJ/kg	22800	21830
工业分析			
收到基水份 M_t	%	13.20	16.8
空气干燥基水份 M_{ad}	%	3.49	4.93
干燥无灰基挥发份 V_{daf}	%	35.70	34.78
元素分析			
收到基灰份 A_{ar}	%	14.19	10.15
收到基碳 C_{ar}	%	59.40	57.95
收到基氢 H_{ar}	%	3.42	3.10
收到基氧 O_{ar}	%	8.55	10.97
收到基氮 N_{ar}	%	0.69	0.59
收到基硫 S_{ar}	%	0.55	0.44
哈氏可磨系数 HGI	—	67	82
变形温度 DT	℃	>1210	>1130
软化温度 ST	℃	>1230	>1140
熔化温度 FT	℃	>1250	>1150

2. 实验仪器

烟气在线监测系统 2 套。

四、实验内容和步骤

1. 实验准备工作

熟悉本实验系统的组成和操作流程,注意安全注意事项,完成实验预习和测试题,测试通过后方可开展相关实验。

2. 实验步骤

登录个人账户界面,学习相关安全注意事项后,启动"锅炉烟气超净净化虚拟仿真实验"程序,选择"锅炉运行负荷变化对烟气影响仿真测定",选择以学生身份进入模拟环境,如图 5－22 所示。

图 5－22　进入模拟界面

(1)熟悉锅炉烟气除尘净化系统的组成,用鼠标找到相应的系统、如锅炉燃烧系统,烟气集气系统、管道系统、除尘器系统、风机系统、烟筒排放系统、测试系统、阀门控制系统等。

(2)选择"锅炉参数选择按钮",进入锅炉参数界面,选择"煤种"(煤种 1、煤种 2 和煤种 3),如图 5－23 所示,下面以煤种 1 为例。

图 5－23　选择"煤种"

①选择"锅炉负荷"(100％、90％、80％和 60％),如"100％",如图 5－24 所示。

图 5 - 24　选择"锅炉负荷"

②记录烟气流量参数。

③记录烟气含尘浓度参数。

④记录烟气温度参数。

⑤记录烟气湿度参数。

⑥计算烟尘排放强度(t/a),按 7000 h 计。

⑦再选择煤种 2 和煤种 3,分别记录选择 90%、80% 和 60% 条件下的烟气流量、烟气含尘浓度、烟气温度、烟气湿度和烟气排放强度数据。

⑧对比烟气参数的变化特征,生成实验报告,实验结束,关闭应用程序。

五、实验数据处理

1. 记录数据

详细记录并计算表 5 - 28 的内容。

表 5 - 28　给定煤种不同锅炉负荷条件下烟气参数变化

煤种(请选择)	煤种 1、煤种 2、煤种 3			
锅炉负荷	100%	90%	80%	60%
烟气流量 Q_s/(Nm³/s)				
烟气含尘浓度/(mg/ Nm³)				
烟气温度/ ℃				
烟气湿度/%				
年排放量(t/a,按 7000 h 计)				

2. 绘制燃烧特征曲线

(1)绘制煤种 1 的锅炉负荷与烟气流量的关系曲线。

(2)绘制煤种 2 的锅炉负荷与烟气含尘浓度的关系曲线。

(3)绘制煤种 3 的锅炉负荷与烟尘年排放量的关系曲线。

六、思考题

锅炉参数是不断变化的,在设计除尘系统时应注意哪些问题?

实验 63 电除尘器除尘效率虚拟仿真测定

一、实验意义和目的

电除尘器是含尘气体在通过高压电场进行电离的过程中,使尘粒荷电,并在电场力的作用下使尘粒沉积在集尘极上,将尘粒从含尘气体中分离出来的一种除尘设备。其分离力是直接作用在粒子上的,而不是作用在整个气流上的。电除尘器是工业废气除尘方面应用广泛的高效除尘器之一。本实验模拟了 300 MW 锅炉烟气除尘系统的运行状态,对锅炉运行过程的不同状态进行数值仿真,主要探讨电除尘器除尘效率与锅炉运行负荷、煤种、电场个数等因素的变化关系,观察电晕放电的外观形态。锅炉运行参数、煤种等参数由学生自行设定,排放系统中烟气运行参数由实验测定。

本虚拟仿真实验的模拟运行的目的为:

(1)进一步提高学生对工业电除尘器除尘机理的认识。

(2)掌握电除尘器除尘效率的测定方法。

(3)了解电场个数对电除尘器除尘效率的影响。

(4)提高对除尘技术基本知识和实验技能的综合应用能力以及通过实验方案设计和实验结果分析,加强对学生创新意识的培养。

二、实验原理

电除尘器的除尘原理是使含尘气体的粉尘微粒,在高压静电场中荷电,荷电尘粒在电场的作用下,趋向集尘极和放电极,带负电荷的尘粒与集尘极接触后失去电子,成为中性而黏附于集尘极表面上,为数很少的带电荷尘粒则沉积在截面很少得放电极上。然后借助于振打装置使电极抖动,将尘粒脱落到除尘的集灰斗内,达到收尘目的。

电除尘器中的除尘过程如图 5-25 所示,大致可分为 3 个阶段。

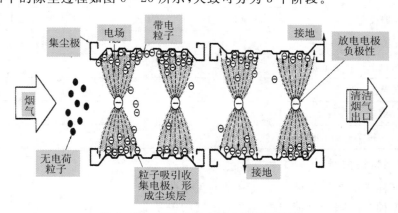

图 5-25 电除尘器中除尘过程示意图

(1)粉尘荷电。在放电极与集尘极之间施加直流高电压,使放电极发生电晕放电,气体电离,生成大量的自由电子和正离子。在放电极附近的所谓电晕区内,正离子立即被电晕极(假定带负电)吸引过去而失去电荷。自由电子和随即形成的负离子则因受电场力的驱使向集尘极(正极)移动,并充满到两极间的绝大部分空间。含尘气流通过电场空间时,自由电子、负离子与粉尘碰撞并附着其上,便实现了粉尘的荷电。

(2)粉尘沉降。荷电粉尘在电场中受电场力的作用被驱往集尘极,经过一定时间后达到集尘极表面,放出所带电荷而沉积其上。

(3)清灰。集尘极表面上的粉尘沉积到一定厚度后,用机械振打等方法将其清除掉,使其落入下部灰头中。放电极也会附着少量粉尘,隔一定时间也需进行清灰。

电除尘器性能与结构、极配方式、电场个数等运行参数等因数有关。实验采用的装置在极配方式、清灰方式和粉尘特性已定的前提下,测定电除尘器性能指标,并在此基础上,测定运行参数 Q_s、电场个数对除尘器除尘效率(η)的影响。

1. 测试相关烟气参数

由烟气在线监测系统(如图 5－26 所示)自动跟踪监测烟气的流量(电除尘器进、出口连接管道中的气体流量 Q_{s1}、Q_{s2})、烟气温度(电除尘器进、出口连接管道中的气体温度 t_1、t_2),烟气含尘浓度(电除尘器进、出口连接管道中的烟气含尘浓度 ρ_1、ρ_2)

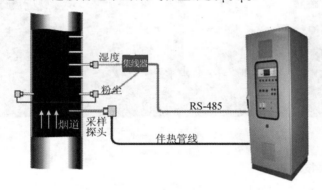

图 5－26　烟气在线监测系统示意图

测定电除尘器处理气体量(Q_s)时,应同时测出除尘器进、出口连接管道中的气体流量,取其平均值作为除尘器的处理气体流量,即

$$Q_s = \frac{Q_{s1} + Q_{s2}}{2} \tag{5-68}$$

式中:Q_{s1},Q_{s2}——电除尘器进、出口连接管道中的气体流量,$\mathrm{m^3/s}$。

除尘器漏风率(δ)按式(5－69)计算:

$$\delta = \frac{Q_{s1} - Q_{s2}}{Q_{s1}} \times 100\% \tag{5-69}$$

一般要求除尘器的漏风率小于±5%。

2. 除尘效率的计算

除尘效率采用质量浓度法测定,即用等速采样法同时测出除尘器进、出口管道中气流平均含尘浓度 ρ_1 和 ρ_2,按式 63－4 计算。

$$\eta = \left(1 - \frac{\rho_2 Q_{s2}}{\rho_1 Q_{s1}}\right) \times 100\% \tag{5-70}$$

3.除尘效率与电场个数关系的分析测定

电除尘器电场个数的调整,可通过改变锅炉负荷和除尘器组合,多次测试相关烟气参数,完成相关分析。

三、实验仪器、设备和材料

1.实验装置与流程

实验采用板式电除尘器,如图 5 - 27 所示。

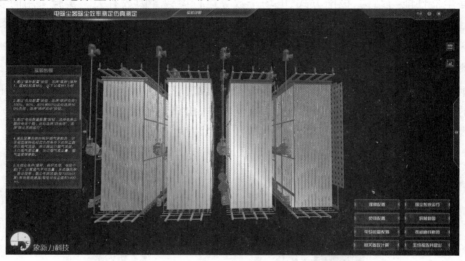

图 5 - 27　板式电除尘器实验示意图

2.实验装置主要技术数据

(1)300 MW 锅炉运行烟气特征。

(2)板间距:300 mm;通道数:2 个。

(3)电除尘器含 4 个电场,每个电场含放电极 20 根,材料为高强度芒刺线;集尘板材料为普通镀锌钢板,面积为 0.32 m^2;

(4)电场电压为 0~40 kV;电流为 0~10 mA。

3.实验仪器

烟气在线监测系统 2 套。

四、实验内容和步骤

1.实验准备工作

熟悉锅炉烟气除尘净化系统,包括烟气集气系统、管道系统、除尘器系统、风机系统、烟筒排放系统、测试系统、阀门控制系统等。

熟悉本实验系统的组成和操作流程,注意安全注意事项,完成实验预习和测试题,测试通过后方可开展相关实验。

2. 实验步骤

（1）登录个人账户界面，学习相关安全注意事项后，启动"锅炉烟气超净净化虚拟仿真实验"程序，选择"电除尘器除尘效率仿真测定"，选择以学生身份进入模拟环境，如图 5-28 所示。

图 5-28　进入模拟界面

（2）选择"锅炉参数选择按钮"，进入锅炉参数界面，选择"煤种"（煤种 1、煤种 2 和煤种 3），如图 5-29 所示。下面以煤种 1 为例进行介绍。

图 5-29　选择"煤种"

（3）选择"锅炉负荷"（100%、90%、80% 和 60%），进入电除尘器锅炉烟气净化系统模块（可观看"电除尘器除尘原理"动画演示，查阅工程案例），如图 5-30、图 5-31 所示。

图 5-30　电除尘器除尘原理

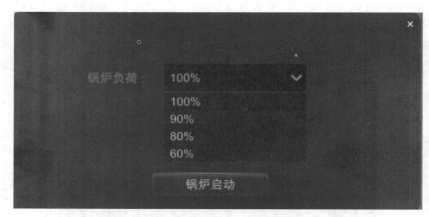

图 5-31　选择"锅炉负荷"

　　(4)记录或计算相应煤种和相应负荷条件下的烟气平均流量、烟气含尘浓度、烟气温度等参数,如图 5-32 所示。

图 5-32　计算相关参数

　　(5)选择电除尘器的"电场个数"(共 4 组:一电场、二电场、三电场和四电场),如图 5-33 所示。

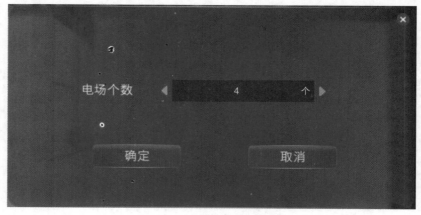

图 5-33　选择"电场个数"

（6）选择"除尘系统运行"，如图 5 - 34 所示。

图 5 - 34　选择"除尘系统运行"

（7）选择"启动锅炉运行"按钮，观察实验现象，如图 5 - 35 所示。

图 5 - 35　选择"启动锅炉运行"

（8）测试除尘器进出口烟道中烟气含尘浓度、流量等参数，如图 5 - 36 所示。

图 5 - 36　测试相关参数

（9）计算除尘效率和年排放量（按 7000 h 计算）。

（10）选择过滤面积为"一电场""二电场""三电场"和"四电场"，改变除尘器参数（极配），测定除尘器在给定负荷条件下的除尘效率，并分析除尘效率变化的原因。

（11）计算不同条件（煤种、锅炉负荷、电场个数）下的有效驱进速度 ω_e。

（12）生成实验报告，实验结束，关闭应用程序，如图 5 - 37 所示。

图 5-37　生成实验报告

五、实验数据处理

1. 记录数据

详细记录并计算表 5-29 内容。

表 5-29　给定煤种条件下不同锅炉负荷、不同电场个数对除尘效率的影响

煤种(请选择)	煤种 1、煤种 2、煤种 3															
锅炉负荷	100%				90%				80%				60%			
电场个数 n/个	一	二	三	四	一	二	三	四	一	二	三	四	一	二	三	四
除尘器进口流量 Q_{s1}/(Nm³/s)																
除尘器出口流量 Q_{s2}/(Nm³/s)																
除尘器平均流量 Q_s/(Nm³/s)																
除尘器漏风率 δ																
除尘器进口排放浓度 ρ_1(mg/Nm³)																
除尘器出口排放浓度 ρ_2(mg/Nm³)																
除尘效率/η																
有效驱进速度 ω_e/(m/s)																
年排放量(按 7000 h 计)																

2. 绘制除尘效率性能曲线

(1)绘制煤种 1、100% 负荷条件下,电场个数与除尘效率的关系曲线。

(2)绘制煤种 2、三电场条件下,不同锅炉负荷与除尘效率的关系曲线。

(3)绘制煤种 3、60% 负荷条件下,电场个数与除尘效率的关系曲线。

六、注意事项

(1)设备须安全接地后才能使用。

(2)实验进行时,严禁触摸高压区,保证实验过程中的人身安全。

(3)待除尘结束后,先振打清灰,然后调节控制箱输出电源、电压指示为零,再关上电源开关,关闭电源。

七、思考题

(1)试根据实验性能曲线 $n-\eta$,分析电场个数对袋式除尘器除尘效率的影响。

(2)对于给定的除尘器系统,分析锅炉负荷变化对除尘效率的影响及原因。

第四部分

固废和物理性污染控制

第6章　固废污染控制实验技术

实验 64　固体废物浸出液中重金属含量的测定

一、实验意义和目的

不规范填埋处置的废物或经无害化处理后土地利用的废物,在自然环境中酸雨的作用下,其所含的有害组分可能会浸出。不同国家因环境条件的差异,形成了适于本国的固废处理标准方法。结合我国的能源结构和二氧化硫的污染现状与趋势,依据酸雨区和重酸雨区(西南、华南、华中和华东各省与直辖市)观测站历年酸雨出现的最低酸度值作为数据库,我国通常使用硫酸与硝酸的混合液作为浸提剂,对固体废物中重金属的浸出过程进行测定,以评估固体废物对环境造成的影响。

本实验的目的为:

(1)了解固体废物中重金属的浸出行为。

(2)掌握固体废物浸出液中重金属含量的测定方法。

二、实验原理

根据固体废物浸出毒性浸出方法——硫酸硝酸法,选取配比为 2∶1(质量比)浓硫酸和浓硝酸的混合液为浸提剂,调节浸提剂 pH 为 3.2 ± 0.05。在指定的振荡强度和浸润时间下,测定从固体废物中浸出的重金属含量。

三、实验仪器、设备和材料

1. 试剂和材料

(1)0.45 μm 水系微孔过滤头。

(2)一次性注射器。

(3)硫酸(H_2SO_4):分析纯。

(4)硝酸(HNO_3):分析纯。

(5)硫酸-硝酸混合浸提剂:将质量比为 2∶1 的浓硫酸和浓硝酸混合液加入去离子水中(1 L 水约 2 滴混合酸液),使溶液 pH 值为 3.20±0.05。

(6)容量瓶:1000 mL 容量瓶 1 个,250 mL 容量瓶 1 个,100 mL 容量瓶 1 个,100 mL 量筒 1 个。

(7)移液管:5 mL 刻度移液管 2 支,2 mL 刻度移液管 2 支。

(8)表面皿(或铝盒):6 个。

(9)烧杯:500 mL,250 mL。

(10)干燥器。

(11)15 mL 离心管。

2.仪器和设备

(1)频率可调的翻转式振荡器。

(2)具旋盖和内盖的广口瓶(2 L):由不能浸出或吸附样品所含成分的惰性材料(如:玻璃或聚乙烯等)制成。

(3)高速离心机。

(4)电子天平:精度不低于±0.01 g。

(5)橡胶板。

(6)研钵。

(7)涂 Teflon 的筛网:孔径 3 mm。

(8)分光光度计:配 20 mm 比色皿,10 mL 比色管。

(9)酸度计。

(10)破碎机。

(11)鼓风干燥箱。

四、实验内容和步骤

(1)挑除样品中的杂物,将采集的所有样品破碎、研磨,使样品颗粒全部通过 3 mm 孔径的筛网。

(2)称取干基重量为 100 g 的试样 $m(g)$,置于 2 L 提取瓶中,根据样品的含水率,按液固比为 10∶1(L/kg)计算出所需浸提剂的体积,加入浸提剂,盖紧瓶盖后固定在翻转式振荡器上,调节振荡频率为(30±2)r/min。在室温下振荡(18±2)h 后取下提取瓶,静置 16 h。在振荡过程中若有气体产生时,应定时在通风橱中打开提取瓶,释放过度的压力。

(3)将部分浸提剂转移到 15 mL 的离心管内,以 4000 r/min 转速离心 5 min。

(4)使用一次性注射器和 0.45 μm 微孔过滤头,过滤离心后的上清液。

(5)使用分光光度计或其他相应的分析方法手段,测定样品中的重金属含量。

(6)含水率 f 的测定:称取 20~30 g 样品(6 份/班)置于表面皿(铝盒)中,将样品放入温度为 105 ℃的鼓风干燥箱中加热烘干,待至两次称量值的误差小于±1%,样品已经达到恒重,尔后于干燥器中降至室温。由样品烘干前后的差重与原样湿重的比值,计算样品含水率 f,可按式(62-1)进行计算。(注意:进行含水率测定后的样品,不得用于浸出毒性的实验测定。)

五、实验数据处理

1.数据处理

(1)样品含水率按式(6-1)计算:

$$f = \frac{m_1 - m_2}{m_1 - m_0} \times 100\% \tag{6-1}$$

式中:f——样品的含水率,%;

m_1——空盒+样品湿重的质量,g;

m_2——空盒＋样品干重的最终质量,g;

m_0——空盒的质量,g。

(2)样品中重金属含量按下式计算:

$$w = \frac{\rho \cdot V}{m(1-f)} \tag{6-2}$$

式中:w——固体废物中重金属含量为,mg/g;

ρ——浸提剂中重金属浓度,mg/L;

V——浸提剂体积,L;

m——称取固体废弃物质量,g;

f——固体废物的含水率,%。

2. 实验记录

将实验数据记于表 6-1 中。

表 6-1 样品含水率的测定

组号	空盒的质量 m_0/g	空盒＋湿重的质量 m_1/g	空盒＋干重的最终质量 m_2/g	样品含水率 $f/\%$
1				
2				
3				
4				
5				
6				
			平均值	

3. 结果分析

①计算固体废物样品中重金属浓度的平均值和标准偏差($n=6$)。

②剔除实验数据中的异常值(与平均值的差值大于 3 倍标准偏差的数据)。

六、注意事项

(1)实验所用工业废物中重金属含量较高,避免与皮肤接触。

(2)工业废物破碎和筛分过程中,需要佩戴口罩,避免吸入。

(3)每种浸出测试程序均要有 2 个浸出平行样,1 个浸出空白样。

七、思考题

(1)影响固体废物中重金属浸出浓度的因素有哪些?

(2)在国家标准方法中,选择 pH = 3.2 ± 0.05 (H_2SO_4：HNO_3＝2：1)为浸提剂的主要依据是什么?

(3)进行含水率测定后的样品,因何不得用于浸出毒性测试?

实验 65　污染土壤中重金属分步浸提

一、实验意义和目的

土壤是人类赖以生存的主要资源,然而,人类活动,例如金属矿产开发、城市化建设、固体废物堆积以及为提高农业生产而施用的化肥、农药、污泥和污水灌溉,都会导致土壤重金属污染。土壤重金属污染一方面导致土壤质量下降,农作物减产;另外,一部分重金属可以通过食物链进入人体,对人类的身体健康造成严重危害。为调查土壤质量,判别潜在环境风险,必须对土壤的重金属污染情况进行评估。

目前,对土壤中重金属污染情况进行评估大多都是以土壤中某个类别重金属的总含量作为依据的。然而,大量研究表明,某类别重金属的总含量只能反映其在土壤中的富集程度,而对重金属危害性则很难作出准确判断。事实上,重金属的危险性与其迁移转化能力和生物积累能力紧密相关,而要想了解重金属的迁移能力和生物积累能力,必须对重金属在土壤中的形态进行分析。另外,土壤中重金属形态分析,也是开展土壤污染控制和修复的基础。

本实验的目的为:

(1)学习分步浸提的原理。

(2)能够独立进行分步浸提试验。

(3)能够根据实验结果对土壤重金属污染状况进行评估。

二、实验原理

重金属污染物在土壤中可以分为可交换态、碳酸盐结合态、铁锰氧化物结合态、有机物结合态以及残渣态等 5 种形态。这 5 种形态的重金属与土壤的结合程度存在差异。因此,可以利用具有不同选择性的浸提剂,将不同形态的重金属分步依次转移到浸提剂中,然后将浸提液喷入空气-乙炔火焰中,在高温火焰下,重金属化合物分解为基态原子,该基态原子蒸汽吸收从灯源射出的特征波长的光,吸收度的大小与火焰中重金属基态原子含量成正比,可以从校正曲线查得被测重金属的含量。最终计算出重金属的各种形态在土壤中所占的比例。

三、实验仪器、设备和材料

1. 试剂和材料

本实验所使用试剂,除特别说明外,均使用符合国家标准的分析纯试剂、去离子水或同等纯度的水。

(1)氯化镁($MgCl_2$)。

(2)醋酸钠(NaOAc)。

(3)盐酸羟胺($NH_2OH \cdot HCl$)。

(4)过氧化氢(H_2O_2)。

(5)醋酸铵(HN_4OAc)。

(6)氢氟酸(HF)。

（7）高氯酸（$HClO_4$）。

（8）去离子水。

2. 仪器和设备

（1）翻转振荡器。

（2）离心机。

（3）微波消解仪。

（4）烘箱。

（5）水浴锅。

（6）研钵。

（7）分析天平。

（8）尼龙筛。

（9）四分器。

（10）原子吸收分光光度计。

四、实验内容和步骤

分析某铅锌矿矿区周边农田中重金属的形态分布。

1. 污染土壤预处理

将采集的土壤样品混匀后用四分法缩分。缩分后的土样近风干后，除去土样中石子和动植物残体等异物，使用玛瑙研钵研磨后，过 0.074 mm 尼龙筛，装入密封袋内，备用。

2. 配制浸提剂

配制表 6-2 中所列的浸提剂。

表 6-2　分步提取浸提剂

序号	浸提剂	重金属形态
1	1 mol/L 的 $MgCl_2$ 溶液（pH = 7.0）	可交换态
2	1 mol/L NaOAc（用 HOAc 调节至 pH=5.0）	碳酸盐结合态
3	0.04 mol/L $NH_2OH \cdot HCl$（在 5 %（V/V）HOAc 溶液中）	铁锰氧化态
4	30% H_2O_2（pH=2.0），0.02 mol/L HNO_3，3.2 mol/L NH_4OAc（溶剂为 20 % HNO_3 溶液）	有机态硫结合态
5	HF /$HClO_4$	残渣态

3. 土壤中重金属分步提取

（1）称取 1.000 g 处理后的土样，置于聚丙烯塑料具塞离心管中，加入 8 mL 浓度为 1 mol/L 的 $MgCl_2$ 溶液（固液比为 1∶8），室温下连续振荡 1 h；使用离心机离心，并将上清液转移；加入 5 mL 去离子水洗涤残余物，离心、上清液转移。将所有上清液过滤、定容，测定其中重金属浓度。残渣保留。

（2）向第（1）步的残渣加入 8 mL 浓度为 1 mol/L NaOAc 溶液，室温下振荡 5 h，离心、上清液转移。加入 5 mL 去离子水洗涤残余物，离心、上清液转移。将所有上清液过滤、定容，测定其中重金属浓度。残渣保留。

（3）向（2）步的残渣中加入 20 mL 的 0.04 mol/L $NH_2OH \cdot HCl$，水浴，（96±3 ℃温度下恒温振荡 6 h，离心、上清液转移。加入 5 mL 去离子水洗涤残余物，离心、上清液转移。将所有上清液过滤、定容，测定其中重金属浓度。残渣保留。

（4）向（3）步的残渣中加入 5 mL 浓度为 30% H_2O_2 和 3 mL 0.02 mol/L 的硝酸，85℃ 水浴 2 h，断续振荡；再次加入 3 mL 浓度为 30% H_2O_2，水浴 85℃ 断续振荡 3 h。最后，冷却至室温，加入 5 mL 浓度为 3.2 mol/L NH_4OAc（溶剂为 20% 的 HNO_3），稀释至 20 mL，室温下连续振荡 30 min，离心、上清液转移。加入 5 mL 去离子水洗涤残余物，离心、上清液转移。将所有上清液过滤、定容，测定其中重金属浓度。残渣保留。

（5）将（4）步骤的残渣转移到消解罐中，加入 12 mL $HF/HClO_4$（1：5）混合溶液，蒸发至近干；再次加入 11 mL $HF/HClO_4$（10：1）混合溶液，蒸发近干；最后，加入 1 mL $HClO_4$。使用去离子水冲洗消解罐边缘，将消解后的溶液过滤、定容，测定其中重金属浓度。

4. 空白试验

使用去离子水代替试样，采用和 3 相同的步骤和试剂，制备全程序空白溶液，并测定其中重金属浓度。每个试样至少做一个以上的空白溶液。

五、实验数据处理

1. 数据处理

污染土壤中重金属的含量按照下式进行计算：

$$w = \frac{c \cdot V}{m(1-f)} \qquad\qquad (6-3)$$

式中：c——各分步提取的溶液中重金属的浓度，mg/L；

V——溶液定容的体积，mL；

m——称取污染土壤的质量（1 g），g；

f——试样的含水率，%；

将每一步测定的结果填入表 6-3 中。

表 6-3　土壤中重金属的形态分布

	可交换态	碳酸盐结合态	铁锰氧化态	有机态硫结合态	残渣态	总量（前 5 项之和）
含量						
所占比例						

2. 结果与讨论

（1）分步提取的重金属总量与直接消解所得总量是否一致？

（2）如何利用分步提取结果对土壤的污染状况进行评估？

六、思考题

（1）分步浸提是否适应于所有类别重金属？

（2）分步提取方法存在哪些缺点，如何改进？

实验 66　酞酸酯的土壤污染分析

一、实验意义和目的

　　酞酸酯（Phthalate，Phthalic Acid Esters，PAEs），又称邻苯二甲酸酯，为无色油状黏稠液体，难溶于水、不易挥发、其比重与水相近，凝固点比较低，易溶于有机溶剂和类酯，是一类环境激素有机化合物。酞酸酯广泛用于各类塑料制品、包装材料、医疗用品及化妆品，占全国增塑剂年消费量的 90％，在部分产品中添加量高达 20％～60％。塑料产品的生产、使用、丢弃和处置过程伴随着 PAEs 的大量释放，从而导致大气、水体和土壤环境污染；而土壤独特的结构体系导致 PAEs 在其中大量富集，并影响到土壤环境质量和农产品质量，威胁环境安全。我国土壤中 PAEs 含量，最高为 4.41～10.03 mg / kg，最低为 2.23～2.81 mg / kg，均较国外土壤高出一个数量级以上。针对 PAEs 污染，美国、欧盟（EU）、世界卫生组织（WHO）、日本与中国都先后将其纳入"优先控制污染物名单"。开展区域土壤中 PAEs 的污染调查、环境行为与健康风险研究，不仅有利于制定 PAEs 污染土壤的修复治理措施，而且对保障生态环境与人类健康具有重要意义。

二、实验原理

　　酞酸酯的化学结构是由一个刚性平面芳环和两个可塑的非线型脂肪侧链组成，其结构通式是：

式中，R_1 和 R_2 一般指烷基。美国国家环保局（USEPA）将邻苯二甲酸二甲酯（DMP）、邻苯二甲酸酯二乙酯（DEP）、邻苯二甲酸二丁酯（DBP）、邻苯二甲酸二正辛酯（DOP）、邻苯二甲酸二（2‐乙基己基）酯（DEHP）和邻苯二甲酸丁基苄基酯（BBP）列为优先控制的有毒污染物。我国也将 DEP、DBP 和 DOP 列入了环境优先控制污染物。一般测定土壤中酞酸酯主要指这 6 类物质，通常以高分子 DEHP 和 DBP 的检出率和浓度最高。

　　气相色谱‐质谱联用（GC‐MS）内标分析方法是测定土壤中酞酸酯（PAEs）的常用方法之一。用苯甲酸苄酯（Benzyl Benzoate）作为内标物，对含有内标物的样品进行色谱分析，得到内标物和待测组分的峰面积及相对校正因子，通过标准曲线即可求出被测组分在样品中的含量。

三、实验仪器、设备和材料

1. 实验试剂：

　　（1）6 种 PAEs 的混标原液，1000 mg/L：DMP、DEP、DBP、BBP、DEHP、DOP，可从国家标物中心购置。

　　（2）苯甲酸苄酯：99.5％，美国 Supelco 公司。

　　（3）丙酮（色谱纯）。

（4）正己烷(色谱纯)。

（5）无水 Na_2SO_4:400 ℃烘烤 4.0 h,干燥器内冷却至室温并保存。

（6）超纯水。

（7）佛罗里硅土:100～200 目。

2. 仪器和设备

（1）气相色谱-质谱联用仪(配自动进样器)。

（2）超声清洗仪。

（3）氮吹仪。

四、实验内容和步骤

1. 土壤样品采集

对城市不同功能区以及不同工业类型所在地确定具有代表性的地块,采样。在采取土壤样品时,一并调查周围污染源和各种生产活动。每个调查点位 2 m 范围内,随机采集 5 个以上样点,深度为 0～20 cm,经充分混合后,采用四分法留取 1 kg 左右的样品。

将土样装入布袋后带回实验室,对含有 PAEs 污染的实际样品,不能烘干或风干。在冷冻干燥机中干燥除水后,剔除石砾、植物残体或大片的农膜等杂物;然后过 100 目筛,样品混合均匀后装入棕色磨口玻璃瓶中备用。如果样品不能立即分析,则应置于－20 ℃冰箱中,以减少 PAEs 的损失。

2. 标准溶液的配制

混合标准储备液的配置:将购买的 6 种邻苯二甲酸酯的混标原液(1000 mg / L),用正己烷稀释至 100 mg / L,作为混合标准的储备液,用安培瓶密封并储存于 4 ℃ 冰箱中。

混合内标溶液的配置:准确移取 5mg 纯苯甲酸苄基酯至 50 mL 的容量瓶中,用正己烷定容,配成 100 mg / L 的内标溶液,置于冰箱中 4 ℃保存备用。

工作标液的配置:取出封存好的 100.0 mg / L 的 PAEs 混合标准储备液和内标溶液,放至室温后,准确吸取 PAEs 化合物混合标液 0.5 mL、1.0 mL、2 mL、2.5 mL、5 mL、10.0 mL、20.0 mL、50.0 mL 置于各自的 100 mL 容量瓶中,然后每个容量瓶准确加入 5 μL 混合内标溶液,用正己烷定容至刻度,即得浓度为 0.5 mg/L、1.0 mg/L、2.5 mg/L、5.0 mg/L、10.0 mg/L、20.0 mg/L、50. 0 mg/L 的系列标准溶液,作为工作标液。

3. 土壤样品的预处理

（1）提取。称取 10. 00 g 过 100 目筛后风干土样放入 100 mL 锥形瓶中,加入 1∶1(V/V)丙酮和正己烷混合溶液 30 mL,置于超声波发生器中超声提取 10 min,将提取液过滤并用洁净梨型瓶收集。重复提取两次,合并两次提取液,氮吹浓缩至 0. 2 mL 以下,加入 3 mL 正己烷,氮吹至体积为 1 mL 左右。此浓缩液可用于后续步骤净化使用。

（2）净化。采用湿法装填方式,先将层析柱(玻璃层析柱,内径 0.8 cm,长 26 cm)底部用脱脂棉堵上,填入 2 cm 左右的无水硫酸钠,用正己烷淋洗 3 次后,添加用正己烷浸泡过的佛罗里硅土 10 cm,用正己烷反复淋洗活化层析柱。将上述提取的浓缩液转至装填好的层析柱中,并用正己烷洗涤梨型瓶 3 次(每次 2 mL),洗涤液也全部倒入层析柱中,等柱中的液体全部滴完后,用 5 mL 正己烷淋洗层析柱。将所有过层析柱的液体收集于带刻度的尾型瓶中,氮吹至 0.

4 mL,加入 5 μL 内标溶液后用正己烷定容至 1 mL,后经 GC‑EI‑MS 分析。

4. 样品 GC‑MS 测定

(1)色谱条件。

色谱柱:DB‑5MS 毛细管柱(30 m×0.25 mm 膜厚 0.25 μm)。

进样口温度:260 ℃。

程序升温:初温 60 ℃,保持 1 min,以 20 ℃/min 升至 220 ℃,再以 5 ℃/min 升至 290 ℃ 保持 2 min,290 ℃后运行 2 min。

载气:氦气,纯度≥99.999%;载气流速:1.0 mL/min。

定量方法:内标法。

进样方式:自动,不分流进样;进样量:1.0 μL。

(2)质谱条件。

电离方式:电子轰击源(EI)。

采集模式:选择离子检测模式(SIM)。

离子源电压:70 eV。

离子源温度:230 ℃。

注:在实际操作中可改变进样口温度、进样体积、GC-MS 接口温度等仪器参数条件,经过优化选择得出合适的仪器参数体系。

采用 GC‑MS 的选择离子监测方式(SIM),在 SIM 模式下,检测器只监测方法选定的离子,其灵敏度比 SCAN 模式约高 5～100 倍,使用保留时间、待测组分的特征离子及特征离子丰度比双重方式进行定性测定;采用各目标物的定量离子与内标物定量离子峰面积之比进行定量,待测物含量使用标准校正曲线法计算。得到土壤中的酞酸酯分离图谱如图 6‑1 所示。

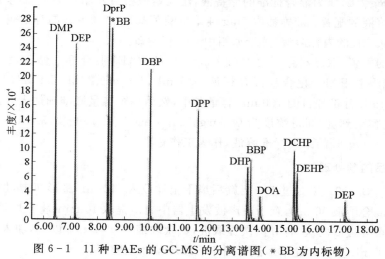

图 6‑1   11 种 PAEs 的 GC-MS 的分离谱图(＊BB 为内标物)

五、实验数据处理

将待测组分配置成不同浓度的对照溶液,然后加入相同量的内标物混合后制成对照溶液,取一定量进样,用含待测组分和内标物的对照溶液所得色谱峰响应值算出 f:

$$f = \frac{A_S / m_S}{A_r / m_r} \tag{6-4}$$

式中：A_S，A_r——内标物和对照品的峰面积；

　　　m_S，m_r——加入内标物和对照品的量。

再取含有内标物的待测组分溶液进样，记录色谱图，根据含内标物的待测组分溶液色谱峰响应值，计算被测组分在样品中的含量：

$$m_i = f \times A_i / (A_S / m_S) \tag{6-5}$$

式中：A_i，A_S——待测物和内标物的峰面积或峰高；

　　　m_S——加入内标物的量。

土壤中 6 种酞酸酯的检出线分别为：邻苯二甲酸二甲酯（DMP）$0.42\ \mu g/L$，邻苯二甲酸二乙酯（DEP）$1.21\ \mu g/L$，邻苯二甲酸二正丁酯（DBP）$0.37\ \mu g/L$，邻苯二甲酸二正辛酯（DOP）$1.97\ \mu g/L$，邻苯二甲酸二（2-乙基己基）酯（DEHP）$0.58\ \mu g/L$，邻苯二甲酸丁基苄基酯（BBP）$0.87\ \mu g/L$。

六、思考题

(1)分析城区不同利用类型和不同工业类型所在地土壤中 PAEs 含量情况，探讨不同利用类型土壤中 PAEs 含量状况差异的原因，并分析土壤中 PAEs 的可能来源。

(2)目前我国尚未制订土壤 PAEs 控制标准，参考美国土壤 PAEs 控制标准和治理分析土壤中 PAEs 含量的超标情况。

七、说明

因酞酸酯为常用增塑剂，易从塑料材料中提取，故样品前处理及分析全过程中杜绝使用塑料制品。实验器皿全部选择玻璃制品，用去污粉洗涤后，在配制的洗液中浸泡过夜，自来水洗净，再依次用去离子水、超纯水、丙酮淋洗，在 100 ℃烘箱中烘烤 2.0 h，以降低空白值。带刻度的玻璃容器不能用烘箱烘烤，应采用电吹风。所有处理过的器皿使用前用优级纯丙酮彻底清洗。

实验 67　土壤中微塑料颗粒的存在及特征

一、实验意义和目的

塑料制品的生产和使用给人们的生活带来了极大的便利，但同时也带来了严重的环境污染问题。环境中的塑料垃圾在物理磨损、化学降解和生物降解的共同作用下，可降解为粒径更小的塑料。一般将直径或长度小于 5 mm 的塑料纤维、颗粒或碎片称为微塑料。微塑料尺寸小、比表面积大、疏水性强，是众多疏水性有机污染物和重金属的理想载体。微塑料性质稳定，进入环境后难以被降解，可在风力、河流、洋流等外力作用下进行长时间、长距离的迁移，对生态环境造成持久的影响。基于微塑料特征及其污染危害，联合国环境规划署（UNEP）将其列为十大新兴重要污染物之一。微塑料的尺寸、表面特性等特性表征和复杂环境样品中微塑料的准确定性鉴别与定量分析是微塑料研究中最为基础和关键的环节。本实验通过采集城市不同利用方式下的土壤样品，对微塑料进行浮选、分离，利用扫描电子显微镜和能谱仪鉴定分类，认识城市环境条件下土壤中微塑料的风化特征及其结构、组成和性状变化,为科学防治塑料污染提供科学的依据。

二、实验原理

环境中残留的塑料碎片或微塑料(<5 mm),经过物理、化学风化作用会进一步裂解成更小的颗粒,一个粒径为 200 mm 的塑料碎片可逐步碎裂成 62500 个粒径约为 0.8 mm 的微塑料颗粒。本实验主要对采集的土壤或沉积物进行浮选,将得到的微塑料颗粒物在扫描电镜或光学电镜下进行分类鉴定。

三、实验仪器、设备和材料

1. 连续流动-气浮分离装置

连续流动-气浮分离装置主要用于土壤或沉积物中微塑料颗粒的气浮分离,装置示意图如图 6-2 所示。该装置系统由液体存储、气浮溢流、筛分回收 3 部分组成,各部分通过蠕动泵和导管连接。该装置利用曝气系统产生的上升气体强化体系的搅动,静置后由供水系统推动浮选液从上口溢出,实现对微塑料颗粒的分离。

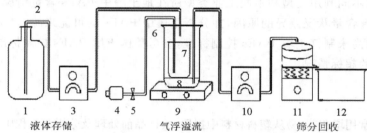

1—溶液存储桶(浮选液/清洗液),用于储存浮选液或清洗液。2—玻璃管;3—蠕动泵,用于以恒定的速度泵入液体;4—空气泵,通入一定速度的气流;5—气体流量计,测量气体流量,整个鼓气装置部分中气体可通过气体流量计调节并监测气流大小,以保证气体流速在一个合适的范围内,出气口处可安装鱼泡石或其他有孔物件等,保证气体在样品杯中均匀扩散;6—溢流收集杯(10 L),用于收集溢流的混合物;7—样品杯(2 L),用于盛放样品,整个分离过程在此实现,这是样品、溶液和气体相互作用的部分,也是装置的核心;8—溢流收集杯内的固定支架;9—磁力搅拌器,用于混合悬浊液;10—蠕动泵;11—振动筛,为可振动、可调节筛孔大小的振动筛,实现不同目的的溢流悬浊液的固液分离;12—回收槽,回收盐溶液,过滤重复使用。

图 6-2 连续流动-气浮分离装置示意图

2. 试剂和材料

饱和 NaCl 溶液、饱和 NaI 溶液(密度为 1.8 g/cm³)、盐酸溶液(2 mol/L)。

3. 仪器和设备

扫描电子显微镜,能谱仪,红外光谱仪,超声波清洗仪。

四、实验内容和步骤

1. 采样

根据城市不同土地利用的布点要求,在各种土地利用性质的区域上布点采样。在每个采样点随机选择若干 1 m×1 m 正方形采样区域,采集表面约 2 cm 厚的土壤,样品量不少于 1 kg,装入自封袋后带回实验室,放置于清洁避光处,在室温下风干备用。

2. 分离

称取 500 g 土壤样品(干重)用于微塑料浮选分离。先用饱和 NaCl 溶液浮选,获得初步分离样品(约 100 g),然后再用饱和 NaI 溶液(密度为 1.8 g/cm³)进行浮选分离,收集上清液,用真空抽滤装置抽滤,收集抽滤后的滤膜,将滤膜放入玻璃培养皿中,加盖风干。在放大镜或光学显微镜辅助下用镊子挑选微塑料,并按形貌和颜色进行分类、保存。

3. 微塑料表面酸清洗处理

从土壤中提取的微塑料样品,表面通常附着较多的细颗粒土壤或有机物质等。可选用盐酸对微塑料样品表面进行清洗处理,用 2 mol/L 盐酸溶液浸泡微塑料 24 h,然后超声处理(500 W,15 min),再用去离子水冲洗,室温下风干。同时,以仅用去离子水清洗作为对照样品进行处理。

4. 微塑料的计数、表征与形貌鉴定

对于浮选分离后的微塑料,将样品进行单层平铺拍照,然后利用 Nano Measurer 1.2 软件处理照片,并进行计数,其粒径以微塑料的最长一边的长度测量。

取一粒微塑料,与 60 ℃下真空干燥 24h 的 100～200 mg 光谱纯溴化钾混合,在玛瑙研钵中研磨,压片,至于红外光谱仪测定样品的红外光谱图。扫描范围 400～4000 cm⁻¹,扫描次数 32 次,分辨率 4 cm⁻¹。

微观形貌上运用扫描电子显微镜进行观察鉴定,放大倍数 5～30000 倍,加速电压为 15 kV,图像存储像素为 640×480。

对微塑料进行鉴别的过程中,大部分样品的类型可以在借助显微红外光谱仪或显微拉曼光谱仪的情况下得以鉴别。少数难以通过成分进行鉴别的样品,可以通过 SEM/EDS 来获取其表面形态特征,并通过能谱图提供的成分分析来判断其具体的物质类型或物种类型。

五、实验数据处理

由于微塑料本身的尺寸较小,重量较轻,通过重量来对其丰度进行表征容易造成较大的误差,且从环境介质中分离出来的微塑料样品上往往附着其他物质,难以获取准确的重量数据。故在微塑料的研究中,推荐以个数作为丰度的表征方式。在处理沉积物样品时,如果以沉积物的重量作为基准,最好使用沉积物的干重数据进行表征,单位为个数/kg(沉积物干重)。

六、思考题

(1)所研究区域的土壤中微塑料颗粒的浓度是多少?其不同的土地利用下有何差异?为什么?

(2)不同的土地利用模式下,哪种形态的微塑料颗粒物最多?说明了什么问题?

(3)如果采用去离子水而不用饱和 NaCl 溶液、饱和 NaI 溶液进行浮选,结果偏大还是偏小?

(4)如何更有效地分离样品中的微塑料?处理过程中会不会对样本中原有的微塑料造成破坏?如何对分离后样品中的疑似微塑料进行定性分析?

七、说明

1. 微塑料的形貌特征

一般土壤中的微塑料有碎片、颗粒、纤维和薄膜 4 种不同形貌（如图 6 - 3 所示）。碎片类微塑料两端的风化痕迹较明显，表面有许多沿同一方向的凸起和裂解痕迹；颗粒类较脆、易粉化，棱角突出、边缘破损程度高；纤维类微塑料表面凹凸不平，已无成品时的形态；薄膜类微塑料边缘无固定形状。当然，同一类型微塑料也会出现形貌上的差异。

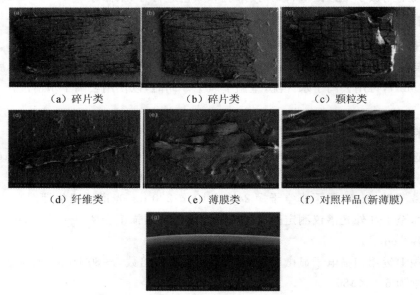

(a) 碎片类　　　　(b) 碎片类　　　　(c) 颗粒类

(d) 纤维类　　　　(e) 薄膜类　　　　(f) 对照样品(新薄膜)

(g) 对照样品（新鱼线）

图 6 - 3　不同形貌类型的微塑料扫描电子显微镜图

2. 微塑料的数量

一般土壤和沉积物中，颗粒类微塑料数量最多，碎片类微塑料约占 20%，而纤维和薄膜类微塑料所占比例很小。粒径＜1 mm 的微塑料数量占比较大，随着粒径的增大，微塑料数量呈递减趋势。

3. 微塑料的表面特征

微塑料表面孔隙是一个重要表观特征，不同类型的微塑料具有不同类型的孔隙形态，说明了塑料风化的过程和方向。其主要表现为纵向撕裂，如图 6 - 4(a) 和 (c) 所示；均匀裂解形成的微小孔隙，如图 6 - 4(b) 和 (e) 所示；裂纹方向与裂缝呈 90°角；无规则撕裂，如图 6 - 4(d) 和 (f) 所示；孔隙边缘无规则，结构复杂、粗糙且凸凹不平。

（a）碎片类微塑料（黑）表面　（b）碎片类微塑料（黑）表面　（c）碎片类微塑料（半透明）边缘

（d）碎片类微塑料（半透明）边缘　　（e）颗粒类微塑料孔隙　　　（f）颗粒类微塑料孔隙

图 6-4　不同形貌类型微塑料局部表面扫描电子显微镜图

实验 68　生活垃圾渗透系数测定

一、实验意义和目的

城市生活垃圾是指在城市日常生活中或者为城市日常生活提供服务的活动中,产生的固体废物以及法律、行政法规规定的视为城市生活垃圾的固体废物,如菜叶、废纸、废家具等。目前处理城市生活垃圾的方法主要包括卫生填埋、焚烧和堆肥。卫生填埋因具有投资费用低、管理操作简单、对垃圾组分适应能力强等众多优点而被广泛使用。据统计,我国目前有超过50%以上的生活垃圾都是通过卫生填埋法进行处理的。

然而,卫生填埋法自身也存在一定的缺点,其中就包括垃圾填埋场内渗滤液水位壅高。水位壅高会给填埋场的运营和管理造成以下危害:第一,水位壅高导致垃圾渗滤液水头过高,使填埋场渗滤液渗漏速率和渗漏量显著增大;第二,水位壅高使垃圾的孔隙压过大,垃圾固体颗粒间抗剪强度降低,影响垃圾填埋场的稳定性,存在巨大的安全隐患;第三,水位壅高导致垃圾填埋气体无法及时排出,不能得到有效收集。为此,有必要对垃圾渗滤液壅高问题进行治理。

垃圾填埋场中之所以会出现渗滤液壅高现象,与垃圾的渗透系数有着直接关系,即由于垃圾的渗透系数过低,导致填埋场内的渗滤液不能快速下渗,才会产生壅高现象。所以,在对垃圾渗滤液壅高问题进行治理时,必须了解垃圾填埋场内垃圾的渗透系数。

本实验采用自主研发的垃圾渗透系数测定装置,测定不同孔隙比条件下垃圾的渗透系数。本实验的目的为:

（1）学会操作垃圾渗透系数测定装置。

（2）了解上覆荷载对垃圾渗透系数的影响。

二、实验原理

垃圾是一种松散体,内部含有大量的孔隙,这些孔隙是垃圾渗滤液流动的重要通道。然而,在垃圾填埋场中,由于垃圾持续堆高,底层垃圾所受的上覆荷载会越来越大,而高荷载会导致底部垃圾发生固结,即垃圾颗粒相互接近,导致垃圾颗粒之间的孔隙不断减少,而孔隙减少致使可供渗滤液流动的通道变少,在宏观上表现为垃圾渗透系数降低。

三、实验仪器、设备和材料

(1)自主研发的垃圾渗透系数测定装置,如图 6-5 所示。

(2)生活垃圾。

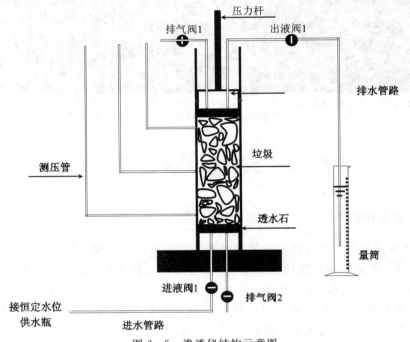

图 6-5　渗透仪结构示意图

四、实验内容和步骤

本实验测定不同孔隙比条件下生活垃圾的渗透系数。

1. 装入垃圾

在渗透仪进水端放置透水石和滤纸。选取代表性垃圾,确定其含水率、密度和垃圾颗粒密度。随后,称取一定量的生活垃圾,将其混匀,装入到渗透仪内,在渗透仪出口端依次放置滤纸、透水石和承压板。使用直尺测量渗透仪内垃圾的高度。注意,在此步骤中严禁对垃圾进行捣实。根据渗透仪的内径和垃圾高度计算出垃圾的体积,并确定垃圾的孔隙比。

2. 对垃圾进行饱和

将渗透仪上的进水阀 1 打开,缓慢通入自来水,从下往上对垃圾进行饱和,渗出液经过上部滤纸、透水石和承压板后,进入排水管路,最终流到量筒内。当规定时间内进水体积和出水体积相同时,可以判定垃圾完全饱和,关闭进水阀,停止对其进行饱和。实验过程中,如果发现进水端和出水端的透水石中存有无法排出的空气,需打开排气阀 1 或排气阀 2,排出空气。

3. 测定垃圾的渗透系数

调整供水水瓶高度,设置实验需要的水力坡降。打开进水阀 1,待出水口出水稳定后,对试样进行常水头渗透系数测定试验。记录渗透仪测压管水位,并计算各测压管之间的水位差。按照规定时间记录渗出水量。测定进水和出水处的水温,取平均值。将实验数据填入表 6-4 中。

4. 荷载施加

施加荷载,将渗透仪内的垃圾压缩至一定高度,记录此高度,确定孔隙比。然后采用步骤 3 的方法测定垃圾的渗透系数。试验完成后,将垃圾再压缩至下一高度,同样使用步骤 3 的方法测定垃圾的渗透系数。将实验数据填入表 6-4 中。

五、实验数据处理

1. 渗透系数计算

常水头渗透系数按照下式进行计算:

$$k_T = \frac{QL}{AHt} \tag{6-6}$$

式中:k_T——水温为 $T℃$ 时试样的渗透系数,cm/s;

Q——时间 t 秒内的渗出水量,cm³;

L——两侧压管中心间的距离,cm;

A——渗透仪的断面积,cm²;

H——平均水位差,cm;

t——时间,s。

表 6-4　垃圾渗透系数测定记录表

实验次数	经过时间/s	测压管水位/cm			水位差			水力坡降	渗水量/cm	渗透系数/(cm/s)	水温/℃
		Ⅰ	Ⅱ	Ⅲ	H_1	H_2	平均				
	(1)	(2)	(3)	(4)	(5)=(2)-(3)	(6)=(3)-(4)	(7)=$\frac{(5)+(6)}{2}$	(8)=$\frac{1}{(7)\cdot L}$	(9)	(10)=$\frac{(9)}{A\times(8)\times(1)}$	(11)

2. 结果与讨论

绘制垃圾孔隙比与垃圾渗透系数关系图,并尝试对其进行拟合,建立孔隙比与垃圾渗透系数之间的定量关系。

六、思考题

(1)垃圾的组成会不会对测试结果有所影响？

(2)填埋垃圾会发生生物降解,这些降解对渗透系数将产生怎样的影响？

实验 69　　生活垃圾的分类及灰分测定

一、实验目的

(1)掌握生活垃圾分类的方法。

(2)掌握生活垃圾灰分及含水率的测定方法。

二、实验原理

根据《生活垃圾分类标志》(GB/T 19095—2019)的规定,城市生活垃圾分为可回收垃圾、厨余垃圾、有害垃圾及其他垃圾。其中,可回收垃圾为适宜回收利用的生活垃圾,如纸类、塑料、金属、玻璃、织物等。厨余垃圾是指易腐烂的,含有机质的生活垃圾,包括家庭厨余垃圾、餐厨垃圾及其他厨余垃圾。有害垃圾即《国家危险废物名录》中家庭源危险废物,包括废灯管、废日用化学品和弃置药品等,此类垃圾应交由危险废物处理厂进行处理。其他垃圾是指除可回收物、有害垃圾、厨余垃圾外的生活垃圾,其处理方式一般为焚烧或填埋。

本实验将重点研究其他垃圾的一般处理方法——焚烧,并对样品的含水率及灰分进行测定分析。将垃圾经过烘干及充分灼烧后,其中的碳、氢、氧、氮等元素就以二氧化碳、水、分子态氮和氮氧化物等形式散逸,残留物的质量占样品质量百分数即为灰分。

三、实验仪器、设备和材料

(1)马弗炉:炉膛尺寸 20 mm×300 mm×120 mm,炉体与智能控制器为一体化设计,炉门上设有观察窗,可将炉温控制在 600 ℃。

(2)瓷灰皿:长方形,底面长 45 mm,宽 22 mm,高 14 mm。

四、实验内容和步骤

(1)首先称量灰皿的质量为 m_1,再将约为 0.5 g(精确至 0.01 g)的样品放入灰皿,称量记为 m_2。

(2)将样品放入温度为 105 ℃的通风干燥箱中,加热 1 h。

(3)从干燥箱中取出样品,冷却后称重,计为 m_3,如式(6-6)所示计算出样品的含水率 M_f。

(4)将干燥过的样品移入马弗炉中,升温至 600 ℃,1 h 后取出。

(5)从马弗炉中取出灰皿,在空气中冷却 5 min,移入干燥器中冷却至室温,称重,记为 m_4。

(6)进行检查性灼烧,每次 20 min,直到连续两次灼烧质量变化不超过 0.001 g 为止。以最后一次灼烧后的质量作为计算依据,按式(6-7)计算。

五、实验数据处理

(1)样品含水率按下式计算:

$$M_f = (m_2 - m_3 / m_2 - m_1) \times 100\% \qquad (6-7)$$

式中: M_f ——样品的含水率,%;

m_1 ——灰皿的质量,g;

m_2 ——灰皿和样品质量,g;

m_3 ——灰皿和样品干燥后的质量,g。

(2)样品的灰分按下式计算:

$$X = (m_4 - m_1 / m_3 - m_1) \times 100\% \qquad (6-8)$$

式中: X ——样品中灰分的含量,%;

m_1 ——灰皿的质量,g;

m_3 ——灰皿和样品干燥后的质量,g;

m_4 ——灰皿和灰分的质量,g。

【注意】试样中灰分含量≥10%时,保留 3 位有效数字;试样中灰分含量<10%时,保留 2 位有效数字。

(3)实验记录。将实验数据填入表 6-5 及表 6-6 中。

表 6-5　各类垃圾组分百分比

实验项目	垃圾分类				
	可回收垃圾	厨余垃圾	有害垃圾	其他垃圾	总垃圾
质量/kg					
含量/%					

表 6-6　垃圾含水率及灰分含量

灰皿的质量 m_1/g	灰皿和样品的质量 m_2/g	灰皿和样品干燥后的质量 m_3/g
灰皿和灰分的质量 m_4/g	样品的含水率 $M_f/\%$	灰分的含量 $X/\%$

六、注意事项

(1)把坩埚从马弗炉中取出时,应先放在炉口停留片刻,使灼烧余温冷却,防止因温度剧变而使坩埚破裂。

(2)灼烧后的坩埚应冷却到 200 ℃以下再移入干燥器中,以免余温的对流作用易造成残灰飞散,且若冷却速度慢,冷却后干燥器内形成较大真空,盖子不易打开。从干燥器内取出坩埚时,应使空气缓慢流入,以防残灰飞溅。

(3)在测定灰分前,一定要保持马弗炉的干净清洁,以防马弗炉内惨灰飞散落入坩埚上,造成称量不准确,影响测定结果。

七、思考题

(1)城市生活垃圾的分类方法是什么？详述各类垃圾的处理途径。

(2)垃圾中的水分对焚烧处理和堆肥处理分别有何影响？

实验70 城市污水厂污泥-秸秆混合衍生燃料热值测定

一、实验意义和目的

热值是固体废弃物焚烧处理的一个重要物化指标。城市污泥中含有大量的有机物，具有较高的热值，可直接燃烧或与其他生物质混合燃烧。若将污泥单独燃烧，则会存在着能耗高、设备要求高及燃烧不稳定等问题。向污泥中添加其他辅助燃料合成污泥衍生燃料，不仅能增加燃烧的稳定性，同时可提高发热量，是污泥资源化利用的理想途径。污泥-秸秆混合衍生燃料(RDF)热值的大小直接影响着焚烧处理处置方法的选择。

在污泥燃烧烟气产生的污染物中，HCl 气体是最主要的污染气体，HCl 气体具有强烈的腐蚀作用，会腐蚀焚烧设备及烟气处理设备。在温度超过 300 K 时，对金属的气相腐蚀速度加快，则用于发电的蒸汽锅炉温度需控制在 300 K 以下，但会使发电效率只有 10%～15%。HCl 对人体的危害也很严重，能腐蚀皮肤和黏膜，致使声音嘶哑，鼻黏膜溃疡，眼角膜浑浊，咳嗽直至咯血，严重者出现肺水肿以至死亡。慢性中毒者能引起呼吸道发炎，牙齿酸腐蚀，甚至鼻中隔穿孔和胃肠炎等疾病。因此有必要对 RDF 焚烧中的 HCl 排放情况进行研究，从而确定处理污泥时 HCl 的排放量，以便制定相应的处理对策。

本实验的目的为：

(1)了解并掌握污泥-秸秆衍生燃料热值的测定原理与方法。

(2)熟悉热值测定仪器的使用方法。

(3)通过分析不同组成配比的燃料热值及其与 Cl^- 析出量的关系，确定合理的衍生燃料组成。

二、实验原理

将一定量的试样置于燃烧皿中，再将燃烧皿放于氧弹中，并给氧弹充以过量氧(≥3 MPa)。将氧弹置于已知热容量的热量计中(热量计的热容量在和实验相似的条件下用基准量热物苯甲酸来确定，热量计量热系统温度上升 1K 所需的热量定义为热容量)，测出量热系统产生的温升，并对点火热等附加热进行校正后，即可求得试样的弹筒发热量。从弹筒发热量中扣除硝酸形成热和硫酸与二氧化硫形成热之差即为高位发热量。由高位发热量中扣除水蒸气的气化潜热即得样品的低位发热量。

【注意】发热量测定对实验室的要求包括以下几方面：

(1)实验室应设在一个单独房间，不得在同一房间内进行其他试验项目。

(2)室温应尽量保持恒定，每次测定室温变化不应超过 1K，通常室温以不超出 15～30 ℃ 范围为宜。

(3)室内无强烈的空气对流，因此不应有强烈的热源和风扇等，试验过程中应避免开启门窗。

（4）实验室最好朝北，以避免阳光照射，或将热量计放在不受阳光直射处。

三、实验仪器、设备和材料

1. 试剂和材料

（1）氧气：不含可燃成分，禁止使用电解氧。

（2）石棉绒或石棉纸：使用前在 800 ℃下灼烧 0.5 h。

（3）擦镜头纸或卷烟纸：使用前应先测出发热量。

（4）氢氧化钠标准溶液。

（5）甲基红或甲基橙指示剂。

（6）苯甲酸：经计量机关检测并标明热值。使用前用研钵研细（＜0.2 mm）并在盛有硫酸的干燥器中放置 3 d，或在 60～70 ℃的烘箱中干燥 3～4 h，冷却后压饼。也可将未经研磨的苯甲酸装入燃烧皿中，放在温度为 121～126 ℃的烘箱中烘 1 h，或在酒精灯的小火焰下进行熔融，放入干燥器中冷却后使用。熔体表面的针状结晶应用洁净毛刷刷掉，然后才能使用。

2. 仪器和设备

1）热量计

本次实验采用恒温式热量计（结构如图 6-6 所示）。恒温式热量计，顾名思义就是设法使外筒温度恒定不变，以利于校正热交换的影响。目前一般用水容量大的外筒并加绝热层的结构，这样可使室温变化对测试的影响极小。

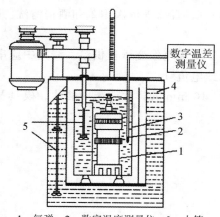

1—氧弹；2—数字温度测量仪；3—内筒；
4—外筒；5—搅拌器。

图 6-6　量热仪结构示意图

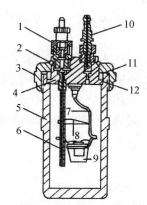

1—进气阀；2—弹簧圈；3—连接环；4—弹盖；
5—弹体；6—氧气导管；7—电极；8—遮火罩；
9—燃烧皿；10—排气阀；11—压环；12—方形断面橡胶密封圈。

图 6-7　氧弹结构

（1）氧弹：如图 6-7 所示，氧弹容积为 250～350 mL，弹盖上装有充氧阀、排气阀以及点火电源的接线电极，使用 2 年后必须进行 20.0 MPa 水压试验，无问题后方可再用。另外新氧弹和新换部件（杯体、弹盖、连接环）也需进行水压试验。

一般氧弹由耐热耐腐蚀的镍铬钼或镍铬钢制成，并且还需满足如下要求：

①不受燃烧过程中出现的高温和腐蚀性产物的影响而产生热效应。

②能承受充氧压力和燃烧过程中产生的瞬时高压。

③试验过程中能保持完全气密。

(2)内筒：用紫铜、黄铜或不锈钢制成，断面可为圆形、菱形或其他适当形状。筒内装水 2000～3000 mL，以浸没氧弹（进、出气阀和电极除外）为准。内筒外面应电镀抛光，以减少与外筒间的辐射作用。

(3)外筒：由金属薄板制成的双层容器，外层断面为圆形，内层形状则依内筒形状而定；原则上要保证内筒周围和底部同外筒之间有 10～20 mm 间距，外筒底部有绝热支架，以便放置内筒。自动控温应满足如下要求：其灵敏度能达到使点火前和终点后内筒温度保持稳定（5 min 内温度变化不超过 0.0005 K/min）；一次试验的升温过程中，内外筒间热交换量应不超过 20 J。

(4)搅拌器：一般为马达带动的螺旋桨式搅拌器，转速 400～600 r/min，应稳定，且要求搅拌效率高（由点火到终点的时间不超过 10 min），而又不致产生过多的搅拌热（连续 10 min 搅拌产生的热量不超过 120 J）。

(5)量热温度计：为了保证测温的准确性，数字温度计的分辨率为 0.001 K，测温准确度至少达到 0.002 K（经校正后）。

2)附属设备

(1)燃烧皿：样品的燃烧室，其高为 17～18 mm，底部直径为 19～20 mm，上部直径为 25～26 mm，厚为 0.5 mm。一般铂燃烧皿最好，也可用镍铬钢、其他合金钢及石英制品，以能保证样品燃烧自身不受腐蚀和产生热效应为原则。

(2)压力表与导管：压力表有两个作用，其一为指示氧气瓶中压力；其二为将瓶中压力减为用氧处的压力并指示用氧压力。为了保证操作的安全性及指示的准确性，每过 2 年压力表应送计量部门检测一次。

压力表和各连接部分禁止与油脂或润滑油接触。如不慎沾污，需依次用苯和酒精清洗，并待干后使用。

(3)点火装置：点火采用 12～24 V 的电源，可由 220 V 交流电经变压器供给。线路中应串联一个调节电压的变阻器和一个指示点火情况的指示灯或电流计。

(4)压饼机：采用螺旋式或杠杆式压饼机，能制成直径 10 mm 的样片或苯甲酸片。模具及压杆应用硬质钢制成，表面光洁易于擦拭。

3)其他仪器设备及试剂材料

(1)秒表。

(2)分析天平：感量 0.0001 g。

(3)工业天平：载量 4～5 kg，感量 1 g。

(4)测外筒水温和露出柱温度的温度计：测温范围 0～50 ℃，分度值 0.1 K。

(5)点火丝：直径为 0.18 mm 左右的铂、铁、铜、镍铬丝或其他已知热值的金属丝均可使用，使用棉线时，应选粗细均匀不涂蜡的白色棉线。各种点火丝使用前，先截成等长的数十根，称量、再求出每根的重量。各种点火丝热值如下：

铁丝：6699 J/g；铜丝：2512 J/g；铂丝：419 J/g；镍铬丝：1403 J/g；棉线：17501 J/g。

四、实验内容和步骤

1.恒温式热量计法测定污泥-秸秆衍生燃料的热值

(1)在燃烧皿中精确称取分析试样（1±0.1）g，精确到 0.0002 g。

对于燃烧时易于飞溅的试样,先用已知质量的擦镜纸包紧再进行测试。也可在压饼机中压饼并切成 $2\sim4$ mm 的小块使用(在此步骤后称量以保证试样质量的准确性)。

对于不易燃烧的试样,宜用石英燃烧皿,或在金属燃烧皿中铺一个石棉垫,或在皿底铺一层石棉绒,以手指压实作衬垫。若仍燃烧不完全,可提高充氧压力至 3.2 MPa,或用已知热值的擦镜纸若干克包裹试样并压紧,放入燃烧皿中。

(2)取一段已知质量的点火丝,把两端分别接在两个电极柱上,注意与试样保持良好接触或保持微小的距离。勿使点火丝接触燃烧皿,以免形成短路而导致点火失败,甚至烧坏燃烧皿。同时还应注意防止两电极间以及燃烧皿与另一电极之间的短路。

(3)在氧弹中加入 10 mL 0.1 mol/L NaOH 吸收液。小心拧紧氧弹盖,以防止因震动点火丝位置改变致使点火失败。向氧弹中充入 $2.8\sim3.0$ MPa 的氧气,应缓缓充入,时间不少于15 s。当氧气瓶中压力降到 5.0 MPa 以下时,应适当延长充氧时间。当瓶中压力低于 4.0 MPa 时,应更换氧气。

(4)用工业天平称量蒸馏水,然后加入氧弹内筒中至氧弹盖的顶面(不包括突出的氧气阀和电极),使其淹没在水面下 $10\sim20$ mm。每次试验时内筒装水量应与标定热容量时一致。如用量筒称量水量,则需对温度变化进行校正。

(5)把氧弹放入装好水的内筒中,如氧弹中无气泡漏出,则表明气密性良好,即可把内筒放在外筒的绝热架上;如有气泡出现,则表明漏气,应找出原因,予以更正,重新充氧。然后插上点火电极插头,装上搅拌器和量热温度计,并盖上外筒的盖子。温度计位于氧弹主体的中部,温度计不得和内筒壁和氧弹接触。

(6)先用已知重量的标准苯甲酸在热量计中燃烧,求出热量计的热容量(数值上等于量热体系温度升高 1 ℃所需要的热量)。然后,在同样条件下使待测样品在热量计内燃烧,测量量热体系的温度升高值。根据所测温度升高及量热体系的热容量,即可求出所测物质的燃烧热。测定热量计的热容量时,当发生的热效应为 Q_g、温度升高为 ΔT_e 时,热量计的热容量 E 可以表示为:$E = Q_g/\Delta T_e$。待测样品发生的热效应为 Q_x(即未知热效应),体系温度升高为 ΔT,因为体系温度每升高 1 ℃所需的热量仍为 E,则有:$Q_x = Q_g/\Delta T_e \cdot \Delta T = E \cdot \Delta T$,由此式即可计算所测样品的燃烧热值。每个样品重复测定 3 次,以测定值之差不超过 200 J/g 为标准,否则需重新测定。取 3 次测定平均值,每次测定前用标准苯甲酸进行标定,测定环境温度控制在 20 ℃左右。

(7)停止搅拌,取出内筒和氧弹,开启放气阀,放出燃烧废气。打开氧弹,仔细观察弹筒和燃烧皿内部,如有燃烧不完全的迹象或炭黑存在,实验数据应作废。

(8)量出未燃点火丝长度或称重,以便计算实际消耗量。用蒸馏水充分冲洗氧弹内各部分,包括放气阀、燃烧皿内外等。把全部洗液(共约 100 mL)收集在一个锥形瓶中供测量 Cl⁻析出量使用。

2. 衍生燃料中氯析出量测定

在一定燃烧条件下,不同组分混合衍生燃料的燃烧过程中氯的析出量主要与含氯较多的污泥燃烧状况有关。依据生活垃圾渗沥水氯化物的测定方法——硝酸银滴定法进行滴定实验。

其原理为

$$AgNO_3 + Cl^- = AgCl + NO_3^-$$

$$AgNO_3 + K_2CrO_4 = Ag_2CrO_4 + K_2NO_3$$

在中性或弱碱性($pH = 6.5 \sim 10.5$)溶液中,以铬酸钾作指示剂,用硝酸银标准溶液进行滴定。由于氯化银沉淀的溶解度比铬酸银小,因此溶液中首先析出氯化银沉淀,待白色的氯化银沉淀完全以后,稍过量的硝酸银即与铬酸钾生成砖红色的铬酸银沉淀,从而指示到达终点。

五、实验数据处理

1. 点火丝热量校正

在熔断式点火法中,应由点火丝实际消耗量和点火丝的燃烧热计算出试验中点火丝放出的热量,从理论热值中予以扣除。实验中选用镍铬合金丝的燃烧热值为 1403 J/g。

2. 不同组成的污泥-秸秆燃料的热值对比分析

将实验数据汇总填入表 6 - 7 中,每个样品平行测定 2 次,按下式计算 Cl^- 析出量和单位热值 Cl^- 析出量:

$$Cl^- 析出量(mgHCl/g) = \frac{c_{AgNO_3} \cdot V_{AgNO_3} \times 36.45}{m_{燃料}} \tag{6-9a}$$

$$单位热值 Cl^- 析出量(mgHCl/kJ) = \frac{c_{AgNO_3} \cdot V_{AgNO_3} \times 36.45}{HV} \tag{6-9b}$$

式中:c_{AgNO_3}——$AgNO_3$标准溶液浓度,mol/L;

V_{AgNO_3}——$AgNO_3$标准溶液滴定体积,mL;

$m_{燃料}$——燃料质量,g;

HV——校正热量,kJ。

表 6 - 7 不同组成燃料的热值和氯析出量实验数据

组成/ (m/m%)		燃料重/ g	点火丝重/ g	理论热值/ (J/g)	点火丝热值/ (J/g)	校正热值/ (J/g)	Cl⁻ 析出量/ (mgHCl/g)	单位热值 Cl⁻ 析出量/ (mgHCl/kJ)平均值
污泥	①							
	②							
秸秆	①							
	②							
10% 污泥	①							
	②							
20% 污泥	①							
	②							
30% 污泥	①							
	②							
40% 污泥	①							
	②							

续表

组成/ (m/m%)		燃料重/ g	点火丝重/ g	理论热值/ (J/g)	点火丝热值/ (J/g)	校正热值/ (J/g)	Cl⁻析出量/ (mgHCl/g)	单位热值 Cl⁻析出量/ (mgHCl/kJ)平均值
50% 污泥	①							
	②							
60% 污泥	①							
	②							
70% 污泥	①							
	②							
80% 污泥	①							
	②							
90% 污泥	①							
	②							

3. 燃料组成与热值和氯析出量的关系讨论

(1)燃料组成与校正热值的关系。对于同一温度条件下不同组分燃料的校正热值进行计算,将结果绘制成图。并讨论热值随着燃料组成变化的趋势及其原因。

(2)燃料组成与氯析出量的关系。因生物质秸秆中氯含量很低,故衍生燃料燃烧过程中,氯主要来源于高热值的污泥燃烧释放。对于同一温度条件下不同组分燃料中氯的析出量的分析,为避免混合生物质后的稀释效应,故处理数据采用单位热值析出 HCl 含量的形式表示,将结果绘制成图。并讨论氯析出量随着燃料组成变化的趋势及其原因。

六、思考题

(1)燃烧热值测定的误差主要成因有哪些?

(2)城市污水厂污泥中 Cl⁻ 的来源主要有哪些?

第 7 章　物理性污染控制实验技术

实验 71　校园环境噪声测定

一、实验意义和目的

噪声测量是进行噪声控制的基础,只有掌握了正确的噪声测量方法,才能对噪声现状有正确的了解,从而对存在的噪声污染做出正确的评价与分析,并为治理噪声污染提供可靠的声学依据。城市区域环境噪声测量是环境噪声测量的基本内容之一,通过本实验可以帮助学生熟悉声级计的使用及环境噪声测量的基本技能与方法。

本实验的目的为:掌握某一特定噪声评价区域的昼、夜环境噪声测量方法。

二、实验原理

本实验依据《声环境功能区划分技术规范》(GB/T 15190—2014)及《声环境质量标准》(GB 3096—2008)对所测区域进行评价。

三、实验要求

(1)严格按照测量规范进行。
(2)注意做好记录,并及时进行数据整理。
(3)写出实验报告,绘制出区域环境噪声污染图。

四、实验仪器和材料

(1)精密或普通声级计:声级计性能应符合国际电工委员会 IEC651(1979)《声级计》中的规定。测量前,需检查声级计的电池电压是否足够,并对声级计进行核准。测量后复校一次,测量前后声级计的灵敏度相差应不大于 2 dB,否则测量数据无效。

(2)电池电压检查:将旋钮置于电池位置,打开声级计开关,此时表针指示应超过红线(红线处表明电池额定电压的 80%),否则更换电池,再行检验。

(3)声级计灵敏度校正:①使用标准声源校正,标准声源为 NX_6 活塞发声器,可发出 125 Hz(124±0.2)dB 的声音。校正时,先将计权旋钮置于"线性"挡或"C"挡,分贝旋钮置于 120 dB,预热 1 min 后,将活塞发声器紧密套在传声器头上,推开活塞发声器开关,这时声级计指针应在相应读数,否则用螺丝刀调节带有"▼"标记的电位器,使指针表示相应声级读数。由于电容传声器灵敏度一般变化不大,在假定其不变时,不用标准声源,可采用校正法②进行。②声级计内部电气信号校正:使计权旋钮置于"线性"或"C"挡,分贝旋钮置于有"▼"标记位置,打开声级计开关,预热 1 min 后,指针应指向校准用红三角标记处,其准确位置应和传声器本身说明书中所示传声器的修正值相符。否则,用螺丝刀调节"▼"电位器。

五、实验内容和步骤

1. 测量值

测量值为瞬时 A 声级。测量仪器的指示动态特性为"快"响应。

2. 测量点选择

将要普查的区域划分成等距离的网格,如 100 m×100 m 或 50 m×50 m 等,网格的大小应视评价区大小及噪声污染等具体情况而定。测点应在每个网格的中心(可在地图上绘制网格得到),若中心位置不便测量(如屋顶、污水沟、禁区等),可移到旁边能测量的位置上进行。

3. 测量条件

(1)气象条件:测量选在无雨、雪时进行,风速为 5.5 m/s 以上应停止测量。测量时传声器加风罩。

(2)传声器设置:手持声级计,传声器距身体不小于 0.5 m,并尽量远离其他反射物,如建筑物等,传声器距地面高 1.2 m。

(3)测量时间:测量时间分为昼间(06:00~22:00)和夜间(22:00~06:00)两部分。昼间测量一般选在 8:00~12:00 和 14:00~18:00,在此时间内任何时刻测得的噪声均代表昼间的噪声;夜间测量一般选在 22:00~05:00,在此时间内任何时刻测得的噪声均代表夜间的噪声。

六、实验数据处理

1. 数据记录

测量数据直接由声级计读出。读数方法为:在规定的测量时间内每隔 5 s 读取一个瞬时 A 声级,连续读取 100 个数据(若声级起伏大于 10 dB(A),则连续读取 200 个数据),记录于环境噪声测量记录表 7-1 中。读数时还应判断主要噪声来源(如交通噪声、工业噪声、施工噪声、社会生活噪声或其他声源等),并记录下此处的周围声学环境。

2. 评价值

用等效 A 声级 L_{eg} 作为评价值,用累积百分声级 L_{10}、L_{50}、L_{90} 作为分析依据,对数据进行评价。

3. 数据处理方法

(1)累积百分声级:将所测得的 100 个(或 200 个)数据自大到小依次排列,第 10 个(或第 20 个)瞬时 A 声级即为 L_{10},第 50 个(或第 100 个)即为 L_{50};第 90 个(或第 180 个)即 L_{90}。标准偏差为

$$\sigma = \sqrt{\frac{1}{n-1}\sum_{i=1}^{n}(\overline{L}_A - L_i)^2} \qquad (7-1)$$

式中:n——测量的总数,$n=100$(或 200);

$\overline{L}_A$——测得的瞬时 A 声级的算术平均值,dB,$\overline{L}_A = \dfrac{1}{n}\sum_{i=1}^{n}L_i$;

L_i——测得的第 i 个瞬时 A 声级,dB;

如果 L_i 遵从正态分布,则标准偏差可近似为 $\sigma = \dfrac{1}{2}(L_{16} - L_{84})$。

表 7－1　环境噪声监测记录表　　　　　　　　　　　年　　月　　日

编号		地点				时间	
使用仪器				干线长度/km			
主要噪声源				车流量/(辆/h)			
L_i		$\sum n$	%	L_i	L_m略算		
0							
1							
2							
3							
4							
5							
6							
7							
8							
9							
0							
1							
2							
3							
4							
5							
6							
7							
8							
9							
0							
1							
2							
3							
4							
5					L_{10}		
6					L_{50}		
7					L_{90}		
8					L_{eq}		
9					σ		

（2）等效 A 声级计算式为：

$$L_{eq} = 10 \lg \sum_{i=1}^{n} 10^{0.1L_i} - 10\lg n \qquad (7-2a)$$

式中：L_{eq}——在规定的时间内的等效 A 声级，若 L_i 遵从正态分布，则等效 A 声级可用下面的近似式计算，即

$$L_{eq} = L_{50} + \frac{d^2}{60} \qquad (7-2b)$$

$$d = L_{10} - L_{90} \qquad (7-2c)$$

（3）结果评价。

计算全部各网点的等效声级 L_{eq} 和累积百分声级 L_{10}、L_{50}、L_{90} 的算术平均值及其标准偏差 σ 来表示评价区的噪声水平，并按照该评价区所属噪声功能区划，根据《声环境质量标准》（GB3096—2008）进行评价。按 5 dB（A）为一等级，以昼、夜等效声级分别绘制评价区昼间与夜间的噪声污染彩色图例（如表 7-2 所示）。

表 7-2　噪声污染彩色图例

颜色	浅绿	绿	深绿	黄	褐	橙	朱红	洋红	紫红	蓝	深蓝
声级/dB（A）	<35	36~40	41~45	46~50	51~55	56~60	61~65	66~70	71~75	76~80	>81

七、思考题

（1）环境噪声监测时应注意哪些问题？

（2）校园声环境质量现状如何评价？

实验 72　驻波管法吸声材料垂直入射吸声系数的测量

一、实验意义和目的

（1）加深对垂直入射吸声系数的理解。

（2）在本实验中，可以借助单频信号发生器和扬声器，观察各种频率的纯音信号的特征及声波频率升高或降低时声音的变化特征。

（3）认识人耳听音的频率范围的概念。

二、实验原理

在驻波管中传播平面波的频率范围内，声波入射到管中，再从试件表面反射回来，入射波和反射波叠加后在管中形成驻波。可形成沿驻波管长度方向声压极大值与极小值的交替分布现象。用试件的反射系数 r 表示声压极大值与极小值，可表示为

$$p_{max} = p_0(1 + |r|) \qquad (7-3a)$$

$$p_{min} = p_0(1 - |r|) \qquad (7-3b)$$

式中：p_0——单频信号发生器指定频率的声压级。

根据吸声系数的定义，吸声系数与反射系数的关系可写成：

$$a_0 = 1 - |r|^2 \tag{7-4}$$

定义驻波比 S 为

$$S = \frac{|p_{\min}|}{|p_{\max}|} \tag{7-5}$$

吸声系数可用驻波比表示为

$$a_0 = \frac{4S}{(1+S)^2} \tag{7-6}$$

因此，只要确定了声压极大值和极小值的比值，即可计算出吸声系数。如果实际测得的是声压级的极大值和极小值，两者之差计为 L_p，则根据声压和声压级之间的关系，可由下式计算吸声系数：

$$a_0 = \frac{4 \times 10^{(L_p/20)}}{[1 + 10^{(L_p/20)}]^2} \tag{7-7}$$

三、实验仪器、设备和材料

典型的测量材料吸声系数所用驻波管系统如图 7-1 所示。其主要部分是一根内壁坚硬光滑、截面均匀的管子（圆管或方管），管子的一端安装被测试材料样品，管子的另一端为扬声器。当扬声器向管中辐射的声波频率与管子截面的几何尺寸满足式（7-8a）或式（7-8b）的关系时，则在管中只有沿管轴方向传播的平面波。

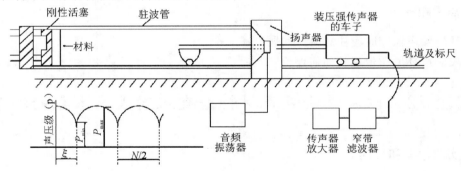

图 7-1　驻波管结构及测量装置图

$$f < \frac{1.84}{\pi} \times \frac{c_0}{D} \quad （圆管） \tag{7-8a}$$

$$f < \frac{c_0}{2L} \quad （方管） \tag{7-8b}$$

式中：D——圆管直径，m；

　　　L——方管边长，m；

　　　c_0——空气中声速，m/s。

当平面声波传播到材料表面被反射回来时，入射声波与反射声波在管中叠加而形成驻波声场。从材料表面位置开始，管中会出现声压极大值和极小值的交替分布。利用可移动的探管（传声器）接收管中驻波声场的声压，即可通过测试仪器测出声压极大值与极小值的声级差 L_p，或声压极小值与极大值的比值即驻波比 S，即可根据式（7-6）或式（7-7）计算垂直入射吸声系数。

为在管中获得平面波，驻波管测量所采用的声信号为单频信号，但扬声器辐射声波中包含了高次谐波分量,因此在接收端必须进行滤波才能去除不必要的高次谐波成分。由于要满足在管中传播的声波为平面波以及必要的声压极大值、极小值的数目,常设计有低、中、高频 3 种尺寸和长度的驻波管,分别适用于不同的频率范围。

四、实验内容和步骤

利用驻波管测试材料垂直入射吸声系数的步骤如下:

(1)调整单频信号发生器的频率到指定的数值,并调节信号发生器的输出以得到适宜的音量。

(2)将传声器小车移动到除极小值以外的任一位置,改变接收滤波器通带的中心频率,使测试仪器得到最大读数。此时,接收滤波器通带的中心频率与管中实际声波频率准确一致。

(3)将探管端部移至试件表面处,然后慢慢离开,找到一个声压极大值,并改变测量放大器的增益,使测试仪器表头的指针正好处在满刻度的位置。然后小心地找出相邻的第一个极小值,这样即可得到 S 或 L_p。根据式(7-6)或式(7-7)计算出 a_0 值。

(4)将单频信号发生器调整为其他频率,重复以上步骤,即可得到各测试频率的垂直入射吸声系数。

五、实验数据处理

材料垂直入射吸声系数测试结果报告应包含被测材料的参数(如名称、厚度、密度等)、试件安装情况(是否留有空腔)等基本描述。测试结果以表格和曲线图等形式表示。表格中应表明测试的各 1/3 倍频程中心频率及其对应的吸声系数。曲线图的纵坐标表示吸声系数,坐标范围为 0~1.0,间隔取 0.2;横坐标表示测试的频率,取倍频程或 1/3 倍频程的中心频率。

六、思考题

(1)哪些因素对驻波管法吸声材料垂直入射吸声系数的测量实验结果影响较大?

(2)声波频率的改变如何影响声音的变化?

实验 73　混响室法吸声材料无规入射吸声系数的测量

一、实验意义和目的

(1)加深对无规入射吸声系数的理解。

(2)了解白噪声、粉红噪声以及其他测试声源(根据设备条件)的特点。

(3)了解 1/3 倍频带噪声、倍频带噪声的特点和两者的区别以及室内混响衰减过程。

(4)采用记录仪记录声波衰减过程,观察不同方向声波衰减的不同特征。

二、实验原理

声源在封闭空间启动后,会产生混响声,而在声源停止发声后,室内空间的混响声逐渐衰减,声压级衰减 60 dB 的时间定义为混响时间。当房间的体积确定后,混响时间的长短与房间内的吸声能力有关。根据这一关系,吸声材料或物体的无规入射吸声系数可以通过测量混响室内的混响时间来求得。

根据赛宾公式,在混响室中未安装吸声材料前,即空室时的总的吸声量 A_1 可表示为

$$A_1 = \frac{55.3V}{c_1 T_1} + 4m_1 V \qquad (7-9)$$

式中:A_1——空室时总的吸声量,m^2;

　　　T_1——混响室的空室混响时间,s;

　　　V——混响室体积,m^3;

　　　c_1——空室混响时间测量时的声速,m/s;

　　　m_1——空室时室内空气吸收衰减系数。

安装面积为 S 的吸声材料后,总的吸声量 A_2 可表示为

$$A_2 = \frac{55.3V}{c_2 T_2} + 4m_2 V \qquad (7-10)$$

式中:A_2——安装材料后室内总的吸声量,m^2;

　　　T_2——安装材料后的混响时间,s;

　　　V——混响室体积,m^3;

　　　c_2——安装材料测量时的声速,m/s;

　　　m_2——安装材料后室内空气吸收衰减系数。

如果两次测量的时间间隔比较短或室内温度及湿度相差很小,可近似认为 $m_2 = m_1 = m$,安装材料前后吸声量的变化(单位:m^2)可表示为

$$\Delta A = \frac{55.3V}{c}\left(\frac{1}{T_2} - \frac{1}{T_1}\right) \qquad (7-11)$$

如果安装材料的面积相对于混响室内表面积很小,被试件覆盖的部分地面的吸声系数很小,则有:

$$a_s = \frac{\Delta A}{S} = \frac{55.3V}{cS}\left(\frac{1}{T_2} - \frac{1}{T_1}\right) \qquad (7-12)$$

式中:S——被测试件面积,m^2;

　　　a_s——被测试件的无规入射吸声系数。

因此,只要测得安装试件前后的混响时间,并已知混响室的体积以及被测试件的面积,即可通过式(7-12)计算无规入射吸声系数。

三、实验仪器、设备和材料

测试混响时间的装置如图 7-2 所示,其中包括噪声发生器、功率放大器、扬声器、测量传声器、滤波器、分析记录仪等测量仪器。混响室应具有光滑坚硬的内壁,其无规入射吸声系数应尽量地小,其壁面常采用瓷砖、水磨石、大理石等材料。混响室要求具有良好的隔声和隔振性能。按标准要求,混响室体积应大于 $200~m^3$。对体积小于 $200~m^3$ 的混响室,其有效可测量的下限频率按式(7-13)确定,即

$$f = 125 \times \left(\frac{200}{V}\right)^{1/3} \qquad (7-13)$$

式中:f——混响室的下限频率,Hz;

　　　V——混响室体积,m^3。

混响室内的声场由扬声器产生,为使扬声器尽可能多地激发室内简正振动模式,扬声器应

图 7－2　混响时间测试装置图

置于角隅并朝向主对角线方向。测试信号采用白噪声或粉红噪声。如果接收设备是具有 1/3 倍频程滤波器的实时频率分析仪,则测试信号可采用宽带白噪声或粉红噪声,这样所有被测频带的混响时间测量可一次性完成;如果接收设备不具有实时频率分析功能,则测试信号采用经 1/3 倍频程滤波器滤波的白噪声或粉红噪声,这时各频带的混响时间测量要分别进行。

接收声信号的传声器应采用无指向性传声器,各测点之间的距离至少相隔 2 m,且离任何壁面、地板及被测物体表面的距离要大于半个波长。接收系统及室内环境必须有 40 dB 以上的信噪比,以保证准确测量室内声压级有 35 dB 以上的衰减过程。

被测材料的面积应在 10～12 m² 之间,对于体积小于 200 m³ 或大于 250 m³ 的混响室中的测量,试件面积可按式(7－14)调整,对矩形的平面试件,其长宽比应为 0.6～1.0。

$$S = (10 \sim 12) \times \left(\frac{V}{200}\right)^{1/3} \tag{7－14}$$

式中:S——测试材料面积,m²;

V——混响室体积,m³。

测试的频率范围可参考表 7－3 所列的 1/3 倍频带。对全频带的测量,一般采用 3～4 个传声器测点,每个测点测量 3～4 次声压级衰减过程。

表 7－3　混响时间测量的 1/3 倍频程中心频率　　　　单位:Hz

100	125	160	200	250	315	400	500	630
800	1000	1250	1600	2000	2500	3150	4000	5000

四、实验内容和步骤

(1)安装好测试系统,首先测试空室的混响时间。

(2)将测试传声器放置在第一个测点,打开信号源并调整到所需测试的频率范围,调整功率放大器使得在室内能获得足够声级。

(3)噪声发生器发出的噪声信号通过功率放大器放大后回馈给混响室内的扬声器,扬声器在混响室内激发许多简正振动模式,使得在室内建立的混响声场尽量接近扩散声场。在室内建立稳态声场所需的时间大致与室内的混响时间接近。迅速切断信号源,同时记录室内声压级衰减过程,得到衰减曲线并由此确定混响时间(目前许多设备及基于计算机的软件可自动完成以上过程)。

(4)多次重复以上第(3)步过程,获得同一测点的多次混响时间测量结果。

(5)改变信号源频率,重复第(2)～(4)步过程,获得其他频率的混响时间。对接收设备为实时频率分析仪的情况,不需要第(5)步过程,各频带的混响时间可同时完成。

(6)将各测点各次测得的混响时间进行算术平均,作为各频带空室的平均混响时间 T_1。

(7)将被测试件安装到混响室中,重复第(2)～(6)步过程,得到装入材料后的各频带的平均混响时间 T_2。

(8)查得混响室体积,测量试件面积后,根据式(73-4)计算无规入射吸声系数。

五、实验数据处理

材料无规入射吸声系数测试结果报告中,应包含被测材料的参数(如名称、厚度、密度等)、试件面积、试件安装情况(边框密封情况、空腔)等基本描述。测试结果以表格和曲线图形式表示。表格中表明测试的各 1/3 倍频程中心频率及其对应的无规入射吸声系数。曲线图的纵坐标表示吸声系数,坐标范围为 0～1.0,间隔取 0.2;横坐标表示测试的频率,取倍频程或 1/3 倍频程的中心频率。

六、注意事项

(1)白噪声:用固定频带宽度测量时,频谱连续并且均匀的噪声。

(2)粉红噪声:用正比于频率的预带宽度测量时,频谱连续并且均匀的噪声。粉红噪声的功率谱密度与频率成反比。

七、思考题

(1)白噪声、粉红噪声以及其他声源的特点有哪些?

(2)影响混响时间测定的因素有哪些?

实验 74　道路声屏障插入损失的测量

一、实验意义和目的

(1)了解声屏障的声学效果的评价。

(2)熟悉声屏障插入损失的测量方法,即直接法和间接法。

二、实验原理

声屏障的声学性能包括降噪性能、吸声性能、隔声性能 3 个方面。声屏障的降噪效果采用 63～4000 Hz 的倍频带或 50～5000 Hz 的 1/3 倍频带的插入损失进行评价,单一评价量则采用实际声源状况下的最大 A 声级插入损失 IL_{PA} 或等效连续 A 声级;声屏障材料的吸声性能采用 125～4000 Hz 的倍频带或 500 Hz 的 1/3 倍频带吸声系数进行评价,单一评价量则采用以上频段的平均吸声系数;声屏障材料的隔声性能采用 100～3150 Hz 的 1/3 倍频带传声损失进行评价,单一评价量则采用以上频段的平均隔声量 R 或隔声指数 I_a。

三、实验仪器、设备和材料

声学测量仪器采用 2 型或 2 型以上声级计。测量前后采用声级校准器进行校准。相关标准中规定的测试声源为自然声源及可控制的自然声源两类声源。自然声源指道路上的实际车辆流;可控制的自然声源指特定选择的试验车辆组。为简化实验,在直接法测量中可采用人工声源。测量点处的背景噪声级至少比测量值低 10 dB。

测量参考位置的目的是为了监测声屏障安装前后声源的等效性,参考点位置的选择在原则上应保证声屏障的存在不影响声源在参考点位置的声压级。当离声屏障最近的车道中心线和声屏障的距离 $D>15$ m 时,参考点应位于声屏障平面内上方 1.5 m 处(如图 7-3 所示)。当距离 $D<15$ m 时,参考点的位置应在声屏障平面内上方,并保证声源区域近点与参考位置、声屏障顶端的连线夹角为 $10°$(如图 7-4 所示)。

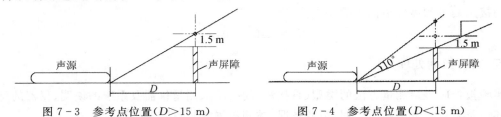

图 7-3　参考点位置($D>15$ m)　　　　　　图 7-4　参考点位置($D<15$ m)

接收点位置的噪声表征了声屏障后面区域的噪声特性。对半自由场条件的接收点,要求与附近的垂直反射面的距离大于接收点与声屏障距离的 2 倍。对反射面上的接收点,应保证墙面坚硬和具有良好的反射性能,在测点附近至少有 0.5 m×0.7 m 的平坦墙壁。接收点离地面高度应大于 1.2 m。

为避免由于声源不稳定所引起的测量误差,对参考点和接收点的测量应同步进行。

四、实验内容和步骤

声屏障插入损失测量的基本方法有两种:一种是直接法;另一种是间接法。

1. 直接法

直接测量法是直接测量在同一参考位置和接收位置,声屏障安装前后的声压级。声屏障插入损失按下式计算(单位 dB):

$$IL = (L_{\text{ref,a}} - L_{\text{ref,b}}) - (L_{\text{r,a}} - L_{\text{r,b}}) \qquad (7-15)$$

式中:$L_{\text{ref,b}}$——参考点安装声屏障前的声压级,dB;

$L_{\text{r,b}}$——接收点安装声屏障前的声压级,dB;

$L_{\text{ref,a}}$——参考点安装声屏障后的声压级,dB;

$L_{\text{r,a}}$——接收点安装声屏障后的声压级,dB。

2. 间接法

间接法是在声屏障已安装于现场的情况下进行的,声屏障安装前的测量可选择和声屏障安装前相等效的场所进行。在间接法测量时,要注意保证两个测点的等效性,包括声源特性、地形、地貌、地面和气象条件的等效。一般间接法的精度要低于直接法的精度。

间接法的接收点和参考点的选择和直接法相同。对于声屏障安装前后,等效于半自由场时参考,参考点和接收点的声压级之差分别为

$$\Delta L_b = L_{\text{ref,b}} - (L_{\text{r,b}} - C_r) \qquad (7-16a)$$

$$\Delta L_a = L_{\text{ref,a}} - (L_{\text{r,a}} - C'_r) \qquad (7-16b)$$

式中:$L_{\text{ref,b}}$——在等效场所参考点处测量的声屏障安装前的声压级,dB;

$L_{\text{r,b}}$——在等效场所受声点处测量的声屏障安装前的声压级,dB;

$L_{\text{ref,a}}$——声屏障安装后参考点处的声压级,dB;

$L_{\text{r,a}}$——声屏障安装后受声点的声压级,dB;

C_r——等效场所声屏障安装前受声点的类型修正，dB；

C'_r——声屏障安装后受声点类型修正，dB。

对于半自由场中的接收点，类型修正取 0 dB；对于近建筑物的接收点，类型修正取 3 dB；对于建筑物壁面上的接收点，类型修正取 6 dB。

间接法测量的声屏障插入损失为

$$IL = \Delta L_a - \Delta L_b \tag{7-17}$$

五、实验数据处理

实验报告应包括测量方法的类型（直接法、间接法）、测量仪器及系统的说明、仪器的型号、测量环境及测点布置简图及说明、声源情况、被测声屏障示意图及参数。

六、思考题

(1)声屏障插入损失测量方法有哪些？

(2)如何降低声源不稳定引起的测量误差？

实验 75　环境电磁辐射强度的测定

一、实验意义和目的

长期、过量的电磁辐射会对人体生殖系统、神经系统和免疫系统造成直接伤害，是心血管疾病、糖尿病、癌突变的主要诱因，并可直接影响未成年人的身体组织与骨骼的发育，引起视力、记忆力下降和肝脏造血功能下降，严重者可导致视网膜脱落。此外，电磁辐射也会对信息安全造成隐患，利用专门的信号接收设备即可将其接收破译，导致信息泄密而造成不必要的损失。过量的电磁辐射还会干扰周围其他电子设备，影响其正常运作而发生电磁兼容性（EMC）问题。因此，电磁辐射已被世界卫生组织列为继水源、大气、噪声之后的第四大环境污染源，成为危害人类健康的隐形"杀手"，防护电磁辐射已成当务之急。

本实验的目的为：

(1)了解电磁辐射的基本原理；

(2)熟悉环境电磁辐射标准；

(3)掌握电器设备及环境电磁辐射的测定方法。

二、实验原理

1. 电磁场类型

环境电磁场可以分为两大类：一类称为"一般电磁环境"，是指在较大范围内，由各种电磁辐射源的传播所造成的电磁辐射环境；另一类称为"特殊电磁环境"，是指典型的辐射源在局部范围内所造成的辐射程度较强的电磁辐射环境。一般电磁环境可以作为特殊电磁环境的本底辐射电平。

2. 测量环境条件

环境温度一般为 $-10\ ℃ \sim 40\ ℃$，相对湿度小于 80%，室外测量应在无雨、无雪、无浓雾、风力不大于 3 级的条件下进行。

在电磁辐射测量中，一般可将人体视为导体，对电磁波具有吸收和反射作用，所以天线和附近人员均会对测量产生影响。实验表明：天线和附近人员的移动、操作人员的姿势、与测量仪器的距离都会影响电磁辐射的测量。在场强区可达 2～3 dB，为了使测量误差一致，保证测量数据的可比性，测量时测量人员的操作姿势和与仪器的距离（一般不应小于 50 cm）都应保持相对不变，无关人员应距离天线、馈线和测量仪器 3 m 以外。

3. 电磁辐射测量

场强仪属于选频式辐射测量仪，这类仪器用于环境中低电平电场强度、电磁兼容、电磁干扰测量。

待测场的场强值为

$$E(\mathrm{dB}) = E_0(\mathrm{dB}) + K_1(\mathrm{dB}) + L(\mathrm{dB}) \tag{7-18}$$

式中：K_1——天线校正系数，它是频率的函数，可从场强仪的附表中查得。

场强仪的读数 E_0 必须加上对应 K_1 值和电缆损耗 L 才能得出场强值 E。但现在生产的场强仪所附天线校正系数曲线所示 K 值已包括测量天线的电缆损耗 L 值。

当被测场是脉冲信号时，不同带宽 E_0 值不同。此时需要归一化于 1 MHz 带宽的场强值，即

$$E(\mathrm{dB}) = E_0(\mathrm{dB}) + K_1(\mathrm{dB}) + 20\lg(BW)^{-1} + L(\mathrm{dB}) \tag{7-19}$$

式中：BW——选用带宽，MHz。

4. 单位的换算

$$E(\mathrm{dB}) = 20\lg E(\mu\mathrm{V/m}) + L(\mathrm{dB}) \tag{7-20a}$$

$$E\left(\frac{v}{m}\right) = 10^{\frac{E(\mathrm{dB})}{20}-6} \tag{7-20b}$$

三、实验仪器、设备和材料

用于一般环境电磁辐射测量的场强仪有很多型号，但测量步骤差别不大。实验时可根据具体的仪器型号参数及其天线校正系数曲线代入计算。

四、实验内容和步骤

1. 监测布点

一般电磁环境的测量可以采用方格法布点：以交通干线为基准线，把所要测量的区域划分为 1 km×1 km 或者 2 km×2 km 的方格，原则上选每个方格的中心点作为测试点，以该点的测量值代表该方格区域内的电磁辐射水平。实际选择测试点时，还应考虑附近地形、地物的影响，测试点应选在平坦、开阔的地方，尽量避开高压线、其他导电物体、建筑物和高大树木。由于一般电磁环境是指该区域内电磁辐射的背景值，因此测量点不要离大功率的辐射源太近。

2. 测量

打开电源开关，选择电平测量挡，在某测量位选中某一频道，进行水平极化波测量和垂直极化波测量。进行水平极化波测量时，天线应平行于水平面；进行垂直极化波测量时，应在 360°范围内旋转天线，读出其电平最大值，此值用 $E_0(\mathrm{dB})$ 表示。某频道实际场强 $E(\mathrm{dB})$ 为

$$E(dB) = E_0(dB) + K_2(dB) \qquad\qquad (7-21)$$

式中：E_0——测量的电平最大值，dB；

      K_2——测量天线校正系数，dB。

按上述方法对频道表中的其他频道进行测量，并记录于表 7-4 中。

五、实验数据处理

(1)将测定结果记录于表 7-4 中。测量的场强 E 用分贝(dB)表示，换算成以 V/m 为单位的场强，换算公式见式(7-20a)或式(7-20b)。实验结果应给出 E_s(在某测量位、某频段中各被测频率的综合场强(V/m))或 E_G(在某测量位、在 24 h(或一定时间内)内测量某频段后的总的平均综合场强(V/m))的具体值。

表 7-4　场强 E_0 测量结果记录表

测量点位：_____　环境温度：_____　相对湿度：_____

频率	场强瞬间值			

(2)根据附录 3 中的《环境电磁波卫生标准》(GB 9175—1988)，对各测量位电磁辐射达标情况进行评价并填写表 7-5。

表 7-5　实际结果评价

测量点位	频率范围	所属波段	综合场强	达标情况

六、思考题

(1)一般电磁环境与典型辐射源的测量布点方法有什么区别？

(2)所测量区域属安全区、中间区还是超过二级标准区域？如电磁辐射偏高，简单分析主要原因。

第五部分

实验基础

附　录

序号	名称	二维码
1	附录 1　环境质量标准和污染物排放标准	
2	附录 2　城镇污水处理厂污染物排放标准（GB 18918—2002）	
3	附录 3　城市污水再生利用城市杂用水水质（GB/T 18920—2020）	
4	附录 4　污水排入城镇下水道水质标准（GB/T 31962—2015）	
5	附录 5　环境空气质量标准（GB 3095—2012）	
6	附录 6　声环境质量标准（GB 3096—2008）	
7	附录 7　工业企业厂界环境噪声排放标准（GB 12348—2008）	
8	附录 8　环境电磁波卫生标准（GB 9175—1988）	
9	附录 9　环境空气质量指数（AQI）	

序号	名称	二维码
10	附录 10　化学试剂的分类与玻璃器皿的洗涤	
11	附录 11　酸碱在水中的解离常数(25 ℃)	
12	附录 12　常用的量和单位	
13	附录 13　水样的保存技术	
14	附录 14　水质分析报告格式	
15	附录 15　实验报告格式	
16	附录 16　自制实验装置图	

参考文献

[1] 解天民.环境分析化学实验室技术与运营管理[M].北京：中国环境科学出版社，2008.

[2] 武汉大学.分析化学：下册[M].5版.北京：高等教育出版社，2006.

[3] 钟文辉.环境科学与工程实验教程[M].北京：高等教育出版社，2013.

[4] 陈兴都，刘永军.环境微生物学实验技术[M].北京：中国建筑工业出版社，2018.

[5] 王国惠.环境工程微生物学实验[M].北京：化学工业出版社，2012.

[6] 刘永军.水处理微生物学基础与技术应用[M].北京：中国建筑工业出版社，2010.

[7] 袁林江.环境工程微生物学[M].北京：化学工业出版社，2012.

[8] 丁文川，叶姜瑜，何冰.水处理微生物实验技术[M].北京：化学工业出版社，2011.

[9] 沈萍，范秀容，李广斌.微生物实验[M].3版.北京：高等教育出版社，1999.

[10] 朱旭芬.现代微生物学实验技术[M].杭州：浙江大学出版社，2011.

[11] 赵斌，林会，何绍江.微生物学实验[M].2版.北京：科学出版社，2014.

[12] 王兰，王忠.环境微生物学实验方法与技术[M].北京：化学工业出版社，2009.

[13] 张根生.电渗析水处理技术[M].北京：科学出版社，1981.

[14] 高廷耀.水污染控制工程[M].北京：高等教育出版社，1999.

[15] 国家环境保护总局.空气和废气监测分析方法[M].4版.北京：中国环境科学出版社，2003.

[16] 国家环境保护总局.水和废水监测分析方法[M].4版.北京：中国环境科学出版社，2006.

[17] 彭党聪.水污染控制工程[M].北京：冶金工业出版社，2010.

[18] 郝吉明，段雷.大气污染控制实验[M].北京：高等教育出版社，2004.

[19] 马涛，曹英楠.环境科学与工程综合实验[M].北京：中国轻工业出版社，2017.

[20] 雷中方，刘翔.环境工程学实验[M].北京：化学工业出版社，2007.

[21] 齐文启.环境监测新技术[M].北京：化学工业出版社，2003.

[22] 陈玉成.环境统计学[M].重庆：西南师范大学出版社，2003.

[23] 王娟.环境工程实验技术与应用[M].北京：中国建材工业出版社，2016.

[24] 郝吉明，马广大.大气污染控制工程[M].北京：高等教育出版社，2002.

[25] 唐琼，成英.环境科学与工程实验[M].北京：科学出版社，2015.

[26] 戴树桂.环境化学[M].北京：高等教育出版社，1999.

[27] 鲁如坤.土壤农业化学分析方法[M].北京：中国农业科技出版社，2000.

[28] 孙尔康，张剑荣.分析化学实验[M].南京：南京大学出版社，2009.

[29] 胡文.土壤：植被系统中重金属的生物有效性及影响因素研究[D].北京：北京林业大学，2008.